現代餐旅業
創新與發展

饒勇◎著

崧燁文化

目　　錄

社會餐飲業的替代競爭與飯店餐飲業的管理創新空間（代前言）

社會餐飲業對飯店餐飲業的強勢替代競爭已經成為業內人士關注已久的熱門問題之一，幾乎每一次由行業管理部門或專業媒體組織的產業發展研討會都會將二者之間的競爭共存作為一個例行的議題，而且觀點都是驚人的一致——在社會餐飲業「以多打少、以快打慢、以靈打拙」的咄咄逼人的攻勢下，飯店餐飲業已經危機四伏。一些高星級飯店尚且能以自身雄厚的資本和人才優勢以及種類齊全的產品體系予以應對，但更多的中低檔飯店或因自身品種單一，或因管理模式僵化、整體表現差強人意，稍不留意就淪為這場產業競爭大戲中的看客。

飯店餐飲業的經營困境

業內人士已經從很多方面探討了飯店餐飲業陷入經營困境的原因，如產品缺乏特色、經營不夠靈活、對市場細節把握不到位以及成本結構和管理機制等方面的先天缺陷等。必須承認，這些來自市場一線的觀察和評價整體上來說是相當客觀和貼切的，但為什麼當所有的問題都已經被一一揭示出來後，我們依然沒有看到預期中的飯店餐飲業集體發力並一舉扭轉市場頹勢的壯舉呢？

解答這些問題的關鍵還在於我們必須從整體經營環境的高度上重新審視飯店餐飲業的資源配置結構和經營決策體系，正如很多一線的餐飲部經理所言，「社會餐飲業最大的優勢在於它本身就是一個獨立的產品系統，本身就是一個完整的企業建制，本身就有一套

高效靈活的經營決策機制……」。

飯店餐飲業的經營管理在很大程度上受到其母體企業（飯店）的市場定位和管理模式的制約。母體企業對於飯店餐飲業務板塊的支持在一定程度上來說是一把雙刃劍，它既可以提供資金、人才、管理經驗、品牌形象以及內部客源上的支持，同時又可能限制了其在市場定位、產品設計、管理效率以及價格政策等多方面的決策空間。

更具體地來說，飯店餐飲部門的高層管理者們在面對競爭進行決策時會被告誡——你必須與飯店的整體檔次和客源定位保持一致，這意味著你可能不得不放棄很多原本可以有所作為的細分市場；你必須保證完成飯店整體功能所要求的各類接待任務，無論是散客還是會議或旅遊團隊，也無論是來自東南西北哪個區域的客戶，這意味著你必須在產品設計上儘量做到「兼容並蓄，應有盡有」，相應地，你就必須損失在產品特色上的更高追求；你必須在硬體設施、軟體服務和幾乎所有細節上都達到飯店本身的等級標準，這意味著你的成本結構很可能會居高不下，即便是在一些細節上極盡節約之能事，但於整體成本費用的影響並不顯著……正因為已經有了這林林總總的諸多約束，所以無論怎麼努力，飯店餐飲部門的經理們始終覺得自己是在「戴著鐐銬跳舞」，儘管有著資源或人才上的諸多優勢，但其實能真正採用的競爭手段相比社會餐飲業來說可能要少得多。

對於社會餐飲業主們來說，他們在經營決策時可能無須顧及母體企業如飯店自身經營策略的束縛，他們可以在產品特色上儘量做到極致，而無須在乎能否適應不同類型的顧客，如「小肥羊」和「譚魚頭」，可能只適應部分口味偏重的顧客，也可能只適合顧客們偶爾為之的消費，但重要的是他們能透過自己的產品特色塑造來針對性地吸引部分具備這些特徵的客源，而飯店餐飲業則必須調整

自己的產品結構來適應指定的客戶群體。業內人士經常說的所謂「賓館菜」其實就是指一種綜合了各種菜系和口味的「中庸菜系」，惟其如此才能迎合最大數量的顧客。兩種經營風格的差異其實也就為日後的競爭態勢埋下了伏筆。

社會餐飲業的特點還有很多，比如對於管理者的合約激勵和對於核心員工的薪酬支付，又比如價格的變更、促銷的靈活性、整體經營風格的靈活轉換甚至企業產權的頻繁快速轉讓等。所有這些飯店餐飲部門不能完全獨立決策的環節都有可能成為社會餐飲業的競爭優勢所在。

比較令人欣慰的是，飯店餐飲業的經營困境並沒有延伸到高星級飯店，尤其是一些在當地最有影響力的優勢飯店。這些高星級的大型飯店儘管也有著與大多數飯店相似的經營環境，但至少有兩個關鍵環節上的問題得到了比較徹底的解決。其一是這些大型飯店的餐飲業務板塊內部通常都有著比較齊全的產品種類結構，各種檔次和風格的餐廳應有盡有，它們可以透過延長和擴大產品體系來適應不同類型的客戶，而在每一種產品內部又依然能做到特色化經營，這就避免了很多中小飯店不得不以中庸調和的「賓館菜」來適應多類型客戶；其二是大型飯店的餐飲部門自身有著相對比較完整的經營管理體系，企業內部也會根據其經營規模和利潤貢獻能力給予相當大的決策自主權，無論是薪酬設計、技能培訓和營銷推廣還是產品研發都能自成體系，從而具備與社會餐飲企業獨立展開競爭的決策機制。

飯店餐飲業的優勢悖論

儘管飯店餐飲業尤其是中低檔飯店餐飲業有著這樣那樣的先天劣勢，但這似乎並不能成為其經營困境的根本緣由，畢竟它們也有很多社會餐飲無可比擬的優勢資源。問題的關鍵是如何能揚長避短，充分挖掘和強化自身的特色，有效地避免與社會餐飲企業在完

全相同的細分市場上進行「消耗式」的資源競爭。

那麼到底哪些因素真正稱得上是飯店餐飲業與眾不同的競爭優勢呢？或者說，飯店餐飲與社會餐飲企業競爭的籌碼主要有哪些呢？

首先是人才的優勢。

憑藉母體企業（飯店）的品牌形象和完善的福利薪酬體系，飯店餐飲可以吸引到更高層次的專業人才。對於優秀的餐飲業經理人才而言，在規模較小的社會餐飲企業裡很快就會到達其職業生涯的頂端，再進一步可能就必須進入到分享股份的股東層了，而這對當前大多數民營餐飲企業來說還是一個尚待解決的難題。即便是對於普通的服務人員與技術人員來說，在薪酬水平基本接近的情況下，飯店餐飲業也更能吸引一些高學歷和高素質的員工，這不僅是由於飯店能為員工提供晉升和培訓的機會，也因為飯店相對規範的管理體系和相對成熟的企業文化讓員工們更有歸宿感。

其次是資本的優勢。

綜觀全局，儘管社會餐飲業整體表現更有活力，但具體到單個企業來說，其失敗的機率是遠遠高於飯店餐飲業的。很多社會餐飲企業的資本籌集，尤其是現金流管理一直是個大問題，即便是規模很小的企業，由於沒有銀行借貸資本的扶持，通常也會採取將股本稀釋以吸納合夥經營者的資本金的辦法，而且合夥經營企業內部除了初始注入資本的結構複雜外，在流動資金以及追加投資等環節上也存在很多自身難以克服的弊端。我們在實踐中經常見到一些生意火暴的餐飲企業突然關門或被轉讓，其緣由大抵都與股本結構分散或資金鏈斷裂有關。

有母體企業（飯店）作為支撐的飯店餐飲至少在流動資金上不會遇到太大困難，因為飯店其他部門的營業現金流量可以在內部進

行協調流轉。同時，飯店作為一個有大量固定資產的企業實體，在融資租賃以及企業信用等方面更具優勢，餐廳的設備添置與店面翻修等資金需求可以得到滿足。更重要的是，飯店餐飲的資金成本通常來說要比社會餐飲企業低得多。

還有管理及服務技術上的優勢。

近年來，一些已經初具規模的社會餐飲企業紛紛意識到建立規範的管理體系的重要性，於是紛紛斥巨資建立起自己的培訓學校、管理諮詢公司以及供應鏈體系。這既是進入集團化經營階段後的戰略規劃，也是向更高層次的高星級飯店餐飲發起挑戰的必備條件。

相比之下，大多數的飯店餐飲部門一開始就得到了飯店其他業務和管理部門的有力支持。如人力資源部可以分擔其在員工招聘、薪資管理以及培訓組織方面的很多工作，動力工程部可以保障餐廳設施設備的正常運行和維修保養，市場營銷部可以提供各類團隊客戶或會議客戶的業務支持，而財務部門則能在整個企業範圍內合理調度籌集資金，並提供系統的帳目管理和成本核算等專業服務……總而言之，餐飲部門的管理者們可以專心於產品研發、市場分析和客戶管理等關鍵經營環節上，而無須在一些事務性的問題上耗費過多的精力和時間。

……

細數下來，諸如此類的優勢還有很多，如品牌形象、企業知名度、內部客源交流甚至停車位等等，但要想將這些顯而易見的優勢真正轉化為日常經營過程中的勝勢，則還必須認真研究一個更重要的問題——這些所謂的優勢對於消費者來說有多大價值？

企業經營的成敗不是單純的資源比拚，只有那些能真正讓消費者獲益的企業才擁有強大的競爭優勢。社會餐飲企業儘管存在很多劣勢，但只要它們能將有限的資源放在改善顧客價值這個環節上，

那麼勝算就大了很多。

比如很多顧客喜歡嘗試一些新奇的時令菜品，那麼餐廳即便是裝飾比較簡陋、服務比較隨意，只要確保菜品更新週期短、速度快，也同樣能讓顧客們滿意，因為顧客獲得了嘗新試鮮的滿足感。又比如很多上班族顧客希望能以最快速度完成用餐過程，從而騰出時間去處理公務，那麼即使店堂擁擠一些、服務忙亂一些，但只要上菜速度快、服務流程簡單到位，顧客們無須長時間等待，也同樣能吸引很多公務纏身的商務顧客。

市場競爭的成敗說到底是由顧客們根據自己的喜好用「腳」來投票的，而不是由所謂的專家們按照所謂的等級標準來「舉手表決」的。明白了這個道理，我們也就不難理解為什麼那麼多飯店餐飲總是「高開低走」了。

飯店餐飲業的理想境界

迫於市場壓力，很多飯店餐飲部門開始走「承包經營」的路子，這可以被理解為飯店決策者們用以應對社會餐飲競爭的一種策略，但這未必是最理想的策略。

按照前面的分析，將餐飲部門向外發包，使之完全蛻變為一個獨立的社會餐飲企業，儘管能一定程度上擺脫飯店餐飲經營模式的諸多劣勢和桎梏，但也同樣主動放棄了很多自身的先天優勢，這樣的策略從本質上來說還是「倒洗澡水順便也將孩子倒了出去」。

暫且拋開飯店餐飲與社會餐飲之間的優劣比較，市場成敗的關鍵其實從來就只有一個——誰能為顧客創造並提供更大的價值，誰就能贏得顧客更多的發自內心的選票。顧客們在衡量自己得到的收益時不會在意企業內部的資源結構，他們只關心自己得到的價值與付出是否相稱。

高星級飯店的餐飲之所以成功，是因為它們代表了當地一種頂

級的餐飲消費，顧客們獲得的是最昂貴的服務、最精緻的菜品和最強烈的精英意識，這對一些重大宴請和公關活動來說是核心價值。

社會餐飲之所以成功，是因為它們本身就意味著快捷簡練的服務、價廉物美的消費和推陳出新的菜品。高性價比以及鮮明的產品特色是大眾消費者最關注的核心價值。

大多數中低檔飯店的餐飲企業之所以舉步維艱，就是因為正好處在高星級飯店與社會餐飲兩大競爭集團的中間，上不能強攻高端市場，下無法顧及大眾市場，顧客們很難辨識出自己到底能從它們身上獲得什麼樣的核心價值。再加之隨著市場不斷發生變化，高星級飯店開始向下兼容大眾市場，社會餐飲企業也開始進軍高端市場，市場整體漸呈犬牙交錯態勢，為它們留下的市場空間已經越來越小了。

但這並不意味著中低檔飯店餐飲已經走到了盡頭，更不等於說必須放棄自身的資源優勢去走高星級飯店或社會餐飲的道路。簡單來說，飯店餐飲業最根本的出路還是在於如何依照自己的資源結構特徵盡快找到為顧客創造最大限度的核心價值的方法。

實踐中的業界精英們已經開始為這個目標努力，並取得了豐碩的成果。概括起來這些成功嘗試的本質都在於透過管理創新，重塑顧客價值鏈，盡量將自身的資源優勢透過創新的管理模式轉化為顧客最終能獲得的實際價值。

比如前面提到的人才優勢是很多飯店餐飲強於社會餐飲的地方，但光是將這些高素質員工簡單地配置到各崗位上並不能讓顧客有太多欣喜，因為顧客們並不在意為他們提供服務的到底是大學生、專科生還是初中學歷程度的員工。所以有些飯店開始有意識地根據員工素質差異進行針對性的專項培訓，選拔一些有專科以上文化的員工進行點菜推介訓練。這些員工每天上崗前都要花至少一個小時熟悉當天廚房能供應的菜品，預先確定針對不同顧客類型的推

廣方法及要領，並做好有關重點推介菜品的資料準備工作。這些技術性的工作由高學歷的員工來承擔不僅能充分挖掘其知識專長，還能讓顧客對餐廳菜品有更深入的理性認識，合理地避免了點菜不科學所帶來的浪費。

又比如前面提到的飯店各部門能分擔餐飲部門管理者的很多事務性工作，為其提供良好的經營決策環境。但在實踐中，這一優勢往往沒有得到有效發揮，究其原因大部分是因為部門之間分工不明確，職能重疊，管理者反倒覺得麻煩多過便利。很多飯店意識到這些問題後，都採取委派副總一級的高管直接兼任餐飲部經理的做法，站在全局的高度上統一協調指揮各相關部門，使專職的餐飲部主要管理人員將主要精力集中菜品研發、客戶開發等核心環節上，並建立相應的專項制度，將「好鋼」全部用在「刀刃」上，最終使餐廳在產品研發上建立起了對手難以超越的優勢。

知易行難。要想在高星級飯店與社會餐飲業的夾擊之下生存壯大，很顯然不能再沿用傳統的管理模式和經營理念，甚至不只是引進幾個專業人才或強化個別環節就能做到的，需要在制度、流程、產品以及市場推廣等多方面下工夫，全面推行管理創新，以更符合市場規律的方法為顧客創造最大限度的價值。這就是飯店餐飲經營的理想境界，也是本書寫作的最終目的。

第一章　飯店餐飲業的市場結構和管理模式變遷

導讀

　　將飯店餐飲作為有別於社會餐飲業和飯店業的獨立研究對象，既是理論上的一次創新性嘗試，也有助於我們深入剖析實踐中飯店餐飲屢屢敗於社會餐飲企業的謎團。

　　本章系統地回顧飯店業的發展歷程，並指出作為飯店業三大支柱之一的餐飲子產業目前已經進入產業成熟階段。很多令管理者百思不得其解的現象究其本質而言都是產業成熟階段的規律性現象，只不過是管理者大多仍以較早期的管理思維模式來看待已經發生了質變的市場態勢，從而造成了一系列判斷和決策上的失誤。

　　步入產業成熟階段後的飯店餐飲業面臨的最大挑戰是社會餐飲企業的強勢替代競爭，此時餐飲部門在經營管理模式上較多受制於飯店整體經營部署的弊端也日益凸顯。為此，我們對影響飯店餐飲業發展前景的五種基本市場力量進行了全面分析，進一步指出飯店餐飲的競爭對手除了我們所重點關注的飯店同行外，還有很多潛在和替代競爭對手，甚至來自顧客和供應商的壓力也足以從根本上改變市場局勢。相比飯店客房業和娛樂業而言，飯店餐飲事實上已經置身於一個競爭強度更大的產業系統之中，這也意味著我們必須充分認識到飯店餐飲業有別於飯店業本身的若干特性，並進行主動的戰略設計和管理調整。

　　大部分高星級飯店的餐飲經營策略還是非常成功的，飯店餐飲業的經營困境更多地體現在中低檔飯店。在本章第三節我們結合市

場實際情況歸納了向成熟階段轉化時飯店餐飲管理者最常見的一些觀念誤區，細心的讀者也許會發現這些「誤區」大都有似是而非的特點。然而這些誤區背後所反映的問題卻是非常深刻的，那就是管理者們對於新的市場結構和競爭規律的認識存在很多不足。

認識上的誤區必然導致傳統管理模式與發展了的市場之間的衝突。我們在第四節中用列表的形式歸納了傳統的餐飲管理模式的諸多結構性缺陷，並指出了這些缺陷的形成與管理體制、人才斷層以及管理文化等因素有不可分割的因果關聯。本書其他章節所揭示的若干管理問題可以看作是對這些缺陷及應對策略的進一步闡述和探索。

毫無疑問，本書對傳統的「口頭化」、「經驗化」、「人情化」管理並沒有全盤否定，但這種只適用於產業初級階段的管理模式的確存在很多結構性的缺陷。這不是簡單的管理改良和流程優化所能解決的，全面系統的管理創新是飯店餐飲業不可避免的下一場革命。

我們已經注意到一線的飯店餐飲管理者一直在進行著不同類型的管理創新嘗試，之所以收效甚微恐怕還是得歸因於由「制度文化」向「效率文化」轉軌的艱難。本章第五節我們提出了將績效評估與管理創新結合起來的必要性，只有這樣才能使管理創新不至於掉入「虎頭蛇尾」的陷阱中。

第一節 向成熟轉化時期的飯店餐飲業的市場競爭態勢

將飯店餐飲業作為一個獨立的研究對象既是產業實踐的迫切需要，也是我們產業研究領域的一個空白點。近些年來，社會餐飲與

飯店餐飲之間的白熱化競爭已經吸引了越來越多的關注，但人們的注意力主要集中在兩種餐飲形式之間的競爭優劣勢比較，而對兩者，尤其是飯店餐飲業本身的發展規律缺乏深入研究。這也是我們屢屢為陷入經營困境的飯店餐飲業開出「藥方」卻始終未能見效的根本原因之一。

一、社會餐飲、飯店餐飲與飯店業

飯店餐飲業與社會餐飲業最大的區別就在於其本身就是飯店產品的一個重要組成部分，在經營理念、產品定位以及資源管理等重要環節上都必須服從飯店整體經營的需要。在業內人士看來，飯店餐飲與飯店主體之間這種天然聯繫已經成為影響飯店餐飲業日後發展的一把雙刃劍，飯店內部的資金、人才與客源的協作優勢是大部分社會餐飲企業所無法比擬的，但社會餐飲企業在經營戰略和管理決策上的獨立性又賦予了他們更大的拓展空間。

任何一個產業的發展都不會是一帆風順的，必然要經歷從出現、興起、平穩發展直到衰退的一個完整過程，也就是我們通常所說的產業生命週期。美國戰略管理大師麥可·波特就曾經提出：「預測產業演變過程概念的鼻祖就是我們熟知的產品生命週期，其假說是產業要經過幾個階段——推出階段、上升階段、成熟階段和衰退階段。」（麥可·波特，1980）儘管在理論界一直存在對運用生命週期預測產業演變的科學性的爭論，但我們注意到，在描述諸如飯店餐飲業這類產業邊界和技術特徵都相對確定的傳統產業時，生命週期理論仍然有著相當的解釋力度，對於產業實踐也有巨大的指導價值。

飯店餐飲業與飯店業的發展進程總的來說是基本同步的，下面的列表是飯店業發展進程的一個階段性分析，也同樣適用於我們對

飯店餐飲業生命週期的分析。

　　總體上說，到目前為止，中國飯店業的發展進程可以大致分為
這麼幾個階段（見表1-1）：

表1-1 飯店業發展進程一覽

產業階段	起止時間	產業規模	市場特徵	競爭強度和利潤水平
推出階段	1978-1988	儘管始終保持著較高的增長速度，但由於發展基數較小，市場容量絕對值的增長並不大。	嚴重供不應求，以接待境外旅遊客人為主。由於受供給容量瓶頸的制約，大多數顧客對飯店產品質量無法要求。國內旅遊市場尚處於起步階段，客源供給能力有限。	由於在這一階段對於飯店業投資有一定的政策限制，產業進入壁壘較高，所以大多數飯店事實上處於壟斷或半壟斷的市場地位，在產品和服務品質上相對粗糙，企業成本壓力不大，經營利潤水平很高。
上升階段	1989-1996	儘管受到1989年政治風波的衝擊，但這一階段仍成為飯店業高速	隨著國民經濟的持續快速發展，市場需求量不斷增大，市場不斷細分，大眾化消費異軍	投資政策限制有所放鬆，行業辦飯店成為普遍現象，外商投資開始向內地傾斜，部分地區(如武漢、南京)

續表

12

產業階段	起止時間	產業規模	市場特徵	競爭強度和利潤水平
上升階段	1989-1996	發展的黃金時間，產業規模迅速擴大。 1988年飯店星級標準的頒布使產業發展納入規範化軌道。	突起。供給規模瓶頸逐步得到緩解，部分地區中高等級飯店出現產能過剩。消費者經驗日益豐富，市場逐漸呈現出買方主導趨向，分時度假（Timeshare）等新型消費形式開始湧現。	出現供過於求的現象，並爆發了價格戰、促銷戰。總體上來說，飯店經營狀況良好，利潤水平平穩增長，產品和服務品質取代硬體設施水平成為新的競爭要素。
成熟階段	1997- 目前仍處於該階段	由於大批房地產項目轉向飯店業，同時眾多傳統產業也選擇飯店業作為多元化投資方向，造成產能規模大幅度增長，但市場需求量並未同步增長。	由於產能增幅超過市場實際需求增長規模，產業全面轉向買方市場，消費者對飯店產品的性價比敏感性上升，品牌意識漸濃。集團消費比例下降，大眾化消費成為主流，飯店產品細分成為趨勢，內陸市場成為新熱點。	社會餐飲業等替代產業競爭能力顯著增強，中低檔飯店市場競爭激烈。利潤加速向特大型飯店和外商投資飯店集中，綠色飯店等新型消費理念被引入。產業結構重組成為突出現象，飯店集團化規模迅速上升，產業退出成為普遍現象。產業整體利潤水平出現零增長或負增長。
衰退階段	預計20-30年後進入該階段，屆時產業型態將發生根本性轉變。	由於產業特性的影響，飯店業將全面走向集中，集團化、連鎖化經營成為主要經營模式。產業進入壁壘提高，新增飯店將主要集中經濟檔飯店或新興業態飯店。	消費者將成為擁有豐富經驗並對產品異常挑剔的買主。各大飯店集團由於長期的競爭磨合在產品品種和品質上的差異性明顯下降，同時，長期的市場運作使得大多數飯店已經擁有相對穩定的客戶群體，供求關係趨於平穩。	競爭將在少數擁有雄厚實力的飯店集團之間展開。在缺乏足夠引起產業型態革命性變化的技術創新的情況下，競爭將長期維持均勢。企業運行的成本壓力很大，利潤水平趨於穩定。產業擴張被迫向國外轉移，直到通過技術創新等方法使產業全面轉型。

二、飯店餐飲業的發展態勢

從表1-1中我們可以看出，飯店業全面進入買方市場是產業向成熟轉化的重要標誌。此時，對於飯店餐飲業來說，大眾化消費已經成為產業主流，飯店餐飲產品已經被越來越多的消費者所熟悉，

市場空白點趨於零，同時，產品形態和工藝特點也已成熟，面對已經基本成熟的產品消費熱情也不可避免地開始衰退，這一點可以從近些年來飯店餐飲業的市場表現中得到實證。相比之下，社會餐飲業卻憑藉著自身在產品研發機制上的靈活性，有效地避免了飯店餐飲業產品日趨老化的弱點，因而表現出了令人震驚的比較優勢。

當然，作為飯店業三大業務支柱之一的飯店餐飲在發展過程中也有與飯店業整體相對比較獨立的特點。與飯店餐飲相比，飯店客房業對於資本量的要求較高，替代競爭的壓力較小，而且更容易形成規模經濟性，因此經營風險相對來說要小得多，但同樣利潤空間也相對有限；飯店娛樂業的情形則正好相反，因為產品更新換代速度太快，而且贏利模式具有一定的特殊性，更適合由相對比較獨立的專業化企業來經營。

從近年來的飯店業實踐來觀察，飯店客房業目前已經成為飯店業最穩定的優勢子產業。而飯店娛樂業則成為飯店業經營最複雜的子產業，很多飯店已經採取將飯店娛樂板塊外包的管理模式，這也意味著娛樂業對於飯店業整體的利潤貢獻在不同競爭對手間差異並不顯著。

飯店餐飲業可能是飯店業中最讓經營者頭疼的板塊，這一方面是因為客房收入貢獻相對固定且彈性較小，娛樂收入風險大且難以把握，而餐飲收入的利潤上升空間無疑是最大的；另一方面則是因為飯店餐飲所遇到的外部替代競爭強度最大，而經營管理過程中的複雜性程度又是最高的，即便是採取外包形式也未必能有贏利把握。

與飯店業的整體發展歷程相似，飯店餐飲業也曾經歷了推出—上升—成熟階段，而且可以預見，不久的未來，以目前經營理念和管理模式為基本框架的飯店餐飲業也會步入其衰退期，並被全新的經營管理模式取而代之。

第二節 成熟階段飯店餐飲業的產業結構特徵分析

改革開放初期，伴隨著旅遊涉外飯店業的興起，飯店餐飲業也開始起步。經過20餘年的發展，飯店餐飲業的產業格局發生了重大的變化，我們將借助波特的五力模型作出分析。

一、早期的飯店餐飲業格局

早期的飯店餐飲業面對的是不太挑剔的顧客群體，儘管數量不多，但忠誠度卻很高。這並非是因為飯店餐飲產品本身有多麼過硬，而是因為當時社會餐飲業尚未形成規模，尤其是在高端市場和團體市場，飯店餐飲業幾乎是沒有對手。

二、成熟階段飯店餐飲業的基本結構

1997年前後，飯店業整體進入成熟階段，而此時飯店餐飲業所面臨的產業形勢也發生了巨大變化。下面我們用麥可·波特的「五種作用力模型」來對成熟階段的飯店餐飲業的產業結構特徵進行定性分析。

決定一個產業競爭強度的結構因素主要有五種競爭作用力——進入威脅、替代威脅、買方砍價實力、供方砍價實力和現有競爭對手的競爭，這些作用力彙集起來決定著產業的最終利潤潛力。

當前，大多數飯店餐飲部門在競爭過程中普遍能真切地感受到來自顧客（買方）和直接競爭對手的壓力，但對另外幾種競爭力的

作用形式和影響卻知之甚少，這就使得許多飯店一直以來對於產業形勢的判斷和預期都存在不同程度的偏差。缺乏對產業結構深層次特徵的科學認識也是許多飯店戰略失誤的關鍵原因，正確理解產業結構永遠是戰略分析的起點。

（一）潛在競爭對手的威脅——結構性進入壁壘低，競爭格局隨時可能被改寫

大量的實力雄厚的潛在競爭對手的存在，使得產業規模持續擴容，不斷衝擊甚至改變局部地區的競爭格局。為了能在較長時期內維持領先優勢，已進入企業被迫加大硬體投入，希望透過構築資金及規模經濟壁壘以威攝潛在進入者，但效果不盡如人意。

（二）替代競爭對手的威脅——客戶擁有更大選擇餘地，客源被嚴重分流

近些年來，很多地方普遍都存在「住在賓館，吃在飯館」的現象，這也為廣大飯店從業人員提了個醒——替代性產業正在一點一點地吞噬著市場。與飯店餐飲業爭奪客源的主力軍是社會餐飲業，儘管它們的產品線不如飯店完整，但卻在餐飲領域裡形成較高的專業化程度，具有一定競爭優勢。

社會餐飲業儘管從個體來說失敗機率要比飯店餐飲業高，在經營資源上也不同程度地存在不足，但覆蓋面積更大、檔次結構更全、菜品特色更鮮明、經營手段更靈活。最關鍵的是產品更新速度快和客戶網絡建設能深入到最終客戶，加之從數量和地理分佈上對飯店餐飲形成包圍之勢，因而分流了相當數量的客源。

（三）來自買方（顧客）的壓力——顧客消費經驗不斷積累，基本掌握市場主導權

進入產業成熟階段以後，顧客的消費經驗日益豐富，對飯店餐飲產品特性及成本結構等訊息的掌握程度不斷提高，同時由於可供

消費者選擇的範圍越來越大，因而不可避免地向飯店提出壓低價格、提高產品質量和增加服務項目的更高要求。很多地區反覆出現「價格戰」，事實上的根源就是迫於顧客壓力，這是產業成熟階段買方實力提升的自然結果，企業沒有必要抱以怨恨甚至敵視的態度。

近年來，很多業內人士開始注意到飯店餐飲與社會餐飲在菜式特點上的差別，顧客們更是用「賓館菜」的概念來描述飯店餐飲在產品上的缺陷。所謂「賓館菜」的說法，主要是指飯店餐飲部門在餐種結構單一的情況下，必須兼顧宴會與散客、不同地域及不同層次的消費需求，從而造成口感中庸、菜系特色不鮮明等特點。打個比方，某三星級酒店只有一個大型綜合餐廳，外帶幾十間不同規格的包廂，遇有大型接待任務或會議業務時，餐廳就無法對散客開放，即便是住店客人也只能「客房送餐」。餐廳基本以當地地方菜為主，但考慮到客源結構的複雜性，又臨時增加了粵菜、川菜廚師，菜單上也變得琳瑯滿目、應有盡有了，事實上大多數飯店餐廳可能都遇到過類似尷尬。但問題是顧客們可不在乎你有什麼樣的實際困難，他們只關心自己消費的東西性價比如何。

（四）來自供應商的壓力——多頭充分競爭造成飯店餐飲經營形勢更加微妙

客觀地說，飯店餐飲業的成本水平很大程度上取決於供應商的實力。

食品原材料供應業的最大特點就是競爭異常激烈，不但比價格比質量比服務，而且還在比拚花色品種的更新。這樣做法的直接後果就是使得餐飲業的競爭形勢變得異常微妙，無論是飯店餐飲企業還是社會餐飲企業，也無論餐廳硬體檔次高低，只要能把握好菜品採購尤其是新品挖掘這個環節，就完全有可能「一招鮮，吃遍天」，從而徹底顛覆靠資本和客戶資源優勢定勝負的競爭規則。

單以對食品原材料供應市場的反應速度來看，飯店餐飲業並不占優勢。打個比方，很多社會餐飲企業在硬體設備和接待規模上投入不大，資金集中投放在原材料選購和廚師薪資上，抓住了顧客最關心的核心價值，其市場反響遠非一般的飯店餐飲部門能比。

　　（五）現有飯店之間的爭奪——同質化競爭愈演愈烈，規模經濟呼之欲出

　　從市場集中度看飯店餐飲業的競爭強度也許比較準確。按照產業經濟學的觀點，如果一個產業中規模相當的少數大型企業能夠占有大部分市場的話，則產業競爭度很小；反之，則產業競爭度很大。

　　數量多、規模小、功能結構單一且雷同，是中國飯店餐飲業高度同質化競爭的根本原因。在產業進入成熟階段以後，飯店餐飲產品已經基本定型，新產品研發應用的成本和風險明顯增大，不同企業間菜品和服務的差異化程度越來越小。在與社會餐飲企業的博弈中，儘管有一些細分市場如婚宴、會議等飯店餐飲仍然占有較大優勢，但在這些優勢市場上，飯店餐飲業的內部爭奪更加激烈。

　　總的說來，進入產業成熟階段以後，飯店餐飲業所面臨的競爭環境已經發生了根本性的變化。來自客戶的壓力要求飯店在價格、質量和服務內容作出更多讓步，大量的替代競爭對手和潛在進入者則合力擠壓現有飯店的市場空間，並隨時可能改寫競爭格局，現有飯店之間的產品差異化程度不斷下降，同質化競爭削減了整個產業的最終利潤潛力——這五種競爭作用力匯聚起來將中國飯店業推到了產業發展進程中最關鍵的時刻，能否及時有效地作出準確的戰略和管理調整，將決定企業發展的命運，也將決定整個產業的最終命運。

第三節 飯店餐飲業向成熟轉化時期的常見觀念誤區

當前許多飯店的餐飲部門由於缺乏對產業成熟時期的市場結構和競爭規律的準確認識，沒能及時作出相應的戰略反應和管理調整，從而造成了一系列的戰略失誤，並最終導致贏利能力的持續弱化。從另一個角度來看，這又是我們透過管理創新，全面實現產業升級，並重建對社會餐飲業的競爭優勢的主要突破口。

一、誤區之一：對原有經驗的依賴

「以老眼光看新形勢」——仍然停留在創業初期對企業和市場的自我感覺中，過度沉溺於在飯店高速發展過程中所形成的經驗積累。

在進入產業成熟階段以後，飯店餐飲業所面臨的競爭環境發生了巨大而深刻的變化。比如，顧客的選擇餘地變得更大，消費經驗更加豐富，飯店煞費苦心推出的促銷活動也許很難輕易獲得市場反響；企業組織機構漸趨穩定，員工能獲得的晉升機會大大減少，其對飯店的忠誠難以長時間保持；社會餐飲的替代競爭壓力越來越大，價格戰和研發戰時有爆發，飯店防不勝防；即便在飯店餐飲業內部，不斷新建起來的飯店無論是在硬體水平還是市場吸引力上也更有後來居上的勢頭……

環境發生了巨變，但很多飯店餐飲管理者仍然沉醉在創業初期的「輝煌」中而難以自拔，一相情願地以業界領袖自居。大量的事實證明，在企業綜合素質沒有得到切實提升的情況下，所有在經營管理細節上的修修補補式的努力最終都無法徹底扭轉頹勢，只有那些有著科學的戰略規劃和強大的核心競爭力的飯店才能不至於在

「各領風騷三五年」的市場變幻中被淘汰。

二、誤區之二：對人才流失現象的麻木

「天要下雨，娘要嫁人，人才流失是正常的」——一方面飯店仍然維持著舊的員工激勵制度而對管理和技術骨幹的流失無能為力，另一方面卻又不得不為新進員工支付更高的培訓成本。

在經歷了多年的高速發展後，大多數飯店餐飲部門的組織結構已經基本成熟，重要崗位人員配置趨於穩定，晉升提拔機會顯著減少，創業初期那種激動人心的事業自豪感逐漸消退，傳統的員工激勵模式不再適用。一些具有遠見卓識的飯店敏銳地捕捉到了組織激勵氣氛的種種細微變化，進而推出了「員工職業生涯設計」、「年功序列制」等新的激勵措施，及時制止了員工流失。如湖南華天集團就為管理人員設立了「智慧之星」評選制度，重獎提出合理化建議的員工，反響良好。

遺憾的是，更多的飯店對員工激勵制度的認識流於簡單化、表面化，一味地用行政卡壓、感情攻勢或是待遇談判等方式嘗試留住員工，沒能及時在員工激勵技術的改善上狠下功夫，到頭來只能吞下骨幹員工頻繁流失的惡果。

三、誤區之三：對「開源節流」的曲解

「厲行節約，壓縮開支，確保利潤」——為了維持一貫的利潤水平，許多飯店餐廳透過削減研發、培訓、設備維護等費用、壓縮人員編制和降低基層員工薪資標準等多種手段來降低成本，最終結果是從根本上削弱了企業競爭力。

企業贏利，天經地義。但進入產業成熟階段後，行業整體利潤

水平增長速度明顯放慢，飯店必須主動調低其對財務狀況的期望值。一方面，產業全面進入買方市場時代，顧客對於飯店產品性價比更加敏感，另一方面，日趨激烈的市場爭奪使得產業起步階段的高額利潤空間不復存在。在這樣的背景下，飯店餐飲業經營利潤水平下降就難以避免了，只有走集團化、連鎖化經營的規模經濟路子才能繼續維持較高的利潤水平。

對於中國大多數飯店而言，由於缺乏足夠的規模經濟，又本能地拒絕承認薄利時代的到來，常見的選擇就是所謂的「開源節流」了，即盲目進入眾多自身不擅長也不能從根本上改善業務結構的新領域，陷入「多角經營」陷阱，同時精簡部門、壓縮人員、削減開支，但這又損害了企業的健康機能，使得技術研發、員工培訓等得不到組織和經費上的有力保障。

四、誤區之四：對價格競爭的偏見

「我不降價，價格戰是害群之馬」——許多飯店對競爭對手發起的價格戰深惡痛絕，甚至將價格競爭看作是不體面或有失身分，更不會主動迎戰。

眾多產業的發展進程表明，價格競爭是產業成熟階段的必然現象。對於擁擠在相對狹小市場裡的眾多飯店而言，由於彼此間產品差異程度不大，主動發起價格競爭的企業往往能從市場格局的改變中獲益。可以說，價格戰是競爭相持階段最有效的擠壓式進攻手段，儘管會引發一連串的市場後果，但其巨大威力卻是不容忽視。當前，許多新建的高星級飯店都紛紛採用價格戰來衝擊傳統優勢飯店，儘管社會各界評價不一，但事實上都不同程度地達到了其戰術目的。

總成本領先戰略是產業成熟時期企業最重要的競爭戰略，而企

業成本水平上的優勢最終又將透過價格競爭展示出來，這就是價格競爭的基礎。當前很多飯店本能地拒絕競爭對手發起的價格挑釁，或是呼籲建立「價格聯盟」。事實上，這是對價格競爭的片面理解和不理智反應，因為妥協是暫時的，競爭才是永恆的。

五、誤區之五：對「產品創新」的誤讀

「只有產品大創新，才有業績大發展」——飯店過於強調「創造性的」的「新」產品，希望能透過個別新產品來獲取廣泛的市場關注，而不是改進和積極地推銷現有產品。

在飯店業成長初期，很多飯店餐廳依靠特色項目或特色產品大獲成功，「一招鮮，吃遍天」，這也被很多企業總結為競爭獲勝的金科玉律。但進入成熟時期後，各企業的技術實力都顯著增強，新產品層出不窮，很難再有新產品既能防止競爭對手仿效，又能長時間保持對顧客的吸引力，同時，新產品的研製和推廣成本也大幅度上升，以新產品上市來帶動飯店業績提升要比過去冒更大的風險。

新產品戰術的本質就是盡力製造企業間的產品差異化程度，但事實上，成熟階段飯店餐飲產品間的差異化程度遠低於管理者的想像，而顧客們對新產品的評價也越來越苛刻。如果繼續將競爭的希望一味寄託於新產品神奇的「市場效果」，只能是適得其反。比如，近年來很多飯店頻繁地更換餐飲菜系風格，極力尋找新的市場興奮點，卻始終未能如願。

六、誤區之六：對質量優勢的偏執

「任憑他人風吹雨打，我靠高質量取勝」——很多飯店過於相信自身的質量優勢，而有意避開對手的價格挑釁、廣告攻勢和營銷

舉措。

質量是飯店餐飲產品的生命線，但這並不意味著我們必須無休止地追求高質量。事實上，很多時候，大多數飯店對顧客的質量期望值或敏感性存在一些過度甚至是偏執的認識。麥當勞則恰恰相反，其對於服務的強調更關注品質上的恆定，而不是我們時下高喊的「精良」。我們必須清醒地意識到，很多時候顧客對服務質量的需求並不像我們想像的那麼高，對於有經驗的顧客來說，他們情願選擇更低價格以代替質量需求。如近年來很多高星級飯店在餐飲菜品裝盤上進行改革，減少了雕花造型，而價格也大幅下調，市場反響良好。

從另一個角度考察，很多飯店對於自身的質量優勢有著過於主觀的判斷，事實上在員工頻繁交叉流動、崗位培訓力度不斷加大的情況下，不同飯店之間的質量差距正在逐步縮小。對於很多飯店來說，長期以來引以為豪的質量優勢不再明顯，在這樣的背景下一味強調質量優勢就有可能被競爭對手乘虛而入。

七、誤區之七：對市場份額的非理性追求

「市場份額第一，用投資買市場值得」——很多飯店餐廳不惜透過大打廣告、折扣讓利甚至容忍白條掛帳等方式來極力擴大市場份額，提高營業總收入而不是贏利能力，忽視了現金流量安全。

進入成熟階段後，現金流量的安全性上升成為飯店經營的重要原則。因為產業成熟不利於企業長期提高或保持高利潤水平，極易成為現金陷阱，所以此時透過投入廣告或是賒銷等方式來搶奪市場份額是很冒險的。

當前很多飯店餐廳為了盡力留住有限的「回頭客」，不斷地在價格、付款方式等方面向顧客作出讓步，這種做法也值得商榷。很

多飯店理解「回頭客」光顧的動機就是價格因素和情感因素，並因此作出相應妥協，但事實上面對幾乎一成不變的產品，顧客的購買衝動難以被真正激發，再大的經濟妥協也於事無補。作大「回頭客」市場的最好辦法就是透過不斷地提供外圍產品和服務、產品升級和擴展產品系列等方法儘量增加其購買，持續刺激其購買衝動。這方面最經典的案例莫過於麥當勞在全球範圍內推出的「史諾比」促銷活動，透過提供系列化的外圍產品——不同國別的史諾比玩具吸引了大量的少年兒童反覆光顧。

八、誤區之八：對承包制的迷戀

「向外發包，一包就靈」——在社會餐飲企業的巨大壓力下，很多飯店選擇了將具有較大經營難度的餐飲部門發包經營，一定程度上緩解了經營壓力，但也損害了企業持久競爭能力。

在產業發展初期，為了充分調動部門經營者的積極性，適應新產品研發和拓展市場的需要，很多飯店選擇了將餐飲部門整體承包的利潤中心自治模式。但隨著產業進入成熟期，市場格局相對穩定，新產品研發的難度加大，相反成本倒上升成為競爭重點，飯店業經營也進入了集中化時代。

實踐速描

「包廚制」到底是行業慣例還是應急之舉

在飯店眾多業務部門中，業內人士一致認為經營難度最大的是餐飲部，不只是因為社會餐飲企業虎視眈眈，還因為餐館經營成敗的關鍵很大程度上依賴於廚師們的技能水平和奉獻意識。也正因為廚房管理的複雜性和重要性，很多飯店不得已採用了「包廚制」，這似乎已經成了不成文的行業慣例。

但隨著餐飲業的發展，包廚制的弊端越來越凸顯。越來越多的飯店決策者意識到「包廚制」整體來說弊大於利，能解一時之急，卻不利於飯店的長遠發展。

首先是主廚，也就是廚房承包者的權力越來越大，飯店業主經常受制於主廚，主廚不但可以左右飯店菜單規劃和製作成本水平，還動不動就用「跳槽走人」來威脅業主，很多經常處於動盪之中的飯店就是由於缺乏對廚師團隊的制約能力而屢屢陷於被動之中。

其次是廚師們直接控制了餐廳的技術實力，他們普遍有強烈的自我保護和排外意識，將自身的能力與幹勁作為討價還價的籌碼，即便是飯店簽訂了長期合約，但只要他們抽身走人，幾乎所有的招牌菜和令顧客們稱道的特色手藝也就一夜之間灰飛煙滅了。

將飯店作為一個整體來經營，既是降低成本的需要，能顯著減少管理費用，同時也使得內部協調更為順暢，有利於整體營銷。很多飯店一直認為承包是省事省力的好辦法，但事實上承包者能上繳的利潤其實也取決於企業的整體獲利能力，在整體競爭優勢衰退的同時承包者也很難維持原有的經營能力。

第四節　傳統餐飲管理模式的結構性缺陷

飯店餐飲業進入成熟階段後所遭遇的種種管理問題，既有市場形勢和產業結構方面的原因，也有自身經營理念和管理模式方面的影響。

總體來說，第一代的飯店餐飲職業經理人基本上都是從實踐中成長起來的，就其知識結構而言，經驗是其管理素質的主要基礎，口頭管理和人情管理幾乎充斥了每一個飯店餐飲部門的管理層。很

多管理人員習慣憑直覺進行市場決策，對成本核算、進銷存管理等重要環節更多的是憑著本能的節約習慣進行控制，看不懂財務報表或者訂不出管理制度的經理人員比比皆是。

一、傳統餐飲管理模式與現代餐飲管理模式比較

　　我們透過對多家飯店餐飲企業的調研，對比分析了傳統餐飲企業與現代餐飲企業二者在管理模式上的區別，見表1 -2。從表1 -2中可以看出傳統餐飲管理模式的一些突出問題。

表1-2 傳統餐飲與現代餐飲管理模式對比

	傳統餐飲管理模式	現代餐飲管理模式
戰略意識	關於現金流量，力爭在保持已有市場份額的基礎上穩步提高，缺乏明確科學的戰略觀，發展規劃流於形式化、簡單化	關注企業核心競爭力增長，以形成長久競爭優勢為戰略目標，強調以戰略管理作為基本範式，以對市場的控制力為規劃依據
組織結構	典型的科層式結構，組織溝通主要通過匯報、會議等正式手段，決策反應相對滯後	傾向於扁平式結構，以流程作為組織設計依據，強調建立基於現代IT訊息技術的學習型組織，鼓勵基層員工參與管理
管理體制	所有權與經營權分離不徹底，行政干預隨意性大，職業經理人群體尚未成為主流	所有權與經營權分離，董事會和股東代表大會是最高決策機構，職業經理人群體擔負日常營運管理責任
人力資源素質	基層員工相對素質要高於管理人員，缺乏系統的職業生涯設計，培訓手段原始	專業教育資源豐富，人力資源管理規範，培訓系統，員工有良好的職業預期
技術研發	以簡單的模仿創新為主，企業研發在經費、人員、組織等要素上缺乏制度保障	集團總部職能以集中研發和提供智力服務為主，對社會技術資源獲取反應敏捷
市場策略	以低效率的人員推銷為主要營銷手段，企業形象及品牌建設意識較差	注重對顧客群體忠誠度的長期培育，會員俱樂部制度盛行，圍繞著企業市場定位的企業形象及品牌意識強烈
價格策略	以競爭對手為參照的「隨行就市」，缺乏嚴謹的成本分析，價格變動及執行很隨意	以自身的成本水平和財務預期作為價格基礎，價格變動及執行嚴格制度化，價格進攻多以變相的訊號試探為主
成本水平	勞動力成本低，但規模偏小、硬體更新頻率高、員工流失造成成本結構嚴重不合理	勞動力成本較高，但規模經濟顯著，硬體更新週期較為合理，財務預警機制健全
服務品質	大力提倡個性化、訂製化服務，但受制於員工素質，服務品質不穩定，顧客投訴多	穩定的服務的服務品質基於較高的員工素質和流程的合理化，大規模訂製成為趨勢

飯店餐飲業的傳統管理模式主要脫胎於早期的計劃經濟時代的商貿企業管理模式和第一批外商投資的涉外飯店從境外引進的現代飯店管理模式，重視硬體投入、服務質量和內部業務流程管理，輕視產品研發、客戶開發和系統營銷。

二、「問題解決式」管理文化

從具體的管理過程來看，經理們習慣於「問題解決式」的管理方法，他們總是以維持餐廳的正常運轉為前提，對於零星出現的問題進行即興研究，解決一個算一個，而在整體上缺乏管理的前瞻性和系統性。比如說，很多飯店餐廳的培訓計劃都是在問題累積到一定程度後才倉促動議並快速實施，重點在於解決一些迫在眉睫的具體業務問題，而忽視了對於員工素質的有計劃培育和對於業務流程的全面評估。

事實上，類似的問題在傳統管理模式中還有很多，正如上文表格中所列舉的，在戰略規劃、組織設計、成本體系以及研發機制等很多重點環節上，經驗型的飯店餐飲管理者們都缺乏系統的思考和有意識的計劃運作。

第五節 管理創新與績效評估系統的變革

一、管理創新——飯店餐飲業的下一場革命

但隨著時代的推移，以模仿和借鑑飯店經驗為基礎的飯店餐飲管理模式逐漸暴露出了自身積累不足、人才匱乏和觀念落後等一些深層次問題，尤其是在社會餐飲企業快速發展的過程中，這些問題正在被放大和凸顯。此時的飯店餐飲業已經不能再停留在修修補補式的管理改良階段，而必須徹底反思屢屢敗於社會餐飲業的深層次原因，從根本上變革已經明顯落後於時代的經營管理模式。

實踐速描

餐飲經紀——產業鏈上的一道新風景

餐飲業的高速發展直接導致了很多新業態形式的出現，以餐飲

中介服務為主營業務的北京華匯君宴信用擔保公司就是其中的佼佼者。

據華匯君宴總經理丁屹介紹，公司將與銀行、法國索迪斯等知名企業合作，為消費者提供「君宴卡」服務，這包括與1000餘家餐飲企業達成的消費結算與獎勵協議。持卡人在所有簽約餐飲企業消費時可享受全單折扣，折扣以積分的方式返給持卡人，而積分不僅可作為現金使用，而且可以通用。

從戰略層面來看，飯店餐飲業急需解決高層次人才匱乏和激勵機制不合理等根本問題。以一線經驗為決策依據的第一代職業經理人已經暴露出了自身在戰略意識和管理基本功上的不足，而新一代接受過系統的高等專業教育的員工又沒有得到科學合理的系統使用，人才斷層的問題已經成了制約飯店餐飲業發展的最大障礙。

從戰術層面來看，飯店餐飲業應該向成功的社會餐飲企業學習，高度重視產品研發、客戶開發、員工智力管理以及資本運營等新的管理要素，盡量減少賭博式的經驗管理，學會用市場數據和財務指標來分析企業經營問題，建立健全基於管理訊息系統的業務制度體系，並充分發揮專業化員工在各自崗位上的技術優勢。

從操作層面來看，飯店餐飲業必須妥善處理好薪酬激勵、績效評價以及流程開發等具體業務問題，用簡潔高效而又相對靈活的制度來取代傳統的「人盯人」式的管理辦法，下力氣提高產品與服務的知識含量，真正從客戶出發來審視和更新產品。

前面提到的飯店餐飲部門的若干觀念誤區其實只是傳統管理模式缺陷的一個縮影，但如果不進行系統科學的全面管理創新，光靠幾條指令和一兩次培訓是不可能完全解決的。對於飯店餐飲業來說，現在需要的並不是幾個營銷創意，也不是幾個應急的時令特色菜品，而是涉及到所有層面的一場深刻的管理革命。

二、績效評估——管理創新的技術保障

很多飯店早就清醒地意識到了飯店餐飲業的競爭形勢，也做了大量管理創新和變革嘗試，但總是「雷聲大，雨點小」，每每下了大決心，花了大力氣，但推行了一段時間後一看效果不盡如人意，於是就慢慢地恢復到原狀。如此多次循環反覆後，管理創新的念頭就淡了許多。

相比之下，社會餐飲企業的管理變革來得就要徹底得多，如北京淮揚村集團率先推出骨幹廚師和分店經理的股份激勵制度，有效地解決了連鎖經營過程中的委託代理難題；又比如重慶陶然居投巨資建立起自己的廚師學校和農場、醬菜廠，完善了產業鏈，從而獲得了許多對手無法模仿的獨特競爭優勢。這些都是飯店管理體制下很難解決的難題，但社會餐飲企業卻有辦法從中找到自己的出路。

管理創新在飯店餐飲推行之所以「虎頭蛇尾」，更關鍵的問題還在於兩者管理文化的差異。社會餐飲企業之所以在資金、人才和品牌形象都不占優勢的情況下能屢屢出奇制勝，在於其不拘一格、效率優先的管理理念，它們無須有太多的條條框框來約束自己的管理決策，只要是有利於企業發展的事情統統可以嘗試，只要是對最終效益無助的花架子都堅決去掉。為此，它們可以根據具體經營需要大膽實行股份工資，簡化服務流程，削減菜式品種以突出自身特色，或者隔三差五地裝修店面甚至整體轉變經營菜系。

同樣的決策若放在飯店餐飲業來說就有些不太現實了，它們的薪資體系必須與整個飯店的薪資體系保持一致，嚴格實行崗位等級工資標準；它們的服務流程必須與飯店的資質等級保持一致，簡化流程就可能被看作是偷工減料和降低服務質量；它們的菜式品種無論怎麼調整都必須保證以完成飯店基本接待任務為前提，尤其是不能將飯店的主餐廳改成類似火鍋店或快餐廳之類的特色餐廳，即便

這樣做可能更符合市場需要；至於動不動就翻新店面，那更是匪夷所思，因為使用年限幾十年的東西一兩年時間就推倒重來，這根本就不符合飯店的基本財務制度。

三、從「制度文化」到「效率文化」

總的來說，社會餐飲企業崇尚的是一種「效率文化」，而飯店餐飲業遵循的是一種「制度文化」。儘管從硬體形態上很難對兩種企業的差別做更精確的比較，但這種價值觀和管理準則的差別足以解釋目前的產業現狀。

飯店餐飲業急需改變的不是具體的經營方式，也不是制度細節，而是核心價值觀。只有能真正做到「效率第一」並一切以經營實效為前提，才能扭轉現在的頹勢，這也是實行管理創新的終極目標之一。

更具體地來說，飯店餐飲業實行管理創新工程必須以強有力的績效評估系統為技術保障。只有能實實在在地即時反映飯店在各方面的績效變化，充分體現出管理創新所帶來的效果，才能堅定企業上下的變革決心，這在遵循「制度文化」的企業裡可以說是至關重要。

與在市場營銷環節上的變革相比，管理上的創新難度顯然更大，這不僅僅因為這樣的努力未必能立竿見影，還因為它總是會觸及很多人的既得利益，實施起來很可能會被大打折扣，如果不能配套以科學的評估手段，管理者很難辨別到底是管理創新措施無效還是員工執行不力，這樣一來管理創新的前景就被蒙上陰影。

更進一步地說，因為管理創新的系統推進往往是分階段有步驟的，前一階段的成功是後一階段能繼續推行的重要保證，這在飯店特殊的管理體制下尤其明顯，餐飲部門的管理者必須用看得見摸得

著的成績來說服飯店高層始終如一地支持他們，而管理創新的整體效果要最終反映在經營實效上還需要一個過程，因此在內部矛盾叢生的情況下很多創新嘗試無法繼續延續，最後陷入「虎頭蛇尾」的尷尬境地。

目前在飯店餐飲業中廣為流行的績效評估方法仍然是傳統的以財務指標為基礎的考評辦法，這不但不能反映企業在一些管理要素上的實際狀況，反而導致了管理者們的短視行為。比如餐飲部門可能會選擇以降價讓利或賒銷來擴大市場占有份額，而忽視對產品研發的投入，因為前者的效果能更快得以體現；比如聘請外部專家來進行員工培訓很容易造成巨大聲勢，而完善內部在崗培訓體系不但難度大，聲勢也小了許多；又比如直接壓縮一些顯性開支如培訓費、考察經費及促銷費用，對於成本的短期下降效果顯著，而建立全面預算制度則難度太大，而且要很長時間才能看得出成本控制的效果……在一種錯誤的績效評估制度的影響下，餐飲部門的管理者隨時有可能選擇短期效率而放棄長期效益，或者說，會用立竿見影的細節改良來取代全面系統的管理創新。

延伸閱讀

企業績效衡量模式的幾個發展階段

第一階段：財務績效衡量模式

在20世紀初的10年中，杜邦公司和通用汽車公司開發的投資回報模型被用作多部門公司的整合方案。而到20世紀中葉，多部門公司又把預算作為管理體系的核心。1990年代，公司財務體系不斷擴大，把與股東價值相關的財務測量方法包括進來，產生了基於價值和經濟附加值（EVA）的管理模式。然而，在今天基於知識的競爭環境中，即使最好的財務體系也無法涵蓋績效的全部動態特點。

第二階段：質量績效衡量模式

1980年代和90年代，由於很多公司認識到僅僅使用財務數字進行管理的侷限性，所以它們把質量控制作為宣傳口號和組織原則。公司競相追逐國家質量獎，如美國的馬爾科姆·鮑德里奇國家品質獎（Malcolm Baldrige）、日本的戴明獎（Deming Prize）以及歐洲的EFOM獎。公司還紛紛效仿摩托羅拉、奇異等採取六標準差計劃。但是僅靠質量和僅靠財務指標一樣都不能夠全面衡量企業的績效，一些獲得國家質量獎的公司很快發現它們在財務上陷入了困境。

　　第三階段：客戶滿意度衡量模式

　　除了財務措施和質量措施以外，一些公司強調以顧客為中心，構建以市場為核心的組織，並且建立了客戶關係管理體系；有些公司選擇了發展核心競爭力，或者進行企業流程再造；還有一些公司重點強調戰略性人力資源管理。財務、質量、顧客、核心能力、流程、人力資源以及制度這幾個方面中的每一個方面都很重要，並且都可以在公司的價值創造過程中發揮重要的作用，但是每一個方面僅僅代表了管理活動及過程中的一個構成部分，管理過程必須產生持續而優異的業績。僅僅強調管理過程中的某一個方面實則鼓勵次優化，而妨礙公司實現更大的目標，公司必須用一種全面的觀點來代替任何具體的、短期的衡量尺度，從而使戰略居於管理體系的核心地位。

　　現階段：基於平衡計分卡的戰略性績效衡量模式

　　「以戰略為核心的組織」利用平衡記分卡（Balanced Scorecard）把戰略放在了其管理過程的核心地位。平衡記分卡以一種深刻而一致的方法描述了戰略在公司各個層面的具體體現，從而具有獨特的貢獻和意義。在開發戰略記分卡之前，管理人員缺乏一套被普遍接受的、用來描述戰略的框架，而無法描述的東西是很難實施的。因此，這種透過戰略圖和記分卡來描述戰略的簡單方法是

一個重大的突破。

　　平衡記分卡克服了單純利用財務手段進行績效管理的侷限。財務報告傳達的是已經呈現的結果、滯後於現實的數據，但是並沒有向公司管理層傳達未來業績的推動要素是什麼，以及如何透過對客戶、供貨商、員工、技術革新等方面的投資來創造新的價值。

第二章　飯店餐飲制度管理創新

導讀

很多飯店餐飲部門的管理創新之所以不成功，就是因為將精力全放在了追求服務流程的完美和菜品質量的精益求精上，而忽視了一些更重要的制度層面的管理要素。飯店餐飲的管理創新工程必須從制度創新入手。

制度創新主要分為兩個層次，概括起來就是處理好兩個關係。其一是處理好經營者與所有者之間的關係，也就是委託代理關係。在激勵機制的作用下，飯店餐飲經營才能有活力。其二是處理好經營者與其他員工之間的關係，也就是日常的管理運行秩序。只有妥善設計好內部權責體系，健全目標管理框架，建立通暢的訊息溝通機制，並將所有管理原則具體落實到日常的管理流程之中，飯店餐飲管理才能有條不紊。

本章第一節探討的就是排在所有管理問題之首的經營者激勵問題，在逐一比較了時下業界多種管理合約形式後，對飯店餐飲委託代理問題進行了深入剖析，並指出了調動積極性和防範道德風險是設計合理激勵機制的兩個核心環節。

假定經營者人選和積極性問題得到了妥善解決，那麼接下來經營者如何運用自己手中的籌碼去調動其他各層各級員工的積極性呢？本章第二節系統介紹了「目標管理」制度（MBO）在飯店餐飲管理中的運用要領。值得讀者注意的是，儘管目標管理制度在實踐中已經非常流行，但存在著很多「似是而非」甚至「簡單粗暴」的弊病，在很大程度上制約了管理制度的實際效用。當然，與目標管理相配套的是如何將這些原則細化到各個具體崗位和員工身上，

這是本章第三節的主要內容。

如果我們進一步假定所有員工也都有高度的事業心和責任感，至少暫時不存在激勵不足的問題的話，是否飯店餐廳就一定會成功呢？未必，因為除了做事的熱情之外，管理者們還需要有做事的好方法和好習慣，這對一些新開業的飯店來說尤其重要。本章第四節並沒有急於指出餐廳管理者要如何做事，而是透過對管理者的時間分配、工作角色以及管理效率等環節進行了深入考查，並指出光有熱情而不善於進行管理分工和時間管理是不足以支撐餐廳的可持續發展的。

從第五節開始，本章探討的內容更接近中基層管理實務。比如，中基層管理者與員工之間如何溝通效果最好；餐廳的各級各類管理工作例會怎樣才能收到實效；管理者如何才能使得自己有良好的工作節奏，從而避免總是在不停地忙於相同事務的尷尬等等。

第一節　管理合約與經營者激勵

作為飯店整體產品的一部分，飯店餐飲管理的首要任務是為經營者們設計最有效的激勵機制，這也是一系列管理創新活動能順利展開的前提和基礎。常見的對於飯店餐飲部門經營者的激勵方法有承包經營、目標管理或績效獎勵等。而哪種方式更合適，則需要結合當前企業治理研究領域中的委託代理理論來加以分析。總的來說，一個好的管理合約必須能妥善解決好經營者的積極性和道德風險的防範兩大問題。

一、飯店餐飲經營者的激勵與餐廳績效

對於絕大多數社會餐飲企業來說，經營者本身可能就是投資

者，儘管這未必是一種很合理的治理結構，但至少不存在經營者激勵不足的問題。相比之下，飯店餐飲部門作為飯店整體的一部分，其主要經營人員一般來說不大可能就是投資者本身。這些手握大量並非自己所有的經營資源的經營者來說，未必像社會餐飲業主一樣投入、一樣負責。

問題可能要一分為二地來看。對於餐飲部門的經營者來說，出於一些非經濟方面的因素可能會在短期內表現出強烈的進取心和責任感，比如最近晉升到部門經理崗位時的工作熱情或對飯店總經理的知遇之恩的回報等等。但從長遠來看，這些高度個人化的激勵因素都是不可靠的，尤其是面臨複雜的競爭形勢時，這種不能將餐廳績效與經營者個人損益緊密掛鉤的激勵機制隨時可能會失效。

大多數飯店都有自己嚴格統一的薪酬體系，餐飲部門的經營者和其他部門如客房、娛樂等營業部門經理一樣，也都是按照自己的職級和業績貢獻來拿基本薪酬加彈性獎勵工資的。這種激勵機制在飯店自身有強大的客源吸納能力的情形下是基本可行的，比如某些行業系統自辦的內部賓館，餐飲客源大部分是系統內客戶，餐飲經營者的個人貢獻並不顯著。又比如某些飯店已經在當地擁有一流品牌形象，餐廳長期以來牢牢地占據了當地高端客源市場，經營者只要維持好餐廳的日常營運秩序就可以了。

在更多情況下，飯店餐飲部門所面臨的競爭形勢遠比以上兩種情形困難，經營者的工作內容比起其他幾位部門經理同行來說顯然要複雜得多。他必須獨立主持餐廳的產品研發和菜系調整，這可能是客房部經理難以想像的事情。他必須深入到從採購、入庫到加工的幾乎所有環節中，去評估成本消耗是否合理。他甚至還必須親自出馬去與餐廳的重點客戶聯絡感情，親自與前來聯繫婚宴、會議餐的顧客洽談細節……

毫無疑問，對於一個能力不足以擔任餐飲部經理職務的經營者

來說，強行將他安置在這個位置上本身就是一種激勵，他會加倍努力以證明自己，但從資源配置的效果來看，這顯然是不合理的。而對一個能力很強的經營者來說，這種「旱澇保收、彈性不大」的崗位等級工資顯然不足以調動他全部的智慧、能量和熱情。

簡單來說，飯店餐飲部門的經營者激勵問題就是一個「三步走」的問題：

第一步，物色並選定合適的經營者人選，不但要看經驗、看人品，還要看對餐廳發展的整體構想和經營思路。第二步，設計合適的激勵機制，到底是採用彈性工資、目標考核還是承包經營，鬚根據具體情況靈活選擇。第三步，搭建精誠團結而又結構合理的管理團隊，確保管理合約的順利履行，在保護好經營者的積極性的同時也要防範潛在的道德風險。

二、管理合約的設計與履行

正如前面已經提到的飯店餐飲經營者的工作角色，一份略高於飯店其他部門經理水準的薪酬的確不足以吸引到最優秀的職業經理，但問題是到底多少薪酬才算合適的呢？

實踐中的飯店決策者們總是在有意無意地打探著一流餐廳經理的年薪行情，因為他們已經充分地意識到餐飲部的利潤空間和經營難度，也明白了「千軍易得，一將難求」的道理。幾乎所有的飯店總經理們都在時刻等待著一位餐飲經營的天才出現，然後用一個驚人的價碼將其招至旗下，換言之，幾乎所有的飯店總經理也都對自己目前所聘用的餐飲經理頗有微詞，認為其只是一個過渡人選。

這裡面反映的問題表面上來看是優秀職業經理人的高度稀缺從而導致人才市場的供不應求，但深入地分析起來，問題遠非如此簡單。

首先是總經理們對於人才的期望值過高，這種能獨當一面並迅速扭虧為盈的高級餐飲管理人才即便是有，也必須在合適的經營環境和強大的專業團隊支持下才能成功。指望一兩個管理人員迅速改變企業面貌從根本上來說是不現實的，而且越是花工夫去尋找物色，就越有可能找到誇誇其談的「水貨」人才。

　　其次是飯店餐飲經營管理的獨立性程度可能比經理人選問題更關鍵。現實中我們已經看到了很多人在飯店當餐飲部經理表現平平，而一旦自己創業幹起了社會餐飲企業後卻像換了個人似的，這就意味著在經營激勵機制沒有解決之前，再好的人選也是白搭。很多總經理都喜歡溫順聽話的部門經理，但作為餐飲部經理，如果過於遷就上級的管理干預，肯定會加大自身的管理難度和經營風險。

　　最後一個也是最關鍵的一個問題，高額年薪就一定能激發出高水平經營人才的工作熱情嗎？對於飯店餐飲經營來說，委託方和代理方，也就是總經理或董事會與所聘請的餐飲經理之間的關係是相當複雜的，這裡面除了一紙合約外，還有雙方相互間的信任、管理過程的監控和管理業績的評價，更具體一點來說，還包括管理團隊的搭建、財務審批與核算以及薪酬的支付形式等等很多細節問題。飯店總經理們時常掛在嘴邊的「責權利一定要明確」的原則，尚不足以涵蓋這份管理合約的複雜性，因為更要害的問題還在於這種「委託—代理」關係如何才能得到有效的監督和維護。

　　對於非業主經營的所有企業來說，企業或者企業內部某個相對獨立的業務模組的所有權與經營權的分離是不可避免的，這裡面就存在一個「委託代理問題」。所謂委託代理問題，簡單說來就是投資者因為多方面原因，比如精力不夠或者能力不濟等等，不能直接經營，只能委託一個專業化的團隊來代為管理自己的資產。這應該是個合理的選擇，總體來說符合專業化分工的大原則，能更好地實現資產保值、增值的目標，但事情往往沒有這麼簡單。

代理者即實際上的資產管理者有沒有足夠的積極性去最大限度地挖掘自己潛力，這取決於代理者與委託者之間的利益分配模式，同時還包括這份合約的具體履行過程中的很多細節。

　　就飯店餐飲來說，很多時候這份合約儘管事實上的確存在，但在形式上卻沒有很明顯的約束力。比如給餐飲經理以高額年薪並要求他完成一定的營業指標，此時很可能就沒有更詳細的合約來明確很多經營管理過程中會出現的細節，換句話說，就是經理們並沒有得到太多實質性的管理支持，缺乏一個獨立決策的平臺基礎，所謂的高薪許諾只是一個理論上的數字，在基本管理格局並沒有實質性改善，甚至大部分員工對「空降」的高薪經理還存在牴觸時是很難實現的。但從業主也就是投資者的角度來看事情往往不是這樣，既然我痛下決心給你高薪，指望的就是你有與眾不同的能力，如果還不停地要這要那，那這高薪也就給得不太合算了。

　　事實上，除了常見的高薪合約外，還有其他很多形式，比如分成式委託管理、基數抵押金承包、目標責任制以及混合分包等，不同管理形式對於經營者的激勵程度是不一樣的，這除了取決於經營者預期將得到的個人收益高低外，還與經營者的管理環境有很大關係。委託管理與承包管理等形式之所以更能吸引經營者，未必完全是因為收益更大，還有很大一部分原因是這樣的合約形式下業主的管理干預最少，代理者的管理能力可以得到最大限度的發揮。當然，這種形式下毀約風險也是最高的，因為業主對於資產的使用一旦失去完全監控的話，隨時都存在毀約動機。

　　業主的毀約動機主要來自對於代理者隱瞞經營訊息或者濫用資產的擔憂，比如說，業主會擔心請來的承包者不如實上報營業數據，導致分成時業主吃虧，明明生意很紅火，但報表上怎麼看都沒有贏利；又比如說合作經營時請來的管理團隊動不動就要打廣告，派免費單甚至要求翻新裝飾等等，大把大把地花錢而承接業務的乙

方又大部分是團隊所介紹來的，這就存在變相侵吞餐廳資產的嫌疑……我們把這些由於業主無法直接觀測到代理者的行為而造成的問題通稱為「道德風險」，這是當前公司治理研究中的重點問題，對飯店餐飲業來說也許是比選擇什麼樣的合約形式更重要的核心問題。

三、常見的飯店餐飲管理合約

客觀地來說，幾種常見的飯店餐飲管理合約各有優劣，也各有自己的適用範圍，飯店應根據自身的實際情況靈活選用。這個道理跟國有企業改革一樣，我們不能簡單地認為存在一種萬能的管理合約形式。對於不同的飯店來說，面對的市場競爭強度不同，管理者的素質結構不同，可能出現的道德風險問題的情形也不盡相同，這也就意味著存在著不同類型的有效管理合約。

前面我們已經分析過高薪聘請職業經理人並設定明確的經營目標的做法，應該說這是當今飯店餐飲界最普遍的做法。這種合約形式的好處是職業經理人的作用更多地體現在經營決策方面，而對於資產的使用和調撥權力不大，同時經理人的分成收益主要為個人薪資，對於飯店來說尚可接受，所以這種合約情況下的道德風險是最小的，這也是這種形式最受歡迎的主要原因。

但這種風險最小的合約形式對於飯店餐飲業績的影響強度也是最小的。一般來說，職業經理人僅能以個體或三五個人的小團隊形式領取高薪，人數多了的話就成了委託經營，人數一少，介入的形式就由全面管理變成了全面指導了。這裡面可能就會出現一個新舊磨合的問題，或者說大部分的管理事務還得由原來那些中基層管理人員來承擔，拿年薪的經理們只是充當了一個導師和決策者而已。相對於全面託管或承包經營來說，這種方式顯然不足以調動職業經

理人的全部潛力，因此這種方式最適合那些經營局面比較穩定、競爭強度不算太大，至少能基本維持的飯店。換句話說，這種方式適合維持一個現狀不錯的飯店餐廳，但不適合扭虧為盈和應對複雜的競爭局面。

比較令飯店總經理們頭疼的是分成式委託經營和抵押金式基數承包。這兩種方式的共同特點是所有權與經營權分離得比較徹底，既有可能較大程度地激發經營者的潛力，也有可能造成較為嚴重的道德風險問題。對於飯店決策者來說，這是個非常燙手的山芋，接也不是，不接也不是。

市場上託管與承包經營的合約形式有很多類型，甲方參與的程度以及利潤分配的形式可能有很多不同。總的說來，承包經營情形下甲方基本退出日常管理，而且無論經營結果如何都收取固定利潤，委託經營情形下甲方可能參與也可能不參與日常管理，但對於經營利潤則採取按比例分成，也就是說出現虧損時甲方也必須要承擔。

從經營者的角度來說，他更願意選擇承包經營，一來可能獲取更多利潤，二來管理時有更多自主權，能更好地發揮自己能力，尤其是在有比較成熟的管理團隊和技術隊伍時。這種形式比較有利於經營已處於困境的飯店餐廳，此時達成承包合約的可能性也是最大的。

從投資者的角度來說，他們一般比較傾向於委託經營，一來可以培養自己的管理人員，二來還可以較好地監督資產的合理使用，防範資產被濫用的風險，同時在對餐廳經營前景不明朗且未失去信心時還有機會分享較大利潤。這種形式比較適合新開業或者整體業績比較平穩暫時沒有虧損的飯店。

還有一種非常普遍的合約形式，那就是所謂的目標責任制，這實際是一種內部承包模式。飯店給內部產生的管理人才以一定權限

和獎勵承諾，同時限定一個業績目標和遞增式的彈性獎勵辦法。一般來說，這樣的獎勵幅度很小，而且為了調動更多員工的積極性，獎勵範圍通常會擴散到大部分員工，見者有份。這種方式比較適合經營狀況非常穩定的飯店，尤其是一些在當地有明顯競爭優勢的飯店，因為只要稍加努力就可以獲得這些獎勵，同時即便付出更多努力得到的額外獎勵也不會太多。所以，在這種方式中，管理者並沒有得到有效激勵。

四、信任、監督與道德風險

無論採取什麼樣的合約形式，都有可能為飯店餐廳的經營者提供足夠的激勵，或者說，並不存在所謂絕對有效的激勵形式，只有能真正實現雙方互相信任且能持續履行的合約才能從根本上解決經營者的激勵問題。

關於合約的激勵力度問題的探討是飯店經理們特別熱衷的話題，這裡面反映了一個急功近利的經營原則——大家都希望能快速物色到一個萬能的經理，給他合適的合約，然後坐等分紅。事實上即便簽訂了最徹底的承包經營合約，甲方的任務也還有很多，為了建立雙方間的信任，有效地防範道德風險，還遠未到撒手不管的地步。

實踐中，我們發現很多飯店餐飲的管理合約無論是託管還是承包，都很難做到善始善終，而且這些合約也越簽越短，幾乎都快成了「鐵打的營盤流水的兵」了。為什麼呢？原因很簡單，在合約履行的過程中，雙方始終沒能建立完全的信任，在相互猜疑中矛盾日積月累，合作很快就會走向破裂。

引發信任危機的主要原因是委託者與代理者之間的訊息交流與合作機制的不健全，實際經營過程中雙方都希望暸解到真實訊息，

但此時可能出現經營者有意矇蔽或者經營者自己缺乏完善的資料彙總技術從而導致「想說也說不清楚」。比方說甲方希望即時瞭解每天的營業收入細節，散客多少，團隊多少，毛利多少，折扣多少等等，乙方或者有所顧忌不願如實彙報，或者沒有配備相應的資訊管理系統連自己都說不清楚。但無論是哪種情形，在甲方眼裡都是不誠信的表現。在託管形式下，這會直接導致甲方加大干預力度；在承包形式下，這會使得甲方對承包基數的合理性產生質疑。

幾乎所有類型的管理合約中，業主也就是委託方都會保留自己隨時進行監督的權力，而且一般來說也會在資產使用和財務管理等環節上採取明確的監督措施。這本無可厚非，但實際運行起來，人們經常會發現很多在合約中無法明確的細節隨時會引發監督措施的升級甚至導致合作關係的破裂。比如，在託管模式下，託管方想進行人事調整，訊息反饋到甲方後，甲方擔心這樣會架空自己的權力從而進行粗暴干涉。又比如在承包模式下，承包方想粉飾財務報表以達到合理避稅的目的，甲方擔心這樣會抽空自己的資產從而加以制止。至於在目標管理模式下，甲方的行政干預則更是隨時隨地都有可能進行——這種種行為都會導致雙方合作的「蜜月期」迅速結束，從而進入互有猜忌的艱難時期。

信任與監督機制的關鍵在於兩權分離時總是存在不同程度的道德風險，也就是說無論甲方如何努力，總是不能百分百地瞭解到經營者到底在做什麼，也無法從根本上得知真實的經營狀況和資產是否被合理使用。假設雙方都是本著利益最大化原則進行決策的話，相互之間的博弈在訊息不對稱的情況下的確隨時可能會導致不同程度的道德風險危機。

實踐速描

飯店餐飲託管式經營的權力鬥爭

以雙方共同參與的合作託管式經營為例，我們來看看問題可能會出現在哪些環節上：

1.決策權爭端

由於合作雙方都有一定量的資本投入，因此對於經營管理過程的大小事務都會有不同程度的發言權。這些爭端會體現在大到經營定位和資本運用，小到管理細節和具體流程上。因為沒有絕對權威的引導，所以合作各方很容易在一些具體事務上產生爭論，大家一直處於無休止的爭論和妥協中。這些爭端在餐廳業績優異時尚不足以引發大的矛盾，但到了業績滑坡時就很容易上升為深層次的權力鬥爭了。比如，在餐廳選擇原材料供應商時，可能就會有人主張質量優先，有人主張價格優先。又比如，當餐廳準備做大型的促銷推廣時，到底投入多大，讓利多少，都很容易出現意見不統一的情況。

2.收益權爭端

很多飯店餐廳往往在財務管理上存在很多不規範的地方。比如，原始單據不齊，利潤測算不準確、不及時，或者費用列支不當等等，這些反映在會計報表上時就漏洞百出。事實證明，這會是對合作經營能否存續的重大考驗，因為反映在日常的財務建帳和進銷存管理背後的更重要的問題是投資收益權之爭。

合作各方間的信任指數與財務透明度是成正比的。比如，在雙方核算初始投資額以確定分配比例時，幾乎每一筆開支都必須做到帳物相符、帳帳相符。這對於很多習慣了「口袋會計」式的餐廳經營者來說不能不算是高要求，但如果沒有健全透明的財務體制的話，企業的合作是勢必不能長久的，尤其是當企業出現虧損傾向時，一本爛帳是絕對堵不住合作者的猜疑的。

3.資源支配權爭端

資源支配數爭端就是人事權和財務權爭端，這與前面說的決策權之爭還不太相同，決策權爭端總的來說還只是合作者對於做事的方式方法的質疑，但人權和財權之爭就是真刀實槍的權力鬥爭了。為了能最大限度地保護自身利益，合作者往往希望能安排自己信任的人選來監控甚至直接掌管企業關鍵資源的使用，但重要職位資源終究是有限的，所以大家就會透過各種各樣的手段來變相地擴大自己對於關鍵資源的發言權。

比如，對財務經理的工作屢屢提出質疑，或者對外聘經理屢屢發起彈劾等等，其真實用意往往並非針對具體的人和事，而只是希望能擴大自己在這些重大事務上的影響力，對合作者的權力進行力所能及的制約，以維持整個企業格局中權力的均衡。

道德風險的關鍵在於經營者的實際行為不能完全被委託者所監測。在飯店餐廳陷入嚴重經營危機時，委託方可能會抱著「死馬當著活馬醫」的心態，完全放手給經營者去折騰，但只要經營狀況回暖，委託者感覺到還有其他選擇可以替代時，這種訊息不對稱情形就會引發無休止的猜疑，直至合作破裂。也正因為此，我們可以看到絕大多數的託管或承包經營都很難維持一年以上的時間。

延伸閱讀

社會餐飲企業的「合夥經營」之痛

大多數社會餐飲企業在創業時都是個人所有制，此時企業普遍規模較小，就那麼幾張桌子，一兩個包房，三五個員工，很地道很典型的小餐館，經營範圍也較窄，通常承接不了什麼大型宴席。這樣的企業（其實就是一個小館）管理起來很省心，因為出資者既是企業的所有者（老闆），又是企業的經營管理者（老總），決策順暢，執行有力，沒人抬槓，也沒人添亂，實在經營不下去，想關張換地也很容易，自己想通了就行。

正是因為自主經營有這麼多好處，所以很多社會餐館是能不合夥就儘量不合夥，資金有缺口先想到的是銀行貸款、私下借款，而不會是稀釋股權。

但個人的力量終究是有限，在經歷了艱難的創業並看到了美好的市場前景後，想再進一步擴大企業規模時就會發現資金缺口比以往要大得多，而素來「嫌貧愛富」的銀行一般不會向個人企業發放大額貸款，別的不說，光是抵押擔保手續很多企業就過不了關，無奈之下找合夥人共同經營就成了無奈的選擇，很多時候尋求合夥者的目的就是緩解融資壓力和分散經營風險。

當企業真的成了合夥制以後，問題一下子就變得麻煩了許多。首先是雙方的股權比例、決策權大小和具體分工問題。一句話，就是到底誰說了算。緊接著的問題就是債務上的代理關係，這個說法有點學術化，意思就是當企業破產清算時，若合夥資本不足以清償企業債務，個別合夥人無力償債，則其他合夥人就有義務承擔全部債務——現在很多餐飲企業都會隨便拉幾個身分證將自己註冊成為名不副實的有限責任公司從而逃避無限償債的危機。但是，代合夥人付帳的事情還是很常見。也正因為有太多經濟利益上的直接利害關係，合夥制總是讓投資者和管理者都有些望而生畏。

合夥制餐飲企業還有一個缺點，就是一旦有合夥人發生意外或者退出，就有可能導致整個企業的解散。而且如果企業發展太快，資金始終存在大缺口，那就必須不斷引進新的合夥人，這樣一來，企業的不穩定性也就大大提高了。

當然，這種古典意義上的合夥制企業其實都已經經過了公司制包裝，從而已經擁有了「公司制企業」之名，但卻未必有「公司制」之實。完整意義上的公司制企業有兩種典型形式：一是股份有限公司，一是有限責任公司，這兩種形式的共同特徵是股東承擔有限責任且企業法人化。這就意味著投資者投入企業的資金已經成為

股東資本金即權益資本，一經投入就不能抽回，公司在法律上也成了「永久性」的公司。破產清算時償還債務也以這筆股本金為最高限額，陪完拉倒。這樣一種相對穩定和均攤風險的體制安排能較好地保護股東利益，因而也就更能調動股東們的投資積極性，企業也就有了更通暢的融資渠道。

預計在今後很長一段時間裡，合夥經營都將是大多數社會餐飲企業難以踰越的現實選擇，那麼立足現實，鑽研合夥經營的祕訣，學會合作就是中國餐飲業主們的必修課程了。

從公司治理的角度來看，所有權與經營權兩權分離（不管是完全分離還是部分分離）後，最大的制約因素就是訊息的不公開、不透明和不對稱，相互猜忌也就是從這一筆筆的糊塗帳和肚皮官司開始的。

其實大部分的訊息閉塞都不是有意為之，合夥人之間也未必都是鉤心鬥角的，但很多合夥經營者要麼之前是做餐飲個體出身，習慣了「口頭管理」、「口袋會計」的粗放式經營，沒有精確度量、單據記錄和報表分析的現代管理意識，要麼就是乾脆只認出錢啥都不懂的外行，但不懂並不意味著不參與，越是不懂有時還就是越較真。

要想解決這些麻煩，最有效的辦法就是學會從口頭管理走向筆頭管理，將那些零零星星到處亂記的數字歸攏到報表單據裡來，少說廢話，多做實事，讓一切都有單可看，有據可查，有表可讀，有文件可閱。贏利多少，虧在哪裡，成本幾何，客多客少，一目瞭然，該在什麼地方下什麼功夫也就自然明白了。

只要一切都真正做到清清楚楚、明明白白了，那麼多少人合夥、怎麼個合夥法就都不是什麼麻煩事了。這一點即便是放到大型跨國企業裡也一樣，證管部門對上市公司最重要的監管也無非就是督促其公開披露經營訊息。

第二節 目標管理：計劃制定、任務分配和分工協作的制度框架

餐飲企業的運轉猶如一部高度精密的機器，每一個零部件都有其不可或缺的重要功能，但在快節奏的工作氛圍下，人們很容易迷失在對局部目標和做事方法上的具體理解上。目標管理模式被實踐證明是克服管理盲目性和隨意性的有效框架，但很多餐飲企業在實施目標責任制時往往存在許多「似是而非」或者「簡單粗暴」的誤區，忽略了目標管理高度重視管理授權和挖掘潛能的特性，最終導致所謂的「目標責任制」名不副實。

一、目標管理過程中的「似是而非」

某酒店餐飲部的年度員工動員大會，場面非常壯觀，全體員工滿懷虔誠地聆聽著餐飲總監的主題報告。當聽到報告中提出的宏偉目標時群情激昂，與會者對來年的美好前景更是深信不疑。但此時總監極度煽情的演說並沒有完全穿透所有人，因為人們看到坐在最前面一排的餐廳經理和總廚們或表情麻木，或垂頭喪氣，或左顧右盼，絲毫沒有想像中的躊躇滿志，這是為什麼呢？

很快人們就找到了答案，在總監氣勢恢弘的演說終於結束後，會場裡響起了雄壯的進行曲音樂，又一個重要的議程——目標責任狀現場簽字儀式開始了。十多位餐廳經理和主廚依次上臺接過責任狀，並拍照留影……看來總監的宏偉目標已經直接分解成了每位餐廳經理或主廚頭上的壓頭的鐵指標了。

這是幾乎在每家酒店都能見到的所謂「目標責任制」管理的尋常一幕，但即便是已經成了行業通用的一種基本管理手段，經理們是否就已經很擅長於目標管理了呢？這些從上而下分攤下去的任務

指標在年終核算時有多少能如願完成呢？將績效與獎勵掛鉤後，擬訂的目標任務是否就有把握實現了呢？最關鍵的是，這些指標幾乎最終都壓在了餐廳經理頭上，而與高層基層都不大挨邊，「上不著天下不著地」的餐廳經理自然就成了被所有人期待又幾乎肯定會被所有人抱怨的對象了。

要想回答這些問題自然不太容易，因為這些其實已經觸及我們在酒店管理中的一些真正深層次的管理難題。這遠比什麼全員營銷、質量活動月或者培訓組織來得麻煩，因為它似乎沒有那麼明確的規程可以遵循，而又很容易犯一些「似是而非」的錯誤。

以目標任務額擬訂來說，真正的目標管理思想是主張「自下而上，共同決策」的，但實踐中我們往往是「自上而下，強行攤派」的，這種簡單粗暴的做法絕不是真正意義上的目標管理體系。

二、規範的目標管理制度框架及要領

那麼規範的目標管理制度（MBO）到底是什麼樣的？它包含哪些要素？有什麼樣的典型步驟？目標到底是用來控制還是激勵下級員工的？

作為一種相當普及的管理技術，目標管理（MBO）已經在飯店業應用了很多年頭。早在半個世紀以前，現代管理學之父杜拉克就曾經在他的《管理實踐》一書中提出了「目標管理」制度的基本思想，其核心在於「目標管理」能成為一種將組織的整體目標轉換為組織單位和每個成員目標的有效方式。

對於飯店餐飲部門來說，無論上級下達經營目標的難度大小，都必須想方設法使這些目標能逐級分解，最終細化為所有員工清晰無誤的個人目標。「天下興亡，匹夫有責」，很顯然，作為一個龐大的組織的一分子，任何單個的餐廳員工都無力去獨立完成分外的

任務，但如果不能做到「人人有活幹」且「人人知道怎麼做」的話，再宏偉的目標也終將是一紙空文。此時一味地強調奉獻精神，還不如實實在在地告知每個員工他該做什麼和怎麼去完成。

表面上來看，大多數飯店餐飲部門的經營目標制定過程似乎無可非議，都是遵循這麼一個基本過程：從整體的部門目標到各經營單位目標，再到班組目標，最後到個人目標，但是真正「似是而非」的地方就出現在這些目標額的設定原則上。比方說，「目標管理」主張用參與的方式來設定，就是說上下級之間存在一個協商的過程，這個過程不是簡單的「討價還價」，而是上下級在各自掌握了一定的訊息資源後對未來的可能績效和實現途徑進行探討。到底能達到什麼高度？為什麼能達到？又為什麼無法再高一些？要達到這個高度的話，需要做些什麼樣的資源配置和工作努力？影響目標實現的不確定性因素有哪些？如何將這些不確定性考慮在目標中……至少相比傳統的上司設定後直接分派給下級的方法來說，這樣經過反覆推敲後出來的目標更具可操作性，這樣的協商過程本身就是下級參與決策即我們通常說的民主化管理的一部分。

一線案例

是目標定高了還是經理不聽話

某四星級酒店的餐飲總監黃先生是酒店總經理當年的親密戰友，所以一退伍後就被總經理挖來執掌酒店最重要的部門——餐飲部。餐飲部下設大小餐廳6個，年營業額約5000萬元，一直以來是酒店的重要贏利部門。

然而，新官上任的黃總監一上來就碰了幾個下屬餐廳經理的軟釘子，新年將至，總經理提出來年餐飲部要力爭創收6000萬，黃總監看過往年幾家餐廳的營業報表後，就自作主張地將這1000萬的新增目標想當然地按比例分配給了這6家餐廳。

沒料到的是這看似很平常的一個決定拿到經理例會上一宣布，下面幾家餐廳經理齊聲叫苦，一個個拉著哭臉說困難，從市場形勢說到員工情緒，從餐廳規模說到部門配合，到最後結論就是一個：目標太高了！

　　軍人出身的黃總監氣不打一處來，鐵青著臉，下了通牒：「這是總經理定下來的指標，你們做得了就做，做不了就走人！」話音未落，幾位餐廳經理齊刷刷地起身走人，臨走還丟下一句「這是企業，不是軍隊！」……

　　事情就這麼僵持了好幾天，最後還是總經理出面，黃總監才和幾位餐廳經理重新回到桌面上開會，看著總經理笑瞇瞇地聽經理們訴苦，又非常認真地跟他們討論如何才能增收，從引進人才到更新菜式，從增開新店到加大宣傳，經理們在勉強接受新指標任務的同時又提出了很多條件，而總經理也逐一地分析，儘量地予以滿足，實在不行的也給出了變通辦法……黃總監這時才意識到這既不是目標定高了，也不是經理們不聽話，要怪只能怪自己把問題考慮得太簡單了，看來這目標管理的確不是簡單的數字遊戲。

　　還有一個「似是而非」的地方很突出，就是目標往往只能以數字甚至是產值的形式分派到部門和班組負責人一級，但真正決定企業業績的往往是更基層的普通員工，得靠他們高水平地執行戰略決策才會有業績，但目標往往很難分解到這個層次，因為他們（服務員、廚師等等）往往執行的只是流程中的部分環節，無法與最終產出成果進行數量對應，所以所謂的目標管理往往是「雷聲大，雨點小」，雨點小就小在因為它最終只能落到部門經理、業務主管或者主廚這些人身上，對於廣大基層員工基本上無能為力。

三、目標管理過程中的「簡單粗暴」

這個問題似乎有點棘手，因為數字的確是最直觀的目標載體，但它畢竟只是個結果，我們需要追根溯源，去尋找引致這些結果的驅動因素，這些可能包括員工士氣、服務敏捷度、對顧客需求的快速反應等等。

　　在長期的餐飲管理探索中，人們已經發現大部分類似的指標其實是可以透過或直接或變通的方式加以衡量的，只要能沉下心來不難找到相應的解決辦法。避免「簡單粗暴」就應該從尋找和設定這些原因性指標入手。

　　目標管理帶給很多人的一個誤解可能就是這個方法只管制定目標而不管目標能否達成，因為那是要到工作結束後才能知道的事，這就好比是基建施工的決算一樣。但目標管理真正厲害的地方就在這裡，它特別強調績效的即時或快速反饋。這套體系總是尋求不斷地將實現目標的進展情況反饋給個人，以幫助他們不間斷地調整自己的行動，這種連續性的反饋可能會對我們傳統的飯店管理資訊系統提出挑戰。要做到這點我們會發現，很多工作遠遠談不上精細，肯德基將主管們的凳子靠背統統鋸掉，讓他們不停地進行現場走動管理就是希望能獲得更多的一手訊息反饋。

　　當然，目標管理把目標額設得相對高一些的做法有沒有道理呢？實踐中，任何一個酒店的目標設計都是儘量往高裡拔一點，至於能否實現那是另一回事。管理學家們對此的回答是比較明確的，當然也加了一些前提，那就是一般企業事實上都存在一定的可改進空間，因此將目標設定得略高於正常表現水平有助於激發出管理者的潛能，大量的統計分析也佐證了這一假設。至於人們擔憂的，由於採用參與式決策即上下級共同確定指標會不會導致人們拈輕怕重，把目標往低裡說呢？事實上這是沒必要的，因為不論高低都必須建立在尊重客觀規律的基礎上，如果沒有這樣的研究分析過程，即便是拍胸脯打包票，那又有什麼作用呢？

話又說回來，參與式決策的本質是上下級對目標問題進行共同研究，而不是簡單的數字拉鋸戰。在實踐中，很多時候問題是越辯論越清楚，對於實施問題的優勢、劣勢、機會和潛在威脅完全清楚了，該如何採取對策也就沒那麼盲目了，此時目標該實現多少可能就比較清楚了，其結果往往比最初設定的還要高，因為個人在一定的激勵措施下也完全有可能去承擔更困難的目標，只要他對問題的真實狀況有了足夠的認知的話。

　　實踐速描

　　飯店餐飲目標管理計劃制定的典型步驟

　　1.制定組織的整體目標和戰略

　　飯店高層管理者設定餐飲部門總目標是整個目標管理程序的開端，這些目標通常都具有戰略性，既包括了定量指標如銷售額、市場份額或者營業利潤，也有定性指標如成為某個細分產品市場的領頭羊或全面提高顧客滿意度等等。只有當這些大的目標基本確立並經過了反覆論證確實可行後，餐飲部門才能接著考慮如何組織下屬各餐廳來完成這些目標。

　　2.在各主要餐廳和營運部門（如酒水部、營業部）之間分配主要的目標

　　餐飲部根據經營計劃將整體目標有機分解，並具體化為各下屬餐廳及二級部門的初步目標，在與各業務單元負責人充分協商討論後，再進行整體協調並最終將目標下發。各單元依照同樣的方法逐層進行目標分解下發和協商，直至最基層的普通員工。因為這些目標中有一些是比較難以直接度量的定性指標，所以企業應該結合實際情況選擇一些顯性指標進行量化。

　　3.各單元的管理者和他們的上級一起設定本單元的具體目標

目標自上而下的分解只是整個任務分配的第一回合，因為具體的實務部門和個人能否有信心完成還需要企業進一步去核實。管理者不能以行政壓力簡單地使下級屈服，因為最終失敗的責任還是必須由他們悉數承擔，所以任務下壓是不可取的，只有在經過了充分的協商和論證，去除了對經營前景的盲目樂觀或悲觀，這樣的指標才顯得真實可信，同樣，也只有真實可信的目標才能真正激發起各級員工的工作熱情。

4.管理者與下級共同商定如何實現目標的行動計劃

管理者和團隊成員確立了目標之後，必須一起來制定行動計劃。因為所處職位的差異，不同級別和崗位的員工所掌握的資源和訊息也不相同。在商討具體的行動計劃時，管理者可以充分收集不同的意見，然後進行綜合統籌。在此過程中，管理者還可以將擬訂的多種行動方案與預定目標之間進行比較，既能進一步論證目標的可行性，也能及時發現為完成目標需要進行什麼樣的資源調配，從而確保計劃能順利實現。

5.定期檢查實現目標的進展情況，並進行績效評估和細節調整

評估頻率是大家一致同意的時間間隔，如每月甚至每週一次。工作表現獲得良好評價的員工，也就是基本完成分內目標的人。如果目標沒有達到，管理者將和其他團隊成員一起來會診，看看問題到底出在什麼地方以及該用什麼樣的方法來積極補救。如果出現的偏差是不可更改的，那麼企業就必須對整個目標體系尤其是接下來幾期的目標及時進行修正，也就是說目標管理過程可以貫穿企業運轉的全過程。

四、目標管理的核心四要素

目標管理模式有四個最基本的核心要素，即明確目標、參與式

決策、規定期限和及時的全程績效反饋。

目標管理中的目標設定應當簡明扼要，盡可能減少一些不知所云的定性目標，如提高餐廳服務質量或提升餐廳的品牌影響力等。遇到此類目標時一般需要找尋相應的顯性指標進行度量，比如說提高服務質量的目標可以轉換成為顧客投訴率下降多少個百分點，而品牌影響力也可以具體化為與對手在相同產品上的價格差距等等。

目標管理中的目標設定環節最忌諱的就是簡單粗暴地運用職位權力直接下壓，沒有半點商量餘地，下級只有接受和辭職的選擇。真正合理的目標應該是參與式的，即上下級共同參與目標的選擇，並對如何實現目標達成一致意見。在這個過程中，上下級之間應該是互相信任，開誠布公，來不得半點肚皮官司。

飯店餐廳經理們深知在激烈的市場競爭哪怕提高一個百分點的營業收入都是非常困難，尤其是在社會餐飲企業不斷擴容的情況下，要維持以前的業績也相當困難。因此在為下級員工設定工作目標時一定要充分徵求員工意見，把問題具體化為對服務條件的改善和對產品內容的調整，而不能帶著情緒去下命令，這樣即便員工一時屈服了，也斷然不會有實質性成效。

每一個具體經營目標的完成，無論是大還是小，都必須有一個簡單明確的時間期限，而且餐廳所有管理者和團隊成員都應該非常清楚這個時間期限，所有的工作也不再拖拉延誤，因為目標已經具體到人。因個人原因延誤而影響團隊的整體業績，後果可能是誰都不願面對的。以菜品創新為例，這裡面牽涉到廚師研製、採購備料、推介菜單印製、營業部積極推廣和服務員現場解說等很多環節。只有所有的工作都到位了，新菜的市場效果才能得以完全體現，如果某一環節出了差錯，比如菜單沒有趕印出來，或是服務員培訓不到位沒有有效推薦，甚至採購員沒有備足關鍵原材料，都有可能影響到最終效果。

目標管理的最後一個要素是績效的反饋。管理者們必須一手抓著任務單和時間表，另一手抓著進度表和業績單，不時地將兩者比較來比較去，幾乎是全過程地監控著每一個目標的實現進度。這些訊息無一例外地都會迅速回饋到個人，以便他們能及時調整自己的行動。這種不斷的反饋還包含定期舉行正式的評估會議、進度表公示以及訊息系統的及時評分軟體等。

延伸閱讀

目標管理，重在管理而非目標

來自實踐的對目標管理的調查結果顯示，96%以上的企業在採用了目標管理模式後，工作效率都得到了顯著改進，尤其值得注意的是，來自高層管理者的承諾與參與，是目標管理機制發揮作用的關鍵。

人們不禁要問，過去我們的「目標責任制」管理中高層也是一直在參與啊，為什麼就不見飯店業績能有大的長進呢？很多餐飲企業推行所謂的標準化、數字化管理，更是將目標細化到每個環節上，但效果也未必能好到哪裡去，究其原因還是在於這些目標本身的可行性、合理性以及實現目標的技術支持等。

經理們總是想當然地認為只要能把員工的積極性調動起來了，員工們身上的潛力自然會迸發出來，那些看上去有點拔高了的目標在挖潛努力得當的前提下應該不是什麼難事。按照這樣的邏輯，管理者的工作重點就成了怎麼去調動員工情緒了。

這裡面隱含了一個嚴重的錯誤，那就是挖潛本身並不需要實質性的資源投入，多來一點感情投資員工們一激動就會嗷嗷叫著去挑戰自我，管理工作也就順理成章地成了「玩人」的工作了，目標管理過程一下子就被大大簡化了。

這是一種對目標管理過程的複雜性和技術含量的嚴重誤解。事

實上，目標的設定儘管是人為的過程，但目標的上限卻是客觀存在的，它與員工的個人素質、可動用的資源以及其他部門的支持協作力度等條件相關。忽視了這些客觀制約的目標再雄偉也沒意義，即便員工信心再足，積極性再高，也只會是一場鬧劇。

目標管理的過程要求上下級之間能夠實事求是地就具體問題多來幾次討價還價，不要嫌員工嘴多，因為爭辯的過程其實就是研究問題的過程，是消除訊息不對稱的過程，是討論具體行動技術和細節的過程，是消除對形勢判斷水分的過程。這樣的過程可能令人厭倦，令人暈眩，但卻是提高管理水平不可缺少的一環。

目標管理的過程還意味著目標本身將成為評價工作質量的一把標尺，無論過程中充滿多少誘人的細節，但管理本身卻是從結果出發，原本籠統的大目標被按照時間和個人一丁一點地分列開來，管理者一下子就擁有了無數把小標尺可以去逐段逐段地丈量工作進程，員工們對於整體產品的邊際貢獻很快就一目瞭然。這為薪酬計算、職位選拔甚至技能培訓等工作都提供了更進一步的依據。

目標管理，重在管理，而非目標。

第三節　權責體系：職位設計、職務分析和責任制的建立

每當出現管理混亂、運轉失靈時，人們總是會抱怨企業制度不夠健全，管理尚欠規範。但制度並不是個筐，它是由兩大類別即關於人的制度和關於事的制度構成。在完成了餐廳整體經營目標的初步設定之後，管理者還必須將「餐廳興亡」的大任一丁一點地細化落實到所有「匹夫」身上。此時，制定一套關於每個工作職位的任務和要求的標準，並以此標準來衡量員工的工作表現，最終確保權

力和責任能精確落實到每個具體員工頭上，有利於整體工作效率的提升。

讓合適的人做合適的工作，讓合適的工作有合適的人做。如果能真正做到這樣的員工個人和工作職位充分對應的話，管理就不再是困擾我們的難題了。但可惜的是，即使看上去這麼簡單的目標，實施起來卻也非常的複雜，以至於「人不能盡其才，崗不能盡其責」成為很多餐飲企業的通病。

一、工作簡單化是誰的過錯

人力資源管理理論研究表明，在沒有進行科學的職位設計和職務分析之前，匆忙建立起來的職位責任制形同虛設，反映在實踐中就是分工不明和自發的工作簡單化趨勢。

實踐速描

餐廳領班為什麼會主動為自己「減負」

以餐廳領班為例，我們一起來看看工作簡單化將對管理實務產生什麼樣的影響。

作為最基層的管理人員，大多數領班的分工內容是十分龐雜的。他們既要負責對屬下員工的工作表現進行現場監督，對工作任務進行即時分配和調整，對服務技術進行跟蹤指導和糾錯，還要考慮在適當的時候分析員工的能力狀況、心理狀態和發展潛力，組織班組員工進行系統培訓等等。這些種類繁多的工作中有一些是顯而易見且不得不做的，但還有一些則是不那麼明顯，很容易被忽略的。實踐證明，恰恰就是這樣被忽略的工作才是領班們最重要的職責，如監控、評價員工的能力增長並及時採取培訓、職位調整或者撰寫評估報告，就是領班作為一個服務團隊的領導者最重要的工

作。然而，他們大多忙於日常流程性的工作，將絕大部分精力放在了維護現場服務的流暢和穩定上了。

領班們在具體的工作環境下出現這樣那樣的疏忽，累積起來就會形成對自己分內職責的自發性削減，因為他們感覺到自己的工作量是飽和的，對於自己的報酬待遇來說自己已經問心無愧了，至於那些說不清道不明的所謂責任如負責團隊員工的學習與成長，既然無法納入明確的考核體系，自然是「多一事不如少一事」了。

不難看出，領班們自動為自己「減負」，是鑽了現行的績效考核制度的漏洞，因為他們在績效容易被考核的環節上加大投入，付出的努力都是看得見的，汗水都流在了明白之處，而在那些難以被考核的指標上，即便是應付敷衍一下，大抵也是沒人能說三道四的。

問題似乎並不複雜，只要把績效考核的指標體系設計調整一下，把考核方式往那些容易被忽視的環節上傾斜一下，領班們就會反思自己已經逐漸成型的工作方式了。但事實並非如此，因為績效考核的最終依據還是在於職位設計和職務分析上。

二、餐飲企業職位設計應注意的問題

在基本確定企業的經營目標和組織結構形式後，接下來的任務就是設計好每個具體的工作職位。如果說餐飲企業可供選擇的組織結構類型非常有限的話，那麼工作職位的類別就相對要豐富多了，甚至每個企業都會有自己與眾不同的職位選擇方案。

為了真正做到「人有其位」，杜絕「因人設事」，我們在為餐飲企業設計工作職位時應該注意以下幾個問題：

第一，職位設計的依據是分工的科學性和合理性，應該允許在

一定程度上超出餐廳現有的人力資源配置。

我們在考慮餐廳到底需要什麼樣的職位時，首先應該想到的不是餐廳自身是否有合適的人選，更不能以現有人員的能力或特長為模板來「量身定做」，而應當考慮需要完成的總體工作將被分解成什麼樣的不同工序，不同員工將分別負責完成其中的哪些具體工序。當然，這樣的劃分會導致一個千頭萬緒、線索雜亂的局面，我們需要將這些散佈在各個工序流程上的分工再進行一個綜合歸類，以能力、責任或工作便利性為依據，將原本分佈在不同工序上的若干工作聚合成為一個個具體職位。

具體操作時，這個工作可以和部門設計一同進行，部門設置和職位設置的目的都是為了能將任務總表上那些不得不做的事情盡可能明確地配置到具體的群體和個體。此時完全不需要考慮將來會是誰或者什麼樣的人去承擔這些工作，你只需要把握一個原則——為了經營成功，這些都是非做不可的事情，少做一樣就會為企業帶來某個方面的不足和缺陷，因此即便是現在人手緊缺，這個活也還是得開列出來。

第二，職位設計必須設身處地，從具體承擔者的體力消耗、心理承受和職業前景等多方面考慮他們的工作滿足感。

單純用組織結構圖來決定員工的工作內容未免有點草率，因為經過我們「唯效率論」式的分工組合後，很多職位的實際工作負荷可能會變得十分誇張。比如洗碗工這個職位，我們在大型餐廳裡將其納入管事部名下，但他們的工作內容十分單調、乏味，機械式的重複動作勢必會影響其工作積極性。儘管從效率的角度來看，將部分器皿洗滌工作合併歸口是個有效設計，但從員工的實際工作狀態來看，這是一份很難長時間從事的苦差，企業有可能因此陷入員工每隔一段時間就厭倦工作、消極應付甚至辭職的困境。

其實，解決這個問題的方法很簡單，那就是在職位設計時儘量

將洗碗工的工作內容豐富化，可以在更大範圍如管事部範圍內進行工種整合，如將洗碗、布草收發以及備餐間清潔等若干工作組合到一起，員工相互間可以進行工作輪換，就可以一定程度上避免單調重複的問題。

試想一下，如果不是在職位設計上進行調整，而是透過傳統的薪酬、談話等手段來解決洗碗工的工作情緒問題，哪個效果會更理想呢？

第三，隨著現代管理技術尤其是訊息技術的應用，很多傳統職位可能會被裁撤，同時也會新增一些過去在餐飲業中沒有的新職位。

科學技術的發展極大地改變了我們印象中的餐飲管理方式，這主要表現為對傳統流程的簡化、訊息分析技術的進步以及對創新的關注。比如，很多餐廳為了處理日漸增多的宴會訂單，專門增設了營業部或者宴會設計師職位，營業部負責收集、整理和安排宴會運作，對宴會全過程從洽談開始進行專項跟蹤，並定期對宴會數據進行研究，指導製作部門進行產品設計和調整，幫助服務部門進行宴會服務改進等。又比如，隨著現代財務軟體如進銷存管理系統的廣泛使用，原來很多手工登記環節被節省，工作量明顯減少，專職倉管等職位可以改由其他員工兼任，既簡化了工作流程，又提高了工作效率。

總的來說，職位設計是在組織設計的整體框架下對分工設計的進一步細化。我們可以透過對職位的職責分工和工種並撤，在技術進步和人事管理中找尋到新的平衡。

三、職位說明書絕非可有可無

在職位設計基本完成後，還有一項非常艱巨但又不可或缺的工

作必須跟進，這就是對我們整理劃分出來的每一個職位進行詳盡細緻的職務分析。這在過去一直是被我們嚴重忽視的一項基礎工作，也是我們規範管理和制度化建設的重要突破口。

所謂職務分析，是近年來人力資源管理研究者們大力提倡的一種基本管理技術，其主題是指對每個職位的工作內容、職責、流程、質量標準與命令彙報關係進行全面的分析、描述和記錄，透過職務分析，所有員工都可以非常確定地知道自己在整個餐飲企業中所處的具體位置，自身承擔職位與其他職位間的關係，以及如何才算是稱職盡責等等。

職務分析是一個相當艱巨複雜的工作，其結果就是一份定義清晰、表達完整的職位說明書，這對防止企業內部常見的責任不明、相互推諉的現象十分有效。進一步來說，這樣的說明文件還可以為員工招聘、培訓、任免、晉升、調動以及人事考評提供「按圖索驥」的依據。

在沒有進行職務分析之前，我們的管理事實上處於非常原始的粗放狀態，到底做好做壞、是否有效利用了管理資源以及是否按照正確的方式在做事等都無從判斷。我們將太多這樣的評價工作寄託在了「人盯人」式的經驗管理上，間接助長了員工「勤於勞作，惰於創新」的習氣，其結果就是「勞模漫天飛，管用的人一個也沒有」。

職務分析不再將單純的時間投入及勤奮程度作為唯一考核標準，而且不單是能對員工的工作結果進行考核，還可以對其工作過程逐一進行對比，從而找到問題產生的具體出處，避免了「眉毛鬍子一把抓」式的簡單粗暴。更重要的是，職務分析不但能輕鬆快速地找出基層員工工作疏忽，更能系統地考核管理者們的工作安排和任務完成情況。從這個意義上來說，職務分析不是可有可無的管理工作。

實踐速描

某餐廳的備餐間領班的職位說明書

| 職位: 備餐間領班 | 直接上級:餐廳主管 |
| | 直接下級: 傳菜員 |

主要任務:負責備餐間人員調配,檢驗並把關出品質量,現場管理並確保菜品傳送……

職責內容:

(1)督促本組員做好餐前的容器、電器、餐具、用品和食品調料的準備工作;

(2)了解當天的工作任務及特殊任務,注意重要客人或宴會的傳菜要求事項,上報餐廳經理每日廚房供應情況;

(3)協調與廚師長及其他相關班組合部門的工作關係,並配合工作;

(4)檢查菜餚品質,控制傳菜速度,保證傳菜至正確餐台號,不出現工作失誤,對特殊品種配發輔助餐員;

(5)定期組織實施本班組員工培訓,定期組織班會,對本班組員工進行績效評估,向餐廳經理提出獎懲建議;

(6)每日下班前監督收回各種用具用品,檢查各種電器電源關閉情況,並保證區域內衛生,做好交接班工作。

每日工作流程(略)
主要工作流程(略)

素質要求:高中以上學歷;熟悉餐廳得服務接待知識和程序,各種菜餚的名稱和特點;掌握餐廳各種設備的使用方法和保養知識;有較強的應變能力、操作能力、管理能力、口頭表達能力;從事餐飲工作2年以上……

四、職位責任制：形式主義還是管理利器

　　長久以來,職位責任制都被認為是企業基本制度的重要組成部分,但來自基層實務部門的很多員工卻認為職位責任制在很多時候已經淪落為「形式主義」,僅僅是在制度文件裡晃上一晃,對實際工作談不上什麼約束,更算不上什麼管理利器。

　　事實果真如此嗎?

　　職位責任制要發揮其應有的作用,關鍵有兩條:一是必須要有科學的任務分析、組織設計和職位職務分析為基礎,道理很簡單,

針對具體職位的這些職責要求是怎麼得出來的？是純粹經驗的寫照，還是針對具體任務的指標細化和具體化？如果在職位責任上都是一些大而不當的廢話，那麼這些責任有沒有實施到位又如何判別？是必須到出了嚴重事故後才能裁定為責任問題還是在過程中就憑直覺判斷其運行過失……一言以蔽之，沒有科學的任務分析和職位分析，責任確認及相應的獎懲機制都無從談起。二是必須建立起以量化指標為依據的績效考核和責任分析機制。這是使責任真正落實到個人名下，並形成內在激勵動力的必經之路，

以對餐飲部營銷經理的職位責任制為例，很多企業的做法非常直接，明確將其每月必須完成的會議、宴席任務規定為考核依據。這樣做的好處顯而易見，因為它至少比籠統地規定什麼「積極地拓展市場，開發新客戶」之類的責任更易於操作。有了量化的考核依據，職位責任就不再是像以前那麼虛幻，至少邁出了克服形式主義的第一步，也是關鍵一步。

但光是這樣還不足以真正促動營銷經理正確履行其職責，因為這個會議和宴席任務指標的完成是整個餐廳各方共同努力的結果，出品部門和服務部門在其中都起了很大作用，很難分清楚到底是誰的努力更為關鍵。

這時，為了避免出現賴皮或者推諉，我們還需要建立一個基於整個餐廳工作流程的責任量化劃分機制。具體說來，我們需要將不同部門在招徠客戶的工作分工進行分別計量，出品部門的分值主要以顧客對菜品的滿意度為指標，服務部門的分值主要以顧客對員工服務的滿意度為指標。因為考慮到新開發客戶很有可能是因為過去產品和服務的美譽帶來的自然增長而非營銷部門主動出擊的成績，所以此兩項指標作為判定出品及服務部門貢獻及比例的要素。

營銷部門的努力主要體現在團隊客戶及具體營銷活動的業績變化上，如美食節活動帶來的明顯客流增長以及所承接的婚宴、會議

等，至於除此以外的業績增長，則原因有很多可能，或者是由於淡旺季的規律變化，或者是由於競爭對手失勢引發的顧客分流，但不能將其籠統歸為營銷部門的業績。

用量化指標考核職位責任更重要的意義在於，除了對工作結果的評價外，我們還可以對工作過程進行考核，這樣更能從本質上反映工作進行的客觀規律是否得以遵循。比如說，同樣是完成規定的指標任務，但進度控制不均勻，可能會引發嚴重的質量問題，但光是從結果上可能看不出大問題，此時就必須分階段地逐步逐級考核了。在美食節的籌備過程中，因為各方進度不協調導致活動失敗的例子很多，但各個部門似乎都在規定時間內完成了自己分內的事情，只不過是協調不當，但若真能進行分階段考核的話，責任就非常明確了。

為了使職位責任制能真正成為管理利器，我們必須尊重客觀規律，將任務分析、職位設計和職位分析等工作都攬進來進行通盤考慮。

延伸閱讀

制度建設從來都不是花架子

誰都清楚制度對於一個餐飲企業來說意味著什麼，但當真的著手建立制度時，面對連篇累牘的文書工作，很多人會覺得這些舞文弄墨的工作對於真金白銀的贏利來說沒有什麼實質性的作用，僅僅是一些花架子而已。

每當有餐廳在緊鑼密鼓地忙乎著籌備時，經理都必須清醒地意識到，房子人人會蓋，設備個個會買，但制度建設就未必都會不打折扣地進行了，而這些軟體方面的籌備才是日後競爭分出高下的關鍵。

可惜的是，在熱火朝天的大建設場面下，所有的經理們都被那

份創業的激情所鼓舞，興奮得紅光滿面的時候，人們的注意力早就被那些不斷進場的設備、漸漸成形的裝飾和廚師們試製出來的一道道精美菜餚所吸引，至於文字工作嘛，簡單！找兩個人，找兩本書，比畫幾下，修改潤色一番，印刷精美的制度大全就出籠了。我敢肯定，在此時的經理們心目中，所謂制度遠不及一份菜單來得實在。

這可能就是有中國特色的餐飲企業了，所以我們永遠看不起麥當勞和肯德基極其簡單單一的花色品種，但我們也永遠打不過他們，因為我們在起步時就已經輸了。

制度建設從來就不是花架子，它需要我們實打實的去研究企業的經營戰略，制定具體可行的競爭方案，做深入細緻的調研分析工作，蒐集大量的數據資訊，設計系統的報表單據，並為貫徹制度進行高密度的連續培訓。最關鍵的是，我們必須透過組織設計、職位設計和職務分析，建立起科學量化的績效考核體系，使得事情的進展始終能在我們的監測和控制之下。

所以，我們有必要一次又一次地提醒同行，不要真的到了局面一片混亂時才想起制度的價值，更不要自欺欺人地用走過場的態度對待制度建設。這些從來都不是花架子，在對制度原則的漠視中，失敗的種子早已經開始生根發芽了。

尊重企業運行的客觀規律，我們需要更實事求是地面對制度，成功的餐飲企業必須是兩條腿都能走路的企業。

第四節 管理人員的工作角色、時間分配和管理效率調節

對於餐飲企業的高層管理人員來說，除了必須掌握相應的專業

知識和管理技能外，更重要的是臨場工作狀態。餐飲業需要管理者投入大量時間用於現場管理，如何在高度緊張的工作節奏中合理分配時間、調節個人情緒和改善管理效率，是擺在每一位管理者面前的重要課題。任何時候我們都必須意識到，員工們對於管理制度的理解和執行離不開管理者的現場督導，所以管理人員的精神狀態在本質上來說既是制度化管理的最後一道防線，也是飯店餐廳最重要的競爭力要素之一。

一、管理者到底在做些什麼

對許多資深的餐廳經理來說，這似乎都算不上是個話題，「各司其職，各負其責」。但問題是所謂職責原本都是一些條條框框的東西，用來描述管理者的具體工作內容的話肯定是不夠用的。就實踐來說，我們更多時候是被問題和事件所推動，是被動地跟著一種我們自己也說不清楚的節奏在走。這也就難怪很多時候上級怎麼看怎麼覺得下級沒幹活沒努力，而下級卻委屈得很。因為他們是發自內心地想幹好而且事實上也是忙碌得很。這中間牽涉到一個很深刻也有點晦澀的問題，那就是管理者們到底該幹些什麼？怎樣才能既有苦勞，又有功勞呢？

事實上，管理學研究的主題就是從管理者的工作內容發端的。先是有法約爾提出的「管理職能說」，他認為管理者的工作內容可以概括為五大基本職能——組織、計劃、指揮、協調和控制，後來學者們進一步深化其研究，將指揮和協調職能合併為更能反映管理本質的領導職能。這一觀點非常簡明直觀，也為主流理論界共同認可。按說，用這幾種職能已經能較好地描述管理者到底在幹些什麼這個問題了，但事實並非如此。

1960年代末期，著名的管理學家明茨伯格就曾經對5名總經理

的工作進行了長達數年的有計劃跟蹤研究，他發現一個讓我們大吃一驚然而又非常真實的結論：半數以上的管理者能持續做同一件事情的時間不多於9分鐘。換句話說，實踐中的管理者們從進入工作狀態的第一分鐘開始，他們就已經陷入了大量變化的、無一定模式的和短期的活動中，想靜下心來專注思考某個問題是很奢侈的要求，因為他們的工作會經常被電話、彙報或者會議甚至纠紛所打斷。這與我們餐飲業的經理們的生存狀態很吻合，因為我們的工作似乎就是不斷地在解決突然冒出來的各種各樣的大小問題。

因此，素有怪才之稱的明茨伯格教授就提出了一種新的理論——「管理者角色」來說明管理者究竟在做什麼這個難題。在這個令人耳目一新的理論中，他將管理者的工作以綱要的形式進行了分類整理，並最終將其歸納為10種不同但卻是高度相關的角色。見表2-1。

表2-1 明茨伯格教授的管理者工作角色分類綱要

角　色	描　述	特徵活動舉例 (以餐廳經理為例)
人際關係方面		
1.掛名首腦	象徵性的首腦，必須履行許多法律性的或社會性的例行義務	迎接衛生防疫辦檢查
2.領導者	負責激勵和動員下屬。負責人員配備、培訓和交往的職責	開年度表彰大會
3.聯絡者	維護自行發展起來的外部接觸和聯繫網路，向人們提供恩惠和訊息	春節拜訪老客戶
訊息傳遞方面		
4.監聽者	尋求和護取各種特定的訊息(許多是即時的)，以便透徹地了解組織與環境;作為組織內部和外部訊息的神經中樞	與中基層員工談心
5.傳播者	將從外部人員和下級那裡獲得的訊息傳遞給組織的其他成員—有些是關於事實的訊息，有些是解釋和綜合組織的有影響的人物的各種價值觀點	會議傳達上級指示
6.發言人	向外界發布有關組織的計劃、政策、行動和結果等訊息;作為組織所在產業的專家	在顧客聯誼會上發言
決策制定方面		
7.企業家	尋求組織和環境中的機會，制定「改進方案」以發起變革，監督某些方案得策劃	主持開發新菜品項目
8.混亂駕馭者	當組織面臨重大的、意外的動亂時，負責採取補救行動	應對業務緊急滑坡
9.資源分配者	負責分配組織的各種資源，相當於批准所有重要的組織決策	安排員工進修機會
10.談判者	在重要的判斷中作為組織的代表	與客戶進行業務洽談

　　我們可以在很多問題的分析和判斷上採用這個框架，比如，為什麼很多優秀的基層領班被提拔為主管甚至部門經理後，儘管工作更加努力，但業績卻並不理想呢？因為低層管理者的主要角色定位是領導者，而中層管理者卻要承擔監聽者、傳播者、混亂駕馭者和資源分配者等更多更重要也更有技術含量的新角色。這其中的轉換不是一朝一夕能到位的，但知道角色轉換是怎麼個內容、怎麼個轉法後，被提拔的管理骨幹肯定能成長得更為順利。

　　在一家四星級酒店的培訓活動中，筆者把明茨伯格教授的這張

圖表放映給眾多管理人員看，並鼓動大家一起來思考自己每天每週甚至每月所做的工作到底對應上了哪些角色？確定了自己的角色定位後如何有意識地去開發自己的能力以使自己更好地扮演自己分內的角色？各級管理人員的管理工作質量如何以充任這些角色的好壞來衡量？自己的時間和精力該如何更合理地加以調整……效果如何不得而知，但很顯然這些經理們陷入了前所未有的沉思，神情開始變得專注，目光也陡然間深邃了許多——這就意味著反思已經真正開始了。

二、如何提高管理效率

讓我們對照明茨伯格的這張表格來檢討一下自己事實上的工作任務安排，看看我們是否將太多的職責一股腦兒地全攬在了自己頭上，從而陷入了無休止的事務性工作中。如果可能的話，筆者建議每位管理者都將這張表格影印出來貼在辦公室牆壁上，時不時地靜下心來反思一下自己的工作設計合理與否。

一種比較流行的觀點就是，傳播者、掛名首腦、談判者、聯絡者和發言人等角色，對於高層管理者要比低層管理者更重要。而與之相反，領導者角色對於低層管理者，要比中高層管理者重要得多。我們一定要避免「眉毛鬍子一把抓」，把不該由自己承擔的事務歸到自己名下，那樣的話受損失的將是整個工作效率。

關於如何提高管理效率，著名的管理學家、時間管理顧問溫斯頓（S. Winston）就曾提出了很多寶貴建議，這些真知灼見對於餐飲企業來說也同樣適用。

建議之一，低效管理最大的癥結就是缺乏行動規劃。

當管理者感覺到越忙碌的時候，其實也就是越沒有效率的時候，此時決策也會缺乏正確的判斷力。要想避免這種情況，可以嘗

試為每日工作制定一個相對較嚴格的時間表，什麼時候該看報表，什麼時候該下廚房，什麼時候該審核採購記錄，什麼時候該召集主管領班會議等等，都應該有個明確規劃，習慣了之後就形成了「生物鐘時間」。

建議之二，對重大事項採取「限時解決」制，絕不讓事情拖延。

作為高層管理人員，在管理上與其屬下的中基層管理人員是有明確分工的。比如員工培訓，何時啟動、經費安排和計劃審核是高管人員的分內事，但具體操作、授課和員工表現評估就必須授權其他人去做了。前者就是我們所謂的「重大事項」了。一般來說，企業裡真正類似的重大任務不會很多，絕對不會多到讓高管們忙得氣喘吁吁。很多經理們感覺忙碌其實只是因為分工不合理，把很多原本屬於中基層管理者的活全歸到自己名下了。

一旦明確高管人員的任務就是集中解決重大事項後，就有必要把這些事情用筆記錄下來，列出一張便於管理的工作清單。將這些事情的優先順序排列出來，這就是一段時間內的工作重點了。當然最最關鍵的是必須在每件重大事項的後面標明最終解決期限。

限時解決，絕不拖延，這是提升管理效率的最佳捷徑。

建議之三，在適當的時間和適當的工作地點集中處理有難度的工作。

這條建議應該說特別適用於餐飲企業，因為大多數管理人員在高強度的現場管理折磨下長時間處於筋疲力盡的狀態，面對各類迎面而來的問題疲於應付，大腦時常處於缺氧狀態。

必須承認，餐飲管理不同於製造型企業或者貿易型企業，現場管理本身就是其一大特色，而事務繁雜也是行業規律，再高明的管理者也無法保證自己隨時隨地都會有清醒的頭腦和飽滿的精神狀

態。換言之，管理者每天都會有一個工作狀態的高峰期和低落期，同理也會存在一個相對舒適一些的工作時段，那麼不妨選擇一天中最有效率的時段來做那些相對比較棘手的工作，或者在處理這些複雜事務時找一個自己能集中精神的地點，暫時從混亂喧囂的餐廳裡脫離出來，即使只有短短的15分鐘或半小時，也會換來決策效率的大幅度提升。

建議之四，認真觀察自己到底每天是被哪些瑣事打斷了連續工作時間，然後建立新的管理機制來系統處理這些瑣事。

打個比方，某位餐廳經理在餐廳裡大權獨攬，宣布所有物料採購，不管金額多少，都必須由他簽字審批，財務才能放款。這條規定其實也不過分，餐飲企業財務一支筆是很正常的，但問題是餐廳每天需要採購的物品種類繁多，很多項目都是臨時動議的，要起來還很急，所以員工成天得滿世界找經理，一天下來光是這些零星申購找他審批就有幾十起之多，他連出趟門都不安心，隨時會被申請款項的電話打擾。

既要保證財務審批權限的集中，又要能將自己從事務中解放出來，怎麼辦？其實經理可以嘗試一下重新設計申購審批機制，改「現申現購」為「隔日審批」，將「零星審批」改為「集中審批」，要求所有部門必須提前一天檢查備料存貨，儘量減少突發性申購，對於已經出現的、必須當日緊急採購的物品進行專題分析，找出缺貨原因，採取相應對策將其納入例行採購清單範圍。這樣一來，每天只需要早上一次性地對前一天的申購單進行審批就可以解決問題了，儘管多少還會有些零星的突發性申購，但總量已經少了很多，而且隨著對申購制度和清單的研究，零星採購也越來越少了，經理也就不會被這類事務所困擾了。

建議之五，將一些相對不重要的工作盡可能地授權出去，讓各級員工為管理者真正分憂解難。

高管人員之所以缺乏效率，很重要的原因就是因為身兼數職而又沒有主動授權，導致沒有效率。不妨認真比照明茨伯格的表格，想想自己最主要的工作目標是什麼，哪些事情是必須親力親為，下級無法替代的，又有哪些事情是可以放手，完全不必越俎代庖的。

　　比如，在督促和激勵廚師進行菜品研發創新時，餐廳經理和主廚之間的分工就很微妙。在很多飯店餐廳裡，經理們都非常重視廚房的菜品創新，很多人甚至每天把大部分時間都耗在廚房裡。應該說其初衷是對的，重視菜品研發表明管理者已經意識到了餐飲企業競爭的本質，但就方法來說，就值得商榷了。畢竟經理的核心任務是建立一套關於菜品創新的激勵和評價機制，他應該負責為菜品研究提供經費、制度和訊息資源，但具體的技術工作就完全沒必要親自動手了。如果對主廚的工作積極性不放心，完全可以在獎懲機制上想辦法，透過對菜品的市場銷售情況來衡量主廚的工作表現，透過收集顧客和對手的動態來對主廚的工作提要求……總之，親自下廚房，與主廚一起來實際操作是毫無必要的，其結果只能是助長了主廚的惰性，更重要的是關於菜品創新成敗的責任劃分也就不清晰了。

　　要想切實提高管理效率，高管人員就必須牢記自己最重要的職責是什麼，然後檢視自己每天的工作安排，對任務分出輕重緩急，儘量減少雜事的干擾，學會在適當的時候和適當的地點做適當的事情。

延伸閱讀

餐飲管理人員時間管理的20條原則

　　美國休士頓大學希爾頓酒店管理學院的著名餐飲管理學教授斯塔茨（A.T.Stutts）曾經根據對美國若乾飯店與餐飲企業的觀察，提出了餐飲業管理人員有效分配工作時間的20　條原則，這對於飯店

餐飲管理者來說相當有借鑑價值。

1.每天就必須完成的工作制定計劃；

2.定出每天、每週、每月和每年的經營管理目標；

3.找出不同事務間的輕重緩急，分類進行處理；

4.每天刻意安排兩個小時在不受打擾的環境下靜悄悄地工作；

5.每天安排幾個小時與別人在一起專題討論的時間，必須有成文的研討記錄；

6.任何一個文件都不要處理兩次，一旦接手務必一次性解決；

7.充分利用現代管理手段和辦公設備，尤其是計算機輔助訊息統計和經營分析；

8.儘量縮短閱讀公文時間，學會跳讀，減少廢話；

9.每天只召集一個會議，集中處理最重要的問題，其他問題私下協商解決；

10.利用喝茶休息及午餐時間辦公（這條可能與國情不符合）；

11.每天至少進行20分鐘有氧運動；

12.將所有事務性工作盡可能地授權下屬代辦，牢記自己的最關鍵工作是什麼；

13.集中精力處理問題，當感覺精力不濟時暫時離開管理現場一會兒；

14.記住當務之急是什麼，必須把最重要的事情在最短時間內徹底解決；

15.每日準備「備忘錄」，詳細記載工作進展情況；

16.充分觀察自己的工作規律，弄清楚自己的工作效率高峰與低谷時間；

17.學會對一些毫無章法的管理決策說「不」，及時制止下屬員工的錯誤行為；

18.學會掌握時間，逐日逐時檢討自己的工作效率；

19.妥善處理一些比較費時的事務，儘量避免後遺症；

20.避免拖延時間，為所有列入工作計劃的事情設置最後完成期限，「今日事，今日畢」。

第五節　管理溝通：讓管理者從員工的現場監工轉變成行動導師

影響飯店餐飲部門管理執行力的因素有很多，既有薪酬激勵等體制層面的原因，也有一些如上下級溝通效率之類的技術性原因。很多中基層管理人員忠於職守，兢兢業業，但卻總是缺乏對所轄團隊的領導力，下級員工無論是從言語上還是行動上都不同程度地表現出對直接上司的牴觸。管理者不知不覺中就將自己變成了其他員工的監督者而不是領路人，過於依賴職位權力而很少有意識去培養自己的人格魅力和知識感召力，這也是管理溝透過程中出現各種障礙的根本原因所在。

一、受困於溝通不暢的管理者

在飯店餐飲管理實踐中，管理溝通效率偏低是幾乎所有中基層管理人員都非常頭疼的共同問題。

這與管理者心目中習以為常的一些工作方式有關係，他們總是將與下屬之間的溝通看作一件非常簡單而純粹的事情，潛意識裡認為自己的管理指令已經夠清楚了，至少在自己的理解中已經不存在什麼異議了，但不知為什麼下屬總是做不到位。他們私下里猜測，這到底是因為員工素質偏低不懂合作，還是員工們心存不滿不願合作？結論可能會有很多種，但徹底解決的辦法卻總是很難找到。

溝通不暢的情況有很多類型，有時是管理人員分配完任務卻發現員工一臉茫然不知該如何下手，有時是一些技術動作無論教多少遍或一些技術要領無論怎麼強調，員工們還是不停地犯老毛病，嚴重一些的甚至有管理人員和員工之間公開頂撞、爭吵，勢同水火……歸結起來，最具共性的癥結還是兩條——指令貫徹不到位和技術教導沒效果。

表面上看來，溝通效率低似乎主要是管理人員對員工心理狀況瞭解不夠，語言表達不夠清晰明了，員工們聽從管理指令的動力激勵不足。但事情往往沒有這麼簡單，因為有時即便管理人員花了很多時間去揣摩員工心理，跟他們交朋友，拉家常，語言表達非常清楚，甚至可以用文件條款來描述，同時也提供了足夠的激勵，如事成之後如何獎勵之類的許諾，但結果卻不盡如人意。這下經理們就納悶了，因為他們原來的推測沒有得到證實，相反他們能用的一些常規辦法都落了空，接下來還能用什麼招誰都心中沒底，這才是最讓他們頭疼的地方。而且作為一個中基層管理人員，如果不能有效地發佈管理指令，那麼在其他方面再怎麼努力也挽回不了其損失，畢竟這是衡量管理者水平的最關鍵的指標。

二、從現場監工到行動導師

一線案例

推廣野生菌的故事

先看一個真實而又隨處可見的案例。

某飯店餐廳最近新推出了一個野生菌特色菜品系列，為了突出宣傳其營養均衡的主要賣點，餐廳特地組織員工進行了一個專題培訓，將一些關於野生菌的營養知識一股腦兒地灌輸給服務員，並要求她們不管新老顧客都必須主動推介這些新產品，尤其是要把這些營養學知識宣傳開來。

本來這是一個很正常的新品上市時的基本推廣流程，但到了實踐中情況卻很不樂觀。

經理們首先是發現員工們大都不願張嘴，大部分員工只是簡單地將新品菜單往顧客手中一塞了事，於是趕緊召開會議，再三強調必須「有聲服務，大膽推介」，對一些悶著腦袋點菜的員工作了公開批評。

不久之後，經理們又發現了新的問題，員工們倒是都開口了，聲音也不小，但無一例外地都是照本宣科，將經理們濃縮了的一些精華宣傳口號機械地向客人背誦一遍，無論客人提出什麼新的問題，她們的答案翻來覆去都是那幾句話，顧客們自然興致不濃，怎麼辦？

再開會，經理們將訓導的重點改為要員工們學會見機行事，給合適的客人推薦合適的新菜。這下麻煩更大了，員工們根本就弄不明白到底什麼樣的菜合適什麼樣的客人，只好按照價格從高到低的順序來挨個促銷……

到最後，經理們不再信任員工，直接將推薦新菜品的重任交給了現場主管，於是一副很奇怪的場景出現了——在員工們給客人點完菜後，主管再衝進來向顧客隆重推薦幾道新菜，顧客們無不一頭霧水。

新菜推廣的案例只是溝通不暢的若干種情形之一，在此處選取這個案例其實目的在於，提示讀者注意一個被很多人忽視卻又是管理溝通核心的關鍵詞彙——「知識」。

先分析一下大多數餐飲管理者冥思苦想卻始終無法提高溝通效率的典型過程。

管理者首先是懷疑指令不夠明確，或是話說得不夠清楚，或者任務分配得不夠具體。但即使改進了這一點效果也不會太明顯，因為員工們似乎總是能找到完不成任務的理由，尤其是當很多人都不能完成時。「法不責眾」，管理者也只能乾瞪眼。

接著管理者還會懷疑員工主觀上不願配合，直白點說就是「不買管理者的帳」。於是管理者會很大度地放下架子，深入到員工中去，加大在八小時以外與員工交往密度，時不時地進行些「感情投資」，直到將員工們完全收服為「自己的人」。但即便如此，員工們也會出現「有心無力」，甚至「好心辦壞事」的情形，更何況這種與員工私下交往過於頻繁的工作方式後患無窮。

最後一招就是動用職位權力，來個軟硬兼施，「金錢加大棒」，聽話的給加工資發紅包，調皮搗蛋的就等著被收拾。但遺憾的是這招只適用於大是大非的場合，或者說只有當溝透過程中出現對立和衝突時才會奏效，絕大多數情況下員工們至少表面上還是順從的。

話也說清楚了，關係也拉近了，金錢大棒也都使上了，管理溝通的效率就一定會提高嗎？未必，因為我們可以觀測到很多員工和管理者一樣兢兢業業，但做起事來卻「心有餘力不足」的情形。考慮到就業市場的供需狀況，我們應該相信大部分員工在本心上是非常樂於接受管理者訓導的，但問題是他們往往從管理者那裡只接收到做事的指令，卻沒有接收到如何做事的知識、技術和經驗，簡單點說，他們不是不想做好，而是不知道怎麼才能做好。管理人員的

若干辦法所解決的都是次要問題，而最關鍵的問題卻被擱置在了一旁。

也許有人會對此提出疑義，因為他們認為培訓本身就是管理人員向員工傳授知識的過程，管理人員的根本任務不是傳授知識，而是安排、監督和保證生產服務活動的順利進行。這種觀點在競爭相對比較平緩的時期可能是對的，但在市場變化日新月異的新環境下卻已經暴露出了其片面性。

一般來說，知識有兩種類型。一種是可以透過書本、語言形式來清晰表達的顯性知識，如員工們背誦的那些關於新菜品特點的介紹文字。這些知識可以透過集中培訓甚至只需要發放一本知識手冊就可以傳授到位，而且員工也能掌握得很完整。另一種知識則不然，這主要是指那些只能意會很難言傳的隱性知識，比如廚師們在炒菜時把握火候的直覺或老員工們平息顧客怒火的技巧。這些知識對於一線員工來說非常重要，但又無法透過常規途徑進行傳播。所以我們不難觀察到很多員工往往會按照培訓教材的要求照本宣科式的「說菜」，卻幾乎沒有辦法察言觀色，根據顧客的具體情況來現場設計出不同的菜單組合。

就餐飲業來說，越到中基層，對這樣的隱性知識的需求比例就越大，對服務質量的影響也越明顯。很多餐廳都在極力追求個性化服務，但一直收效甚微，為什麼呢？很簡單，因為對顧客服務需求的現場判斷和針對性的提供服務，都需要大量的隱性知識來幫助員工們在快節奏和高強度的工作環境下及時作出應對。很多有經驗的老員工自己會做一些比較複雜的服務項目，但卻不知道如何用言語的形式去教育其他員工，「言傳身教」於是只剩下身教了，效果自然不會太理想。再回頭看看，經理們一遇問題就馬上組織進行的員工培訓到底能有多大作用呢？

一線案例

不經培訓就能直接工作

舉一個例子，在很多年前上大學時，筆者與幾位同學被學校派到一家著名的五星級酒店做餐飲實習，因為此前從未接觸過餐飲服務，腦子裡完全是一片空白，心裡很是忐忑不安，希望在正式上崗前酒店能來幾天紮紮實實的技能訓練，讓我們掌握一些哪怕是最基本的服務技巧也好。但沒料到一進酒店就被直接發到餐廳，經理抽了5分鐘空，跟我們說了幾句客套話後，便發給每人一個托盤，三言兩語教會了我們怎麼托盤子後就把我們攆到了顧客中間。當然，沒有經過系統培訓的我們倒也沒出什麼大錯，因為經理為我們每人安排了一個師傅，師傅帶徒弟，就這麼手把手地帶，我們很快就成了熟手。

對於一家全國聞名的五星級酒店，為什麼會在一點培訓都不做的情況下就把實習的大學生直接推到了服務一線？奇怪的是，這些從未接受過課堂服務知識學習的大學生還居然很快就合格了呢？

當然，對於實踐界的朋友來說，這些問題其實很簡單，因為當時真正使用的那些知識都是無法用黑板教學來傳授的隱性知識。

回到管理溝通的話題上，當管理者的指令發佈出去後，還有一個更重要的任務，那就是他必須想辦法使接受這些指令的員工具備完成這些任務所需要的知識和能力。如果是需要補充顯性知識如新菜品知識的話，那麼就組織員工進行培訓，如果是需要補充隱性知識如一些處理對客服務問題的判斷力和應對複雜局面的能力的話，那麼就必須採取更複雜的應對手段——或者是給員工們配備有相關經驗的老員工壓陣，或者是自己親自進行細節跟蹤和指導。事實上，大多數情況下，這些「萬金油」式的、具有大量隱性知識的老員工大都已經成長為管理人員了，因此管理人員的基本職責就發生了重大變化——他們在分派任務的同時，還必須承擔起傳授實現任務所必需的隱性知識的責任。

總而言之，管理溝通的本質除了指令的下達外，還應該包括知識尤其是隱性知識的傳授。管理者們也不再只是現場的監工，更應成為員工們行動的導師。

三、管理授權的「度」該如何把握

除了管理指令的發佈和隱性知識的傳授外，影響飯店餐飲部門管理溝通效率的另一個重要因素就是如何準確地把握管理授權的分寸和火候。

毫無疑問，授權是很多經營和管理活動得以有序進行的重要手段，很多看上去非常重要的事情並不一定非得要經理們親自動手。比如餐廳出納到銀行存取大額現金，數額巨大，但並不因為重要性就一定需要經理親自去操作。事實上，現代餐飲管理過程中，透過合理授權，管理者可以進一步把很多重要工作分配給那些有專業知識的人去操作，人盡其用。

問題就在於，員工們在從事這些業務活動時需要一定的權限，比如營銷代表在爭取一個大型會議訂餐時，對方要求在總價格的基礎上打一個很低的折扣，那麼營銷員能不能拍板？營銷經理又能否拍板？是不是非得要總經理點頭才能答應客戶的要求？此時明確各級銷售人員的臨時處置權限就非常有必要。事實上，在餐廳內部幾乎所有職位上我們都需要進行不同程度的授權，比如說洗碗工在碰到一些有輕微破損的餐具時需要一定的權限決定是立即揀出來還是不予理會；採購員在選購時發現申購物品沒有時需要一定的權限來決定是否採購其他的替代物品等等。

到底是完全放開式的「大放權」還是謹小慎微的事事監控，這個問題把握不當也會導致管理溝透過程中的效率損失，過於放權會導致管理者期望值太高，在員工不能完成任務時會非常失望；過於

抓權又會引發員工不滿，因為他們無法有效開展活動。關於權力的收與放，管理者和下屬員工之間始終在進行博弈，而只要不能達到均衡，雙方存在嚴重分歧，就勢必會為管理溝通帶來巨大障礙，員工們會抱怨經理「既要馬兒跑，又要馬兒不吃草」，經理們也會抱怨員工「明明是扶不起的劉阿斗，偏偏還要得寸進尺」。

正確把握管理授權的分寸與尺度，關鍵在於對授權對象知識和能力的判斷。對於具備相當知識和能力的員工可以大膽放權，對於知識和能力比較缺乏的員工則只能有限度地放權，總之，要使員工所支配的資源大致與他的能力水平相適應。

打個比方，同是營銷員在外跑業務，不同業務員的權限完全有可能不一樣。那些對餐廳產品非常熟悉、對市場行情也很瞭解的員工自然可以有更大的現場拍板權力，甚至對於客戶提出的一些非常規要求也可以用自己的知識和能力進行即時判斷，看看是否對餐廳有利。很顯然，相應的權力只能授予具有相應的知識和能力的員工，否則就有可能導致巨大的，甚至是無法挽回的損失。

管理者們要想做到高效率的溝通，就必須學會授權，這根本用不著太複雜的手段和計謀，只需要心裡對員工的知識和能力水平有本清楚的帳就行了，知道哪些員工擅長什麼，擅長到什麼程度，相對應地可以授予多大的權限就很容易估算出來了。

比如說，最基層的一個領班臨時需要跟經理談話，要離開餐廳現場一個小時左右，那麼他肯定會招呼手下某個資深的老服務員臨時照看一下現場，而且也一定會告訴他什麼事情可以直接拍板，什麼事情留待他回來再說。這個過程就是一個很典型的授權過程。而選擇頂職員工以及明確審批範圍就是根據對員工能力的瞭解所作出的自然選擇。

延伸閱讀

「能說會道」不等於有效溝通

幾乎每個餐飲企業裡都會有一批特能說會道的管理人員，自然也包括經理們自己。他們與人談話時總是雙目炯炯有神，出語口齒伶俐，推理邏輯嚴密，每次都能說得對方或啞口無言，心悅誠服。

但可惜的是，管理溝通不是言語上的辯論賽，也不是口才大展示，它的目的只有一個——安排並輔助員工去完成指定的任務。至於說經理們有多麼善於演講，這與完成任務並沒有嚴格對應的內在邏輯聯繫。

當然，能有好的口才總好過沒有，但必須要用在關鍵的地方上，「好鋼要用在刀刃上」，否則就成了一個累贅，不但起不到正面的作用，還影響了上級領導的判斷。

有效溝通首先必須要能清晰地發出管理指令，簡明扼要，所有員工能聽懂並真正理解。這時口才好會有些幫助，但要提防沉醉於自己的口才表演中不能自拔。實踐中很多管理人員不是說得太少，而是說得太多了。

有效溝通的第二個要素是能夠且有耐性做知識傳授，尤其是中基層管理者，要樂於並且善於做員工們的行動導師，既能言傳也能身教。此時口才好固然重要，但善於分析和歸納問題，能及時把自己的經驗總結出來以指導員工才是最有意義的。很多經理們往往以為多說幾遍，員工們就自然明白做事的方法，其實不然，因為經理們傳授的知識是否有足夠的條理性和現實性才是員工能否理解的前提，光是會用華麗的詞彙或名言俗語並不解決問題。

有效溝通還有一點就是善於授權，支持員工不能光停留在嘴皮上，得為員工提供實質性的資源支持，該給錢就給錢，該放權就放權。此時維繫上下級關係的是相互間的瞭解和信任，至於具體的操作過程則很可能「無聲勝有聲」，權力分配設計得當比再多的讚美

和勉勵都來得有意義。

學會溝通，是學會理解管理的本質，而不是簡單地練練口才和耍耍嘴皮。

第六節　會議改革：優化和改善各級管理例會的效率和效果

在餐飲企業的日常營運管理過程中，經理們做得最多的事情就是開會，而最不擅長的恰恰也就是開會。很多管理會議拖拖拉拉、議而不決，參會者吞雲吐霧、東拉西扯，主持人沉醉在官僚主義的形式滿足感中，全然忘了會議的主題，會議最終拼湊出來的決議或者是和稀泥式的「找平衡」，或者是口號標語式的官樣文章。飯店的管理精英們成天糾纏在這些沒有效率的會議中，卻又樂此不疲。

一、「雞毛蒜皮」式的劣質會議

在餐飲企業裡，不管是生性勤奮還是生性懶散的人，一旦成了某個級別的管理者，便會不由自主地喜歡上開會。而一旦管理人員形成了對會議的依賴症，這會議便會越開越多，越開越長，越開越亂，自然也越開越沒有效率，上到總經理例會，下到最基層員工的班前班後會，莫不如此。

平心而論，沒有人願意把會議開成如此沒有效率更沒有效果的「劣質會議」，開會前大都還是對會議本身寄予厚望的。有問題時，大家希望能透過會議群策群力，找到解決問題的辦法和出路；沒問題時，還指望能集思廣益，及時發現管理中的漏洞和缺陷。那為什麼良好的願望最終都演變成了「垃圾會議」呢？

大致上來說，將各種管理會議開成了低效率的話家常會議原因有這麼幾條：

（一）會前準備工作不足，資料數據不齊全，決策過程全部集中到了會議時間中

很多會議開得都非常倉促，從產生想法到正式召集也就幾個小時的工夫。召集人一時衝動成就了會議的主要議題，而匆忙趕來的參會者們往往對會議的目的和細節毫無準備，對會議所涉及問題的內容和數據資料一無所知，這麼短的時間裡召集人及其助手能準備的資料也很有限。就這樣，大家在一片茫然中開始對一個醞釀構思極不成熟的話題展開了討論，效果可想而知。

（二）會議節奏紊亂，時間設計不當，議題過於分散

很多飯店的餐廳經理以及主管一級員工幾乎每天都在開會，大家也很自然地將開會當成了一種最基本的管理手段，甚至到了不開會就不知道該幹什麼的地步。人往會議室一坐，接下來該幹嘛就不再去思索了，跟著感覺走，或者說跟著主持人的目光走，到了自己頭上該發表意見時就擠牙膏式地說幾句。如果恰好討論到了跟自己部門利益相關的話題，趕緊打起精神，來個寸土必爭，等話題轉開了又開始睜著眼睛打瞌睡。

因為事先沒有充分的準備，而與會者也大都是即興思考、即興發言，圖個嘴皮快活，往往一個話題被挑起來後，大家就跟著毫無節制地開始漫遊。比如經理批評餐廳成本控制不力，採購部就怪各部門申購不及時，營業部門又說財務審批煩瑣，財務回過頭來批評說大家做的預算突破得太厲害……這很像物理學上所講的「布朗運動」，會議漸漸地偏離了原來的主題，而且等到大家意識到已經跑題的時候，時間已經過去一大半。

（三）會議不能及時形成有強大約束力的決議，決議質量不

高，缺乏配套的監控措施

　　既然是會議，為了達成目的，不論過程如何，最終是一定會形成若干決議的，但這些決議到底能對會議議題的解決起多大作用，決議能否被完美執行，是決定會議效率的重要因素。

　　單從會議的進程表來看，我們就有理由對決議的質量和最終效果提出質疑。因為會前沒有準備，所以大家必須花很多時間來瞭解情況，有時光是相關人員介紹一遍還不夠，還得有問有答地交流半天才讓大家進入議題本身。

　　議題正式開始後，因為大家沒有事先主動考慮過，自然就會不著邊際地討論半天才能找到問題的核心和關鍵。此時時間已經消耗了大半，等到會議行將結束時，大家也都自覺閉嘴，因為主持人要做總結，也就是要形成決議了。此時除非這個決議會對誰的利益有重大沖突，一般大家都會盡快點頭，因為這樣的程序早已成為慣例。

　　一群事先不瞭解情況，事中無法充分思考，事後卻必須執行決議的管理者會對決議如何看待呢？答案是決議本身並不能推動管理者的行為，因為沒有人會在乎那些空洞的口號如「加大培訓力度」或者「大力改善服務質量」，人們在乎的是那些可以量化、可以觀察、可以測評甚至可以公示進程的配套監控措施。但這些技術性手段恰恰在會議上沒來得及討論。

　　（四）會議逐漸成為企業制度慣例或者官僚主義的一部分，使管理人員養成了以會議推動工作的習慣

　　出現問題後，能不能解決其實是誰都沒絕對把握，上司也不會因此怪罪下級管理人員，但如果沒有動手做解決的努力，甚至連像樣的嘗試都沒做一下的話，這麻煩可就大了。

　　於是，召開會議來商量和佈置問題的解決方法就成了一種必然

選擇，這既可以理解為一種工作手段，也可以理解為一種做事的姿態，最起碼可以在總結教訓時說上一句「我們還是盡力了」，「我們曾專門為此開過好幾次會議」等等，會議很自然地就成了一塊「遮羞布」。

當有沒有召開會議成了一種對管理者管理投入的評價標準時，劣質會議就成為企業隱性規則的一部分，以會議來推動工作就成了管理者的一種習俗。遺憾的是，這樣的習俗有很強烈的傳染性，用不了多長時間，整個企業就被淹沒在這樣的形式主義之中了。

二、功夫全在會場外

當前很多餐飲企業的管理例會已經普遍陷入了低效率的形式主義陷阱中。很多管理者都有過這樣的體會，往往一些事關重大的決策通常只要幾分鐘就能迅速達成一致，效率奇高。倒是一些無關緊要的事情，本來只是隨便議議，沒想到大家都來勁了，你一言我一語，半天都沒個完。管理學家帕金森專門研究過這種現象，並把它命名為「雞毛蒜皮定律」（C. N. Parkinson，1957）。

會多並不等於在真正工作，更不能說明管理者有多麼勤奮，相反，這極有可能是一種形式主義盛行的企業文化的顯現。這麼說的原因有很多，其中最關鍵的是我們很多管理者已經養成了「為開會而開會」的習慣，將開會本身當成了管理的全部過程，似乎只要我開了會，這個問題我就算是處理過了，結果如何那就不能算是我的責任了。這是很典型的會議形式主義，當管理者已經淪落到必須依靠會議來推動自身工作時，會議就已經失去了它作為一種管理工具的基本意義了。

高效率的會議儘管從形式上來看並沒有太多的不同，但真正的區別都在會場之外。

一線案例

四星級酒店的「電子會議系統」

在某四星級酒店，管理高層曾對酒店的管理例會流程進行過專題診斷，最後推出了全新事「數位會議系統」以取代很多常規例會。

他們首先向各級管理人員發放不記名問卷，調查結論令所有人都大吃一驚，絕大多數管理人員都認為大部分管理例會的內容其實都可以透過公告或文件的形式傳達而無須專人定時參加會議。而在每週一次的總經理例會上，由於部門眾多、議題密集，很多問題只能是一筆帶過。整體上來說，現行的溝通流程耗費了大量時間，關鍵問題往往不能得到圓滿解決。

他們經過一番研究後，透過酒店內部的計算機區域網路系統建立起了一個內部「BBS電子會議系統」，不同級別的管理人員透過自己的密碼進入會議系統後可以迅速查閱與自己相關的會議訊息，發表自己的見解，收發各級部門的重要通知，並共同探討一些關乎酒店發展狀況的重大議題。而這一切都可以在酒店任何地方、任何時間進行。

「數位會議系統」推出後，溝通效率提高了，會議用時減少了，各級管理者的聯繫反而更緊密了。

餐飲企業的會議，除了少數有特殊目的的會議如座談會、訊息通報及宣布決定外，大部分會議還是用於分析診斷問題並形成相應決策。既如此，決定會議效率的最重要因素就是用於決策的數據資料是否準確和全面。

高水平的管理者會將更多功夫下在會議召開前的材料準備、數據調查和方案醞釀上。比如餐飲部擬召開一次關於下季度菜品價格調整與否的會議，影響菜品價格的因素實在是太多，原材料價格上

漲、顧客對用料的要求變化、競爭對手的價格變動以及餐廳本身的成本利潤結構等都可能需要在菜品價格上有所反映。像這種技術性很強的決策，必須高度遵循定量研究的原則，而不能簡單憑感覺行事，此時有關各方面資料數據的翔實程度就成了能否科學決策的關鍵點。

很多會議的議題原本並不需要太多部門和太多員工的參與，很多時候一些具有行政級別的管理者列席會議對事情本身並沒有任何意義，但管理會議的形式主義傾向還是習慣將這些人拉進會場。

真正有效率的會議應該本著實事求是的原則，將會議過程還原為一個基本的問題研究決策過程。會議形式也可以靈活多樣，可以是兩三人的小討論，也可以是報告形式的訊息交流，甚至可以是小範圍的局部試驗，而不必事事都開會，更不能將基礎調查、方案設計和數據分析等基礎工作都放到會場裡來現做現用。

管理會議還有一個重要功能就是進行任務分工或者資源分配，說到底就是利益和風險在不同部門和員工之間的分派。但這往往又是很難在公開場合解決的問題，尤其是在會議期間，時間緊迫，此類爭議分歧要麼被擱置起來，要麼由最高領導以行政權力強行攤派下去。但無論是哪種做法，效果都不會太理想。

正確的做法應該是將這些可以預見的矛盾和衝突提前化解在會議之前和會議之外，正所謂「會外有會」，「大會之前有小會」。

就會議效率而言，一個極其重要的環節就是決議形成之後的執行環節。可以說決議本身的正確性只是解決問題的一個基本條件，問題能否真正解決還得看決議的執行水平。這個問題很多餐飲企業已經意識到了，這也就是業界現在非常流行的說法——執行力。

執行力在一定程度上取決於員工本身的積極性和能力水平，但更主要的還是在於決議形成後的相應保障措施是否全面細緻，決議

實施的過程是否可以監測，以及決議實施有沒有相應的責任機制等。這些是否應該在會議期間就全部討論到位，還是在會後另外著手制定並直接以文件形式下發落實呢？如果是前者，那麼在有限的時間裡，這些細節只能是被很粗略地提到；如果是後者，那麼我們完全可以說，「功夫全在會場外」。

三、開好會議的八個要點

能否充分利用自己和他人的寶貴時間，有效提高會議效率，《哈佛管理溝通》雜誌（Harvard Management Communication）為我們提供了一些很有價值的建議，具體內容如下：

實戰經典

召開管理例會的八個要點

一、知道時間

為了尊重每個人的時間，開會必須儘量避免拖延現象，尤其是在一些經常性的例會上。對於一些懸而未決的問題，大家應該意識到不是由於會議本身時間不夠，而是因為對該問題的調研準備不充分，導致無法快速進行科學分析和決斷，繼續乾耗下去也沒有實質意義，因此應該做好會前的準備工作，避免將太多的精力花費在沒有意義的事務上。

二、牢記目的

任何會議都必須在之前有個明確的目的，即透過會議達成什麼樣的行動部署。如果會議沒有形成任何行動決議，那麼這樣的會議就是浪費時間。有時會議本身可能會同時有很多議題，因為會議過程中主持人對會議節奏的控制不力，導致話題分散，很多事先擬訂的目的不能達到，因此主持人必須時刻牢記該次會議的最終目的，

避免將會議開成了「天馬行空」式的座談會或茶話會。

三、公開讚揚、私下批評

在出現意見分歧時，儘量避免帶有感情色彩的公開批評，即便是非批評不可，也應該儘量就事論事，用事實和數據說話，並且幫助對方分析問題的成因，找出解決方法，而不能諷刺挖苦，更不能進行人身攻擊。公開的讚揚和適當的讚揚是完全必要的，這對於融洽同事間關係很有意義。

四、不要在非上班時間開會

很多管理者喜歡利用晚上和週末休息時間開會，理由是時間集中且無人打擾，而且不占用正常的上班時間，不用耽誤常規上班週期，其實這種做法並不可取。勞逸結合，適度的休息對於管理人員的狀態調整很有幫助，因此除了非常緊急的事情，應儘量將會議安排正常的上班時間裡，而且要儘量減少因會議而拖延下班的情形，因為高質量的會議的大部分基礎工作在開會前就已經完成了。

五、不運用團體壓力使決議通過

不能簡單地搞什麼「少數服從多數」的舉手式表決，因為很多時候多數人可能都是不太懂業務甚至都不接觸營運一線的管理人員，僅僅是因為他們的行政級別或者企業的管理慣例而將他們納入了舉手範圍。他們的外行意見對於決策毫無價值，尤其是在這些答案比較複雜至少不能顯而易見的決策中，外行們的多數可能意味著一個錯誤被官僚主義的形式給保護了起來。

六、不使用會議破壞他人職業生涯

你可以在會議上大膽表達你的意見，但不能以犧牲他人的職業前程為代價。有時候，對一些管理提案的否決並無所謂，但對提案人能力的貶低可能會導致很糟糕的結果，因此應該牢記會議議事時儘量「公平公開公正」、儘量「對事不對人」。

七、公私分明

餐飲企業內部存在著形形色色的大小幫派，各種私人關係甚至包括一些無形的圈子的存在都很正常，但在會議上不能因為這些私人關係的存在而影響決策的公正性，即便會議過程中有時需要一些社交手段，但也應適可而止。

八、會前明確議程，並在與會者間傳閱

在開會前必須用書面形式將會議的主題、目的和發言順序及時間安排寫清楚，對彙報人及彙報時段有一個明確規定，並在會議召開之前發給大家傳閱，這樣既便於人們各自準備資料，提前思考議題，也有利於會議進程管理，避免出現過程失控。

延伸閱讀

會議不是萬能的

有一位在飯店當老總的朋友，每次拜見時都在主持會議，即便是週末也不例外。

朋友是個很務實的人，每天都在自己的餐廳裡泡著，大腦24小時處於高速思考狀態，一旦發現問題，哪怕是一秒鐘前才發現，開會的指令就發出去了。

朋友除了喜歡召集會議之外，還喜歡開長會，經常把手下幾員大將一留就是大半天。開完會出門，外面已是華燈初上，他便招呼著大家一起去吃大排檔，他從不在自己飯店揮霍免費餐，這倒是個難得的優點。

朋友還是個極民主的人，每次會議都要讓參會者說個夠，漸漸地大家都習慣了，他一吆喝要開會，幾個飯店的「常委」（他們自己的戲稱）就自動自覺每人端著個超大號的茶杯去會議室報到，換過大概三道水之後，會議可能就近尾聲了。

……

　　我幾乎是每次見他，都要和他探討一番：這麼高強度高密度地開會到底有沒有必要？對飯店的管理實務到底有多大幫助？壓縮一半以上的會議時間會有多大的影響？

　　最近兩年，他的會議癮明顯小了許多，上面那些他過去覺得都不能算問題的問題現在明顯也納入了他的思考範疇，他開始真正反思到底怎麼樣開會才能對管理有最大的幫助。

　　會議不是萬能的，往往很多問題的分析和決策過程完全可以由少數專業人員以很快速度完成。但我們為了管理民主化或者說為了分擔風險和責任，寧可把簡單的事情無限複雜化，寧可把那管理的排場弄得跟衙門似的威武，一定要搬到會議上來讓大家七嘴八舌，直至將專業的方案用外行的意見給它整個面目全非。

　　打個比方，某個討論飯店季度預算的會議，儘管人們的主要議題只是幾個枯燥的數字和簡要的原則，但這些數字和原則背後反映的正是飯店的經營現狀和發展取向，其中很多問題早已超出了僅憑經驗和直覺來決策的範疇，因此無論會議上爭辯得多少激烈，討論得多麼深入，對於事情本身來說並沒有實質性的幫助。正確的做法應該是在會前就已經對預算原則、資金計劃和經營方案進行了反覆研究，對各種可能的經營風險和市場形勢作了反覆推演，而且所有參會的決策者都一直在跟蹤這些事情，而不能等到走進會議室時才臨時抱佛腳地開始做現場研究，也就是說，在某種意義上來說，會議只是一個連續決策過程的最後終結性的環節，有時甚至只相當於一個公開化的儀式，核心的決策過程其實在會前就已經大致完成了。

　　會議本來就只是大家聚集在一起討論問題，但我們很多企業就把這麼個簡單的商量事情的形式弄成了樹立管理者權威、耍辦公室政治甚至權力鬥爭的武器，於是會議的本質就發生了變化。

要想管好企業，或者說小點，要想開好會議，辦法很簡單，那就是——一切都實事求是，從實際出發，用事實說話。

第七節　常見的制度管理誤區之「巧言陷阱」

大多數餐飲企業裡都有一批能言善辯的「偽專業」人士，他們總是能挑出別人建議和方案中的錯誤，並用一套很複雜的語言邏輯表達自己的觀點。這樣的人往往能得到理想的管理職位，但他們似乎從來就不擅長親自動手去解決這些他們親自發現的問題，這種「知」得太多而又「行」得太少的作風會使餐飲企業陷入「光說不練」和「眼高手低」的陷阱中。成功的企業必須時不時地提防這種「巧言陷阱」，並積極倡導立足於解決問題的務實文化。

一、餐飲企業中「空談誤事」的浮誇作風

「空談誤事」的浮誇作風眼下在餐飲企業中似乎越來越盛行，其結果是造就了一批不需要真抓實幹而只需要擅長開會、擅長發言就能獲取高層信任的管理人員。打個比方，當餐廳利潤下降、經理們想推行標準菜譜時，他們會站出來說，標準菜譜的確是個好辦法，但中餐烹飪本來就有很大的隨意性，廚師操作時不可能會腦袋裡裝著菜品配料數量或比例的概念，因此即便訂出一些菜品配方，也沒有什麼實際意義。再者，弄這麼個標準菜譜費時費力，餐廳的財務人員不懂烹飪知識，算出的所謂標準成本廚師們根本無法操作……辯論深入下去，結論通常只有一個，標準菜譜好是好，但「咱們做不了，也沒必要做」。

這只是從管理實踐中隨意拈來的一個例子，我們還可以設想類

似的討論在其他專題或場合下是如何頻繁地進行著。比如，營銷人員建議搞一個美食節，加大宣傳攻勢，他們就會反駁說，美食節應該要從外界臨時引入有高知名度的名廚，要採購大量稀有的原材料，要推出很多新品種，還要做多長時間的廣告促銷，而企業現在這些都辦不到，所以美食節儘管是個好創意但沒有可行性。再比如，主管建議對服務員加大培訓力度，就會有人馬上跳出來說，員工流動頻率太大，培訓完了一走人的話就成了幫對手做了培訓；財務主管建議進行客戶信用等級審核，逐步減少壞帳，就會有人說不許簽單的話集團客戶會全部走光……幾乎任何一個尋求對現狀進行改革的建議都會遭到這些「偽專家」們的反對，所以我們才會驚訝地發現，餐廳運轉的時間越長，改進的力度就越小。

實踐速描

活躍在餐飲界的「偽專業人士」

即便是在很多遭遇困境或運轉不靈的餐飲企業裡，我們也總是能發現一批看上去似乎很專業的管理高手。

他們分析起問題來總是頭頭是道，邏輯嚴密，有理有據，對於別人提出的各種建議和方案也總是能找到反駁的理由。

他們的口頭禪通常是「你不瞭解我們企業」，「我們企業存在很多自己的不足，但你的建議也許更適合那些有實力的大企業」等等。

幾乎每次開會時他們都會自然而然地把握住會議的主導權，並最終導致會議議而不決，或是反覆地討論分析、制定計劃，但卻從來都未能將一個哪怕是最簡單的計劃進行到底，直到企業最終徹底陷入困境。

大多數業內人士都知道，一個餐廳最有創新活力的時候往往就是剛開業的時候，因為此時任何新的嘗試都將得到上級的鼓勵和支

持，更重要的是企業此時還沒有被掌控在這些能言善辯的「偽專業」人員手裡，經理們急於塑造與競爭對手的差異點，因此做起事來也願意承受一些失敗的風險，很多想法一經出臺甚至都不需要拿到會議上去集體論證就已經風風火火地全面展開了。

隨著餐廳漸漸穩定下來，人員磨合也逐步到位後，情況很快就有了質的變化。一批看上去很有信心、思路清晰且似乎對業務非常熟練的人逐漸成了企業骨幹；經理們在局勢穩定後開始下意識地追求降低成本和穩健經營；創新和冒險不再被提倡。人們開始學會用批評性的語言來分析問題，最終導致幾乎所有的創新行動都無疾而終，而那些喜歡提出新點子和新思路的員工則遭到了人們的集體抵制，人們會冠之以「眼高手低」或「空想主義」，此時包括總經理們自己也都成了「反覆思考，謹慎行動」的保守主義者。

二、為什麼是「空談」而不是「行動」

事實往往頗具諷刺意味，凡事都挑刺導致最後什麼都沒嘗試的「巧言者」被人們認為是高度務實、成熟穩重，而總是想推陳出新、但在「巧言者」的阻撓下總是沒有機會的「創新者」在大家心目中卻「眼高手低」。

要知道，創新者之所以會「眼高手低」很大程度上是因為被「巧言者」們直接剝奪了做事的權利，自然也被剝奪了用創新成果來展示自己實力的機會。這是當前餐飲企業缺乏創新動力的重要原因，很值得高層管理者們反思。

問題是，我們都非常討厭誇誇其談的空談作風，為什麼最終還是被這些「巧言者」占了上風，而且整天跟著他們在轉呢？

但凡管理者，都希望自己的手下能更聰明，更專業，如果他們的觀點、看法聽上去非常清晰完整且邏輯嚴密的話，管理者一定會

另眼相看，尤其是當這些手下有自己的專業優勢如財務知識、烹飪技巧或客戶行情等時，他們的分析陳述會被管理者看作對自己知識盲點的有益補充。

而從下級員工的角度來看的話，他們真正展示自己專業實力的機會主要就是在會議上，在討論問題時的發言。他們漸漸發現，當他們能在上級面前說得越多時，他就會顯得越有價值。

實踐速描

管理例會上的口才競賽

在很多餐飲企業的管理例會上，我們經常會發現一個不成文的慣例，那就是無論討論的話題是什麼，不管與自己部門相關與否，幾乎每個人都會要輪流發言。

比如說，主廚會對服務員的服務態度提出批評，財務主管會對廚房菜品質量提出意見，辦公室主任直接對營銷方案進行點評等等，有時甚至當人們不想發言時，總經理還會主動問上門來，「某某，這件事情就你沒發言了，你也談談看法吧」。

不客氣地說，很多時候這種會議簡直就像是一場口才競賽，優勝者在企業的地位越來越牢固，暫時失利者也會尋思以後透過高水平的發言來奪回失地。

要想說得又多又專業，使領導聽起來感覺更好，最好的辦法就是批評他人而不是提創新建議。這個道理其實很好理解，比如說作家要想創作出一部經典名著從而展現自己實力，是非常困難的，但要想寫一篇否定他人的書評卻是非常容易的。

更關鍵的是「悲觀主義往往聽起來讓人覺得深刻，而樂觀主義聽來則讓人覺得膚淺」。在餐廳的經理例會上，如果有人表示接下來的銷售旺季可能會比去年同期大有長進，人們會覺得他是在盲目

樂觀；而如果有人舉出一堆的數據如本地競爭對手數量的急劇增加、餐廳近幾個月的投訴率或者預訂宴席數量大幅減少等以證明接下來的銷售很可能會非常慘淡的話，幾乎所有人都覺得他是實事求是，是真正在研究市場。

要想顯得專業一些的話，另一個選擇就是儘量把簡單的事情說得複雜一些，本來三言兩語能說清楚的事情非要給上升到一定的高度不可，最好還能掛上一些時髦的管理術語如「核心競爭力」或者「戰略優勢」什麼的。

比如說，本來只需要調整一下排班，減少連續晚班的頻率就可以解決的員工情緒問題，在開會時非得有人上升到員工的職業生涯設計高度。而餐飲企業尤其是中小型企業一旦遇到這類問題，基本上就是無解的難題了，問題一下子就變得無比複雜了，但能這樣思考問題往往還被大家認為是目光長遠、思想有深度。

「巧言者」並不是天生的，但在批評他人和將問題複雜化便能獲取「專業人士」形象定位的激勵下，越來越多的人很樂意成為能言善辯的人。而這樣做的後果很簡單，那就是所有的創新建議會在一片挑刺聲中直接夭折，所有的改革嘗試會被引入非常複雜的論證分析中而不了了之。

三、避開「巧言陷阱」的策略

警惕「巧言陷阱」，並不是說餐飲企業不能重用那些擁有出色的邏輯分析能力且能言善辯的管理者，相反，分析能力和表達能力是餐飲企業管理人員必備的基本素質。我們真正需要杜絕的是那些光會批評挑刺而不會真抓實幹、每每用批評性的語言扼殺那些創新建議的「巧言者」。這些人的大量存在會使企業喪失創新的銳氣，最終使企業栽倒在那些根本不值得維護的陳規陋習上。

管理學家們透過對那些既能嚴謹地分析問題，又能果斷地付諸行動的企業進行特徵研究後，得出了以下幾條策略，對於根治餐飲企業的「巧言空談」現象很有借鑑意義。

　　策略一：高層管理者勤下基層，成為行家裡手，學會客觀評價負面批評。

　　餐飲企業的運行非常複雜，對於任何一個問題，不同的人都可能有不同的看法和主張。批評性的語言儘管看上去更深刻，但因為缺陷的存在而直接否決一個創新提議的做法卻比採納一個不成熟提議的危害大得多。

　　在競爭形勢異常嚴峻時，人們普遍傾向於穩健而非冒險，此時要能使一個創新提議轉化為實際行動，管理者面臨的壓力是很大的，如果沒有高層管理者的大力支持，可以預計這樣的建議肯定會在一片質疑聲中夭折。因此高層管理者要能在這些批評聲和創新提議中形成自己的判斷，而不是被那些似是而非的偽專業批評所左右，這就要求高管們本身必須充分地熟悉業務流程和市場變化。

　　勤下基層，用自己的眼睛去實地觀察企業的真正實力與挑戰所在，由此得來的經驗使他們得以在將知識轉化為行動中扮演重要的角色。因為這些高管們對企業的實際工作瞭如指掌，所以他們不太容易輕信那些花裡胡哨的幼稚建議，同樣也不會輕信那些「為了批評而批評」的質疑。

　　比如說，一些有廚師經歷的餐廳經理們喜歡自己下廚房去觀察廚師們的工作情況，對於廚師工作該如何改進有大量的一手資料。此時如果主廚藉口這樣那樣的原因拒絕實施標準菜譜，那麼經理們不會被他的理由所左右，標準菜譜計劃就有希望強行執行下去。反過來，如果經理們對廚房實際工作情況不夠在行，無法反駁主廚的藉口，計劃自然無法實施下去。

策略二：偏愛言簡意賅的表達，拒絕用晦澀艱深的語言來談論業務問題。

有些餐飲管理人員喜歡高談闊論，而且經常使用一些時髦的管理術語，儘管自己對這些概念也是一知半解，比如什麼「人本管理」、「個性化服務」或者「核心競爭力」之類的名詞，大部分人都是望文生義、想當然地理解運用這些術語，而與最終的業務決策之間並沒有太多的實質性聯繫。

這種風氣一旦蔓延開來，整個餐飲企業就把這些術語當作流行語言，各級管理人員頻繁使用，經常把原本簡單明瞭的管理指令弄得無比複雜，到最後真正採取行動時大家仍然是一頭霧水，無論如何也不知道在這些日常服務與生產過程中怎麼去創造什麼「核心競爭力」或「個性化服務」。對於行動者來說，他們需要的不是說教式的勸導，他們需要的是簡單直白的管理指令。

簡單明瞭的表達方式是有效率行動的基礎，你可以不同意計劃的本身，但至少你不會說我聽不懂這個簡單的指令。當前很多餐廳之所以效率低下，與管理者的指揮方式有關，很多管理人員更是喜歡大談一番理論後，對實際行動安排只丟下一句話「你們去做吧，怎麼做的我不管，我只要結果，不問過程」。

策略三：明確制止「為批評而批評」，要求人們在質疑問題時必須提出明確清晰的實際解決方案。

在批評文化盛行的企業裡，沒有人願意提出建議，更沒有人願意採取行動，因為「不作為」的話還可以透過批評別人來鞏固自己的地位，而一旦「作為」了，就成了所有人的靶子，不但事情做不成，還會成為別人口水中的「犧牲品」，這樣的傻事瞭解企業的人是肯定不會做的。

為了避免這種批評文化的繁衍，企業必須採取非常強硬的措

施，比如強行規定在會議上，員工可以對別人的意見提出批評，但必須同時提出如何克服這些障礙的具體建議，發言不能光是指出過錯，還必須指出解決之道。

一線案例

批評可以，但必須說解決辦法

在某飯店召開的關於餐飲部門的專題會議上，總經理在會前正式聲明了幾條紀律，如不能接聽電話、不能開小會等，最令人驚訝的是，他以非常鄭重的語氣強調，「歡迎對別人的建議進行質疑，但必須同時提出相應的改進措施或解決方案，暫時想不清楚的不要急於發言，醞釀成熟了再說話」。

會議開得有些沉悶，不像過去那麼熱烈，但很明顯人人都在動腦筋，因為他們在找別人岔子的同時還必須先想好填補漏洞的對策，這可比過去上嘴唇碰碰下嘴唇大放厥詞難多了。尤其讓人們有壓力的是，總經理還一再聲明，要求祕書詳細記錄所有人的建議，至於指出的問題則記個要點就可以了。

會議進行時，有幾個部門經理老毛病發作，說起對餐飲部的批評性意見時喋喋不休，老總馬上很乾脆地打斷，「說辦法，問題大家都清楚，不需要翻來覆去了」。會場頓時肅靜了許多，人們終於意識到不負責任地評頭品足是一件多麼輕鬆但又多麼無聊的事情了。

策略四：主動防範空談現象，為所有決議制定明確的跟蹤公示制度。

不是所有的談話都漫無目的，事實上很多言論都會成為會議決定，並付諸實施。但問題往往就出在這裡，很多時候作出決定就是整個過程結束的時候。「說得多、做得少」的表現之一就是遇到問題時，人們都忙著討論問題、形成決定和制定計劃，並且把這些步

驟本身就看作是實際的解決行動，會議結束之後決議再以文件的形式下發一次，所有的行動就基本結束了。

為了確保會議決定不至於流為官樣文章，而是得到實際執行，企業應該指定專人負責並要求他們在管理例會上及時詳細地彙報工作進度和結果，會議記錄或者會後的文件會以極其醒目的方式提醒人們這件事情的最後期限，有時甚至可以將一些特別的重要的工作進展情況在企業的內部宣傳欄上公佈，讓所有的同事都成為壓力和動力的施加者。

延伸閱讀

根治空談，須從總經理做起

空談誤事，已成為很多餐飲企業的共識。但要徹底根治，必須從總經理開始，因為總經理本身的喜好很容易影響企業其他員工，員工們對老總作風的效仿不知不覺地就成了企業的基本風格。

老總們應該主動走出會議室，深入到企業運營一線，用自己的眼睛去觀察一切細節，評估企業的實力和遇到的挑戰。這樣可以確保他在聆聽員工彙報時作出客觀理智的判斷，不會被巧言者們的偽專業言論所迷惑。

老總們還應該主動樹立「言必行，行必果」的管理文化，為所有以自己為關鍵責任人的任務項目設置時間期限，並請所有員工來監督工作進度，而不要一味地將工作下壓，讓自己成為一個除了開會就無所事事的人。

老總們還應該帶頭停止不負責任的批評言論，在挑剌的同時應該將討論的重點轉移到如何掃除障礙和創造條件上，而不是一味地像教師評價學生論文一樣光顧著打分評級。

老總們最應該做的就是積極扶持創新，用小規模的創新試驗來

獲取相關經驗和知識。即便員工們的想法整體看來很幼稚，但只要進行修補和完善，在實踐中就肯定可以找到使之成熟的機會。只要想法中有一個閃光點，都有可能為整個企業帶來新的生機。

第八節 常見的制度管理誤區之「救火式管理」

　　餐廳經理們似乎總是有忙不完的事情，每天在辦公室、廚房和大廳間忙來忙去，經常是一件事還沒理出個頭緒來，就被另一件不期而至的事情給打斷，本應該是非常嚴肅解決問題變成了敷衍了事的修修補補。經理們還經常像變戲法一樣向不堪重負的員工頻繁地分派任務。員工們為了應對一些迫在眉睫的緊急事務，不得不暫停手頭的工作，最終導致幾乎所有事情都沒有得到圓滿的解決。這種「頭痛醫頭，腳痛醫腳」的救火式管理幾乎已經成為所有餐飲企業都非常痛恨但又無法迴避的管理困境。

一、欲罷不能的「救火式管理」

　　所有的餐廳經理，不管其本身性格如何，也不論他們崇尚什麼樣的管理作風，在面對管理實務環境時，總是會不由自主地成為一個四處撲火的「救火隊員」。他們每天眼睛裡佈滿血絲，渾身充滿疲憊，幾乎是憑著頑強的意志在處理這些似乎永遠也不會窮盡的大小問題。最令人難受的是似乎從來就沒有哪件事情能真正一步到位，反覆發作的「後遺症」使得誰也沒辦法能冷靜地去思考一些肯定更為重要、更有意義的大事，如企業戰略、產品創新或企業文化等，他們的雄心壯志和事業理想都被淹沒在這些層出不窮而又鋪天蓋地的瑣碎事務當中了。

餐飲企業陷入救火式管理而不能自拔，一般來說有以下幾大症狀。如果有人認為自己的管理還算從容，談不上應急管理的話，不妨對照一下這些症狀，看看是否真的已經擺脫了「救火式管理」的困擾。

症狀一：沒有足夠的時間解決所有問題。

不管管理者如何足智多謀，問題似乎總是多過可以妥善解決問題的人。作為經理，總是會被下屬突如其來的請示打斷，你就像一個被問題推動的管理者，總是無法按照自己的時間表來開展工作，即便是在別人都已經準備下班交接了，你還在為今天沒來得及解決好的很多麻煩煩惱不已。

症狀二：解決方案都是臨時將就，問題解決得從來就不夠徹底。

因為問題的出現大都是突如其來，如服務主管反映客人對某道菜的份量少不滿，或是主廚跑來說採購員買來的海鮮質量等級不夠等等，經理必須馬上解決，否則問題可能會更嚴重。情急之下，經理也只能是簡單地做些修補，事實上深層次的問題根源並未解決。但當你有意在事後進行跟蹤，想徹底根治時，卻又被其他瑣事打斷，漸漸地這個想法就被徹底擱置起來了。

曾經有人做過實地統計，餐廳經理能連續用於思考或處理一個問題而不被電話、請示所打斷的時間很少超過9分鐘，換句話說，經理們通常只有不到10分鐘的短暫時間用於沉著處理同一個問題。

症狀三：問題重複連續地發生，常常是「一波未平，一波又起」。

因為所有問題的解決都是出於化解燃眉之急的臨時性解決，這些不徹底的解決方案必然會造成老問題重複發生，或者是在一個地方暫時緩解而在別的地方又會冒出來。

比如在一些薪資結構不合理的餐飲企業，經理們總是不停地給員工做思想工作，大道理小道理地講上半天好不容易安撫了這幾個員工，沒想到另外部門的員工又鬧起了情緒。只要薪資結構得不到實質性的改善，員工的心態隨時會發生波動，經理們就算每天花費大量的時間挨個談心也不會有太多效果。

　　症狀四：緊迫性取代了重要性。

　　之所以將應急管理比喻為救火式管理，主要是因為這些問題一旦出現就顯得非常緊迫，如果不立即採取措施的話，後果將不堪設想。也正因為如此，經理們明知暫時無法妥善處置也不得已臨時將就一下。理想狀態下，我們當然希望能按照事情的輕重緩急來系統地研究決策，但此時緊迫性已經取代了重要性，我們也就成了被問題推著走的被動型管理者。

　　症狀五：很多問題累積下來，最終變成了危機。

　　問題一直在醞釀直到最終爆發，而且爆發常常發生在管理者心目中的最後期限之前，之後又需要付出巨大的努力才能解決。很多管理者其實對企業所面臨的問題也心知肚明，並且暗自下了決心在適當時候騰出時間來徹底進行解決。這個解決問題的時間表在人們心目中是與他們對問題上升為危機的時間預測相關的，但事實往往比他們想像得更嚴峻，在他們的心理期限之前，這些問題已經成為不可迴避的危機。

　　症狀六：績效下降。如此多的問題無法徹底解決，又抓不住機會，最終必然會導致總體績效下降。

　　需要說明的是，儘管救火式的應急管理總是令管理者們身心疲憊，但它並不一定就是災難性的。有些餐飲企業為了避免出現這種手忙腳亂的情形，可能會加大集權力度，規定所有突發性問題的解決都按照一定的程序來進行，層層彙報，反覆研究，最終導致一無

所成。

　　其實，即便是在很多管理有序的成功企業裡，有時也會暫時性地陷入應急管理狀態，而且還不會引起太多的連鎖反應和不良後果。真正需要我們高度警覺的是，這種應急管理行為的頻率不能太高，更不能成為餐廳解決問題的基本模式，因為一旦大家都習慣了被問題推著走，讓問題來牽引我們的管理工作的話，企業就徹底陷入了惡性循環中無法自拔。

二、「救火式管理」真的是情非得已嗎

　　救火式管理一定是無法徹底避免的嗎？答案是否定的。僅從實踐來看，我們就能找到很多成功企業的案例，它們無論是在工作量、內外部條件和人員能力上都與其他企業一樣，但它們卻從不採取應急管理。這樣的企業一般都有很強大的「問題解決文化」，它們只有在理解了問題產生的根本原因並找到有效的解決辦法後才著手處理問題。它們不是說就不會遇到一些緊急問題，但它們每次解決問題時都設置了合理的最後期限，並強調徹底的根治。最關鍵的是，在這樣的企業裡，應急管理行為從來就得不到什麼獎勵。

　　從理論上來說，應急管理的根源還是在於對問題解決的長短期效應的不同理解。我們打個簡單的比方以分析為什麼餐飲企業總是會有這麼多看上去十萬火急的麻煩。

　　假設一個餐飲企業的任務總量是一定的，也就是相同規模和條件的企業在一定時期內要干的活應該是差不多的，之所以有的企業管理人員很從容，有的企業經理們卻總是在撲火，並不是因為企業大小或經營條件的差別，而是管理理念和管理風格的差異所造成的。

　　在基本相同的任務總量面前，一種企業的管理方法是「坐等問

題上門」，事先不做預防，也不留專門的解決突發問題的預備隊，甚至認為問題成群結隊地冒出來就是餐飲企業的本來面目；而另一種企業的管理方法相對來說就主動得多，經理們會根據企業歷史情況和其他企業訊息，主動預測每天可能會出現意外問題的環節，並預先制定應急措施，甚至安排專門的管理人員全職處理這些「意料之外」但「情理之中」的問題。

在前一類等問題上門的企業中，因為沒有足夠的事先準備，所以每件事情的解決都不徹底，這些「半拉子」工程累積下來就變成大量的任務在那裡排隊，而且這個隊列還越來越長，積壓在隊列中的問題也越來越頑固，越來越麻煩，根治的難度也越來越大。一般來說，當大多數工作都急於結束時，應對者工作的有效性和精確性就大大下降了，問題積壓得越久，就有越多的事情陷於停頓。

除了整體工作的停頓以外，這種做法還有一個更令人頭疼的地方，因為總是用修修補補和敷衍了事的方法進行臨時處理，在某個環節上的隨意性處理很容易造成其他環節上的連鎖反應，從而使整個管理系統效率大大下降。從這個意義上來說，這些修補性的臨時措施具有很大的破壞性。

一線案例

開業一個月，正式菜譜卻始終沒有印刷出來

有一家餐廳，開業將近一個月了，菜單卻始終沒有印刷出來。你相信這樣的咄咄怪事嗎？

事件的起因是廚師招聘時的匆忙和菜式定位指導思想不明，餐廳經理為了便於管理，聽取了一些同行的建議決定分開招聘也就是不直接聘用整個廚師團隊，但到開業前幾天才發現好的廚師幾乎都自帶團隊，於是臨時決定改聘一個整體團隊。

因為時間緊迫，所以只能先由主廚拿出一個菜單，但運行幾天

後顧客們普遍反映口味不適合本地人且菜價偏貴，經理只好將菜單全部撤下來，並增加了大量的本地菜式。但這班廚師是從外地聘請來的，對本地市場很不瞭解，改做本地菜式總是不到位。於是經理又將新菜單拿下來，並決定重新研製新菜品，每道菜都堅持廚師原來的特點並適當進行本地化改造，這樣一來就必須花較長的時間來試菜，每天由廚房做出一些樣品然後請一些本地客人來試吃。

本來按照這樣的思路操作也無大礙，但很快就到了連假，很多客人前來訂餐，餐廳必須馬上拿出可供預訂的完整菜單，此時餐廳上下也非常忙碌，經理每天忙於各種事務，總是沒有時間來最後為菜單定型，只好拉著主廚挨個挨個地與前來訂餐的客人商量具體菜單，一個客人一個談法。服務員手裡拿著幾種版本的新舊菜單無所適從，採購每天都問到底買什麼材料，主廚還在猶豫到底該如何給菜餚口味定型。

整個餐廳一片忙亂，每次主管問經理菜單是否可以定下來，經理都覺得時機還沒成熟，但又不能再拖延，只好倉促間先拿出一個臨時菜單應付了事。

設想一下，在上面的案例中，如果餐廳能早一點定下來廚師招聘思路和經營菜式風格，在正式開業前就進行了系統的菜餚研製和顧客試吃，並且一次性地準備好本地口味和外地特色風味的幾種菜單的話，就不會出現上面這些問題。即便是在開業時問題才暴露出來，迫不得已用一份臨時菜單應急，那麼之後也必須集中人力物力和時間在限定期限之前把這些問題全面解決，即使因此錯過了一些小型業務也不在乎。

三、避免應急管理的戰術性方法和戰略性方法

對於餐飲企業來說，根治「救火式」管理可以從戰術層面和戰

略層面同時下手，標本兼治。

（一）戰術性方法

就餐飲企業的業務特點來說，戰術性的方法可以很快見效而不至於對高層管理者的基本決策產生影響。

1.臨時性地增設解決問題的專門人員

當餐廳意識到開始陷入雜事繁多、管理混亂時，臨時性地增設一些專門人員以解決一些專項問題是個不錯的短期解決辦法。

比如，出菜速度慢是很多餐廳經常遭投訴的熱點問題之一，而真正追究起來很多部門可能都脫不了干係　，因此簡單地批評或整改個別部門都無法徹底解決。最實用的辦法就是在備餐間增設專門的協調員，負責處理廳部送入的點菜單，並根據廚師專長和輪空狀況派發生產單，同時進行時間控制，在備餐間的排單黑板上，按臺號清晰地標示著各臺點菜和出菜時間。備餐間協調員可以根據實際情況進行現場調度。

當然，臨時人員的設立有可能會造成成本的增加，而這些臨時做法很可能會被固定下來成為常規做法。這樣一來企業是否有更徹底的解決方法就沒有人會真正在乎了。

2.暫時停止業務流程

當一類問題出現的次數已經超出人們心理預期和承受能力時，繼續在修補中維持這些流程的運行可能本身就是錯誤的選擇，因為這樣的修補只會為以後製造更多漏洞。此時不妨將這一類工作都暫停下來，集中人力和物力資源進行專項整改，直到將潛在的問題都解決了，再使工作延續下去。

比如，餐廳新增開了一個現場菜餚製作演示服務，創意很好，剛推出時顧客也很歡迎，但隨著時間推移，管理人員發現問題成

堆，比如花色品種單一且更新緩慢，現場烹製時的油煙處理困難，操作人員動作隨意引發顧客反感以及食物保鮮度不夠造成顧客投訴等。這些問題即便暫時解決了，但似乎很快又會冒出來其他的新問題。這就表明對這個服務項目研究仍然不太完善，必須暫時停下來對所有已經出現的問題進行系統研究，重新制定合理的操作流程和產品規範。

3.採用分類處理法

當問題成群結隊出現的時候，必須意識到不是所有問題都能馬上解決的，應該承認，有些問題是暫時無法解決的。

比如倉庫管理員提出要對倉庫進行擴容並嚴格按乾倉濕倉進行分類儲存，這固然是個好建議，但餐廳可能暫時無力解決，因此只能進行冷處理。但如果倉庫管理員提出以後採購申請單可以先遞交給倉管審核，以避免重複採購則可以馬上採納。

（二）戰略性方法

儘管實施起來難度要大一些，而且見效時間也肯定要晚很多，但從戰略層面進行管理改進更有利於從根本上制止不合理的應急管理行為。

1.改變產品設計戰略

很多餐飲企業不同程度地存在菜餚品種單一、更新緩慢的問題，這也一直是顧客們投訴的焦點，但光靠經理的叮囑、廚師的自覺以及主管們似有似無的監督似乎是無法解決這些難題的。即便是每次開會老闆們都把菜餚品種創新的問題作為頭號議題，也不會讓廚師們真正醒悟過來。

不妨嘗試一下徹底改變這種靠「經理們推著廚師往前走」的產品設計戰略，使菜品創新能成為廚師們積極主動去試驗的基本職責。

一線案例

成功的菜品創新戰略

有一家飯店餐廳推出了一項新的菜品設計戰略，收到了奇效。其具體做法如下：

限定餐廳的總品種為60個，每週固定淘汰掉其中3道菜，同時補充3道新菜。廚師們必須在每週二下午拿出5道新菜基本方案並下單採購原材料。週三下午經理邀集專業人士和顧客代表進行試吃，並淘汰掉2道不太成功的菜，保留3道新菜以替換點單率最低的3道不受歡迎的菜品。

在新菜上市的一個月內，所有新菜的售價的10%歸廚師收取，以作為他們的創新獎金。大約四五個月後，整個餐廳的菜單幾乎已經全部換過一輪了。

這種產品戰略上的改變極大地激發了廚師們的研發熱情，也減少了顧客的投訴，並在市場上樹立起了「勤於創新」的品牌形象。

2.外包部分工作

很多瑣碎的問題之所以頻繁出現，可能與員工們的能力有關。

比如在一些較大型的餐廳裡，廚房設備經常會出現這樣那樣的小故障，有時是廚房雜工自己動手，有時就只能跑去找經理要求換零件，久而久之，設備老化嚴重。這類的小事越來越多，嚴重時甚至影響廚房的正常運轉。

此時餐廳完全可以與一些廚房設備專業安裝公司簽訂維護協議，請這些公司定期來檢查設備性能，及時做一些小的耗件更換並教授廚房工作人員合理的使用方法。餐廳可以很低的價格將所有廚房設備的維護包工包料全部承包給這些公司。這樣既保證了設備的正常運轉，不至於屢屢發生問題，也節省了聘請專門維護工人的成

本。

3.解決一類問題，而不是單個問題

很多時候餐廳頻繁出現的一些問題其實在本質上都屬於一類問題，只不過冒出來的時候是一個一個的。

比如員工毛手毛腳、動作頻繁出錯、遺失點菜單和撤換杯碟不及時等等，看起來的確令人心煩，但如果你總是在現場看見一樣纠正一樣的話，你可能會從早忙到晚。因為這些問題的根源都是一個──員工缺乏規範化服務的認知和訓練，他們可能自己也搞不清楚正確的流程和規範到底是什麼樣，即便是領班們做過一些演示，他們可能也沒有接受足夠的強化訓練，使這些流程規範完全內化為習慣。那麼這個時候解決的辦法就絕不應該是急急忙忙地去纠正，而應該調整新老員工「傳幫帶」結構，確保新員工在老員工的幫助下慢慢培養好習慣，並在餐間休息時組織高強度的習慣動作訓練。

延伸閱讀

徹底摒棄「救火式管理」思維模式

要想最徹底地杜絕救火式管理，最理想的方法應該是促成整個企業尤其是高層管理者行為方式的轉變。

在過去，擅長於「救火」的管理者總是被委以重任，因為他們看上去很精幹而且也的確在幹活，但我們為什麼總是會有那麼多的「危機關頭」或者「關鍵時刻」呢？餐廳管理原本應是有條理有章法，為什麼非得弄得情勢危急然後再去力挽狂瀾呢？必須承認，救火式管理的盛行與一種拖泥帶水的管理文化不無關係，也就是說，如果你的餐廳總是規律性地掉進救火式管理的漩渦中，就足以表明你的管理思維在骨子裡就是容忍錯誤的應急管理。

如果想讓這樣的「危機關頭」或「關鍵時刻」盡可能地少一些

的話，不妨嘗試一下以下管理原則：

不要容忍修補。修補從來就不是真正的解決方法，即便是暫時避免了災難性後果的產生，企業也絲毫不能懈怠，因為漏洞並沒有真正堵住，而只是被用一層很薄的紙暫時掩蓋了而已。相反，由於問題已經錯過了最好的解決時機，企業可能需要用更大的代價去彌補。很多餐廳的基層領班們喜歡用自己的勤奮去彌補服務員在餐間服務時的一些小失誤，但也造就了員工們不刻意追求服務質量的惰性，因此絕不能容忍修補，即便是臨時迫不得已的處理，事後也必須盡快採取系統性的全面解決措施。

不要不計代價地搶在最後期限前完成。很多管理者都非常崇尚工作效率，並為所下的管理指令標上最後時間期限。比如準時開業、準時出貨、準時推出新產品或者準時清理完衛生等等。這原本是應該提倡的管理風格，而一旦這個時間期限設置得不科學不合理的話，人們就有可能不計代價地去搶這個最後期限，這樣一來草草了事、藏頭露尾的毛病就會流行起來，當大家在時間表前面開始違背事情的本來順序和規律時，企業遲早會進入糟糕的應急管理狀態。

不要獎勵應急管理行為。這一點特別重要，同時也顯得特別困難。因為能為企業排憂解難的員工終歸是要受到褒獎的，但問題是當這個爛攤子在初露管理漏洞時，這些能幹的經理們為什麼不能及時發現？在問題可以以最小代價輕鬆解決時，他們為什麼置之不理？為什麼總是要將企業折騰到生死存亡的關鍵時刻呢？因此我們絕不能鼓勵這些應急管理行為，即便這些經理們暫時平息了這些麻煩，也應該追究他們將企業推倒這些麻煩中去的責任。企業真正需要的是那些有深謀遠慮、能積極主動地預測管理問題並早早地就採取了系統的預防措施和解決方案的經理們。

不必獎勵那些解決了麻煩的管理者，因為他們本身就是麻煩的製造者或推動者。

第三章　飯店餐飲組織管理創新

導讀

依據最經典的管理職能理論，我們可以很清晰地將飯店餐飲管理者的核心工作任務與其他各種類型的員工如技術人員、服務人員和銷售人員區分開來。換句話說，餐飲部門的不同員工都有著符合其身分特點的基本分工，其中專屬於管理者的就是組織、計劃、領導和控制四大基本任務。管理人員是否稱職，是否優秀，不在於他有多麼勤奮或是多麼熟悉技術細節，而在於他是否能有效運用這四種基本管理職能來幫助組織實現既定目標。

以組織職能為例，餐飲企業的管理人員應該學會透過構建和調整企業組織結構來提升管理效率。很多餐飲企業的高管人員都是從生產或服務一線成長起來的技術能手，在遭遇到經營困境時首先想到的往往是身先士卒，以一己之力來應對複雜的競爭形勢。這在管理層次扁平或規模很小的餐飲企業裡會有一定效果，但很顯然不足以應對未來更為激烈的行業競爭。

管理者應該學會透過組織設計等各種現代管理手段來培育餐飲企業的核心競爭力，使整個企業能比競爭對手進步得更快，並最終建立起以優秀管理團隊為核心的學習型組織。本章前三節分別論述關於餐飲企業如何進行組織設計、建設管理團隊以及系統培育組織級的學習能力的問題。從某種意義上來說，這些嘗試在以第一代職業經理人為主導的餐飲管理模式中並未得到應有的重視，這也是歷次管理變革無法為企業帶來質變的重要原因所在。

傳統的餐飲管理模式之所以很難應對日益複雜的市場競爭，另一個重要的原因是對核心管理人員的經驗和直覺的過分依賴。造成

這種缺陷的最大癥結就是落後的績效評估模式。傳統的以單純財務數據為核心的業績考評辦法促使管理者們過度關注產品工藝、服務質量和市場推廣技巧，而忽略了一些更為重要的組織資源的建設，如企業的學習能力、客戶資源和流程技術等。本章第四節專門介紹了平衡計分卡技術。這種技術在很多行業的成功應用已經證明，它是杜絕傳統餐飲企業「強將弱兵」現象的理想工具。

組織職能的高水平履行除了體現在組織設計和團隊建設等宏觀層面外，還應表現在對中基層員工的有效激勵和科學配置等微觀環節上。本章從第五節開始將討論重點轉向中層和基層員工隊伍管理，從最基本的員工招聘、員工離職管理到基層職位的內容豐富化，從普通員工的激勵到核心員工的薪酬，從常規的激勵措施到股權激勵體制。儘管單純從形式上來看，這些環節已經引起了一線管理者的高度重視，但傳統的經驗管理和人情化管理習慣事實上已經阻礙了企業在這些方面的創新和努力。

餐飲企業的所有管理創新活動最終都將透過一定的組織技巧來轉化為企業的組織知識和員工個人的行為習慣。對於現代產業環境下的餐飲管理者來說，能否有效地將企業從單純追求數字效益的思維慣性轉變到高度重視組織能力和成長性的管理範式上來，並將各種複雜新銳的管理理論轉化為一線員工的高效率和高業績表現，是衡量其管理水平高低的最終標準。

第一節 如何讓組織設計成為核心競爭力的源泉

在很多管理者的心目中，餐飲企業的組織設計並沒有什麼大文章可做，大廳、廚房、後勤、財務和營銷幾大模組的結構似乎早已約定俗成，工作職位則更是一個蘿蔔一個坑，來不得半點花哨。殊

不知，在這看似平淡無奇的組織佈局中卻暗藏玄機，企業內部的訊息交流、工作指令的上傳下達、特定任務的高效實現以及永恆不變的創新嘗試，這些都需要管理者們用現代組織理論和技巧來武裝企業，而絕非簡單地按部就班和隨行就市。

一、餐飲企業管理人員的「七種武器」

餐飲企業的運行猶如一部精密機器，環環相扣，彼此關聯。高強度的現場管理就像是對這部機器的即時監控和現場調試，絲毫不敢馬虎，但即便是投入的時間再多，傾注的熱情再高，光有現場管理這一招是不足以在這個日新月異的行業進行有效競爭的。作為餐飲企業的管理者，我們還需要掌握另外的「七種武器」。

（一）組織設計

組織設計是管理者的頭號基本功，因為現代餐飲企業早已不是「一攤一桌，三兩個人手」的規模，再勤奮的管理者也會有精力和能力所不能及的時候，授權分工是大勢所趨。

但權力到底如何授讓，分工如何到位，協作如何運行都需要我們在組織設計的過程中予以科學解決，必須把可以預見的很多規律性問題解決在體制層面，從而避免將所有的問題都留到具體業務流程中去解決。

（二）績效評價

管理的科學性和公正性很多時候都必須透過令人信服的績效評價來展示，員工並非一味的經濟動物，他們更需要對自身能力和努力程度的公正評價，需要對內部競爭一視同仁的裁決機制。

目前很多餐飲企業的績效評價權力過分下放給基層主管，評價手段和過程又充滿了隨意性和主觀色彩，這不但會嚴重影響企業薪

酬支付的準確，而且也會從根本上削弱員工的鬥志和創造力。

一線案例

吃力又不討好的領班

小湯是某飯店餐廳的資深領班，在做服務員時是遠近聞名的服務高手，提拔為領班後更是兢兢業業，全身心投入在了工作上，年年都被飯店評為優良員工。但在最近一次的員工考評中，小湯卻遭到了她手下員工的一致抨擊，大家都不約而同地認為小湯不適合繼續擔任領班職務。原因很簡單，那就是因為她為員工們打的月度考評分數很不公平。要知道這個分數可是與員工們的工資獎金直接掛鉤的，對基層員工來說，這就是比天還大的事情。

小湯是個很善良的人，對個人待遇一向看得不重，自然也不希望因為自己手中的考評權力而損害了其他員工的利益。所以她一開始採取的就是「大鍋飯」式的打分方法，除了考勤分是嚴格按照員工出勤情況給的以外，其他的分數項目是一律是平均主義，都給了自己能給的最高分。員工們儘管覺得有些不合理，但礙於同事面子，也都接受了這種「皆大歡喜」的評分辦法。

餐廳經理在查看了小湯遞交的評分表後大發雷霆，嚴令小湯下不為例。於是第二個月開始，小湯整個就換了個人似的，成天挑刺，幾乎到了「逮誰咬誰」的地步。小湯最令員工們不滿的地方就是她幾乎只挑刺，而對員工們做得很好的一些地方視若無睹。一個月下來每個人的業績表是都是一大堆的減分記錄，卻沒有任何加分記錄，因為在小湯的心目中做得好是應該的，而且比起自己當服務員時的表現來說，這些還不夠好。

那麼，以管理人員的眼光來看，你認為小湯前後判若兩人的做法合理嗎？

（三）薪酬槓桿

任何時候，管理者都不能忽視經濟槓桿對於員工心理的影響，這與對企業文化建設的強調並不矛盾。

員工需要的並不是普天同慶式的虛高報酬，更多的是對自身努力和貢獻的準確回報。薪酬總額未必需要不斷突破企業底線，但員工的任何一點創造和奉獻都應該及時在他們的工資表上體現出來，如果管理者事實上仍然將這理解為一場交易的話，那麼管理者最大的責任就是保證這場交易的公正和準確。

（四）人事調配

企業在變化，員工在變化，員工與企業之間的契合程度也在不停地變化，管理者需要不間斷地審視組織運行的效率，這最終落實下去就是各個職位上的員工稱職與否、有無潛力可挖掘。

管理者不應該只把注意力盯在產品和客戶身上，應該更多地關注創造這些產品和服務這些顧客的員工，除了關注他們看得見的行為，還要揣摩他們的內心世界和工作慾望，真正做到「知根知底」，人盡其用。

（五）專項培訓

做企業如行軍打仗，很多問題只有在真刀真槍的實戰中才能發現，也只有透過實際運行，問題暴露無遺後才有辦法展開針對性培訓。

考驗管理者能力的是如何判斷和分解眼前的具體問題，能否找到問題的真實原因，能否設計出恰如其分的培訓計劃。儘管培訓本身並非萬能，很多管理問題背後有著更深刻的原因，但培訓本身就是一種強有力的解決問題的方式，是管理者所能運用的成本最低的武器之一，當然，要想標本兼治的話，我們還需要動用更多的管理資源和技術手段。

（六）效率會議

會議是管理者常用的方法，但效率會議卻是完全不同的另一個概念。

普通會議往往準備不足，例行公事，漫無邊際地瞎侃神吹，落不到實處。效率會議則不然，開會前必須設定明確的主題，並圍繞主題做充分的資料調研，在私底下徵求意見，交流溝通，在會議上思路明確，支持者反對者均有備而來，論述完整，論據齊全，能快速澄清錯誤認識，迅速達成共識，決策效率非常可觀。

（七）制度規範

無規矩不成方圓，制度規則本身就是管理經驗的濃縮和決策意志的體現。

制度本身就是一把雙刃劍，其定立容易執行很難，樹權力容易樹權威很難。制度已經擬訂，考驗管理者的就是如何落實，如何細化，如何維護。只有在對制度的一丁一點的研究和強硬推行中，才能建立起「對事不對人」的管理氛圍，也才能將管理者真正從「一事一議」的瑣碎雜務中徹底解放出來。

……

綜觀管理者的七種常規武器，威力最大、效果最佳也最能闡釋管理權威的武器就是組織設計了。透過對企業組織框架的重新構建，不但可以改變組織的彙報體制和分工模式，還可以消除實際流程中的很多潛在隱患。

二、餐飲企業組織的常見模式

要想玩轉組織設計的魔術方塊，不妨先瞭解一下餐飲業中常見的幾種基本組織模式。

（一）模式一：簡約直線型

大部分中小型餐飲企業都會採取相對簡單的直線型結構，其特色是組織結構非常扁平，管理決策權集中在總經理一人手中，並且大部分的管理指令都以口頭形式頒布，執行效率較高。

儘管這種方式有很多弊端，比如管理過程隨意，管理資料缺乏規範積累，有時甚至會出現重複下令乃至朝令夕改等現象，但面對餐飲業顧客需求多變的特點，這種扁平式的組織仍然十分有效。決策者親臨現場，能夠快速獲取重要訊息，迅速回應並解決問題。

當然，這種方式的適用範圍很有限，而且對管理者的行業經驗和專業素質尤其是臨場狀態都有很高要求。管理者通常都身兼數職，在高強度的工作節奏中能否保持清醒的頭腦是個共性的問題。尤其是當企業規模擴張後，問題越來越多，此時光靠時間和精力投入是難以徹底規範的，必須改變組織模式。

（二）模式二：直線職能型

這種模式的好處是能同時發揮「直線制」控制嚴密的長處和「職能制」充分發揮專業人員作用的優點。

在餐飲企業內部有兩條主線，一是負責主要經營業務運轉的業務部門，這條線上依次是「經理—主管—領班—服務骨幹—服務員」的鏈式分工；二是負責為主營業務提供智力支持和後勤保障的專業技術部門，如財務、採購、倉儲、工程、營銷和人事部門等。

這樣一來，餐飲企業內部便形成了基本的業務分工，有人專職從事於產品製作和對客服務，有人專門負責研究產品改進、成本控制和市場推廣，各自都能做到充分發揮自己的專業優勢，提供自身範圍內的最大效率，是一種真正意義上的分工—協作體系。

（三）模式三：產品分部型

這一模式主要運用在餐廳的後臺製作部門，也就是廚房和酒水部門。

以中式廚房為例，行政總廚下可以根據餐廳類別分為若干廚師班組，若只有一個大型廚房，則可以依次分為紅案、白案、涼菜、蒸菜、海鮮等班組。以產品線為依據進行的組織設計能最大限度地理清員工相互間的權責，避免出現質量責任相互推諉的事件，但也會在一定程度上造成協調困難和人員設備的重疊設置，造成成本上的浪費。

　　（四）模式四：項目小組型

　　這是借鑑當前很多高科技企業開發創新型產品的經驗而逐步流行開來的組織形式，是對主要組織模式的一種靈活補充。

　　實踐速描

　　企業級的美食節為何越來越盛行

　　近年來，越來越多的餐飲企業開始舉辦企業級的美食節。這與過去那種政府或行業協會主導的大型美食節有很大不同，因為除了市場造勢的目的之外，這種企業獨立主辦的美食節還有一個更重要的目的，那就是透過美食節的運作來發揮項目管理小組的組織威力，使餐飲企業更好地挖掘自身潛力，強化自己在人才和技術上的競爭優勢。

　　在籌辦大型美食節或進行大型管理整改時，餐飲企業事實上已經突破了傳統的科層式組織結構，這其中最核心的部分就是採取了項目管理模式，即由管理高層出面抽調各部門重要技術骨幹組成一個臨時的工作團隊。這個團隊的內部成員來自不同部門，可以是原來部門的負責人，也可以只是技術員工，但在新的項目小組裡地位平等，且有著臨時的分工和彙報模式。簡單說來，就是在原有的組織結構基礎上臨時增設的一個跨部門小組，小組隨著項目開始而成立，項目結束而終結，項目完成後成員們仍然回歸原來的部門和職位。

這種組織模式的最大優點就在於可以集中全企業的精華於一身，而無須再透過複雜煩瑣的程序去溝通彙報審批，從而最大限度地激發了專業人才的創業激情和智慧。

這種「矩陣式」的組織結構可以更好地集中企業資源來完成一些傳統部門無能為力的重要項目，而且又不會對原來的組織結構和職位設置造成嚴重衝擊，近年來開始在很多領域得到應用，相信在不久的將來也會成為餐飲業的基本模式選擇之一。

（五）模式五：事業部型

這是在餐飲企業發展到相當規模後普遍採用的大型組織結構模式。單從組織形式、訊息溝通、職位設置和財務核算上來說，比過去的直線職能模式要複雜很多，但對於有明顯的幾大業務板塊的餐廳來說卻是非常實用，其優勢也很明顯。

比如說，某企業近年來發展十分迅猛，接連開闢了好幾個新利潤點，管理層為了便於管理，增設了幾個事業部——火鍋事業部、海鮮事業部、快餐事業部以及送餐事業部，每個部門都獨立有自己下屬的直線及職能部門，總部負責為各分部配置資金、人才、設備以及整體營銷推廣等等。這種多元化格局一經形成，原來的眉毛鬍子一把抓式的傳統結構肯定不再適用，各個不同事業部在產品工藝、客戶定位上的顯著差異也宣告了原來那種組織模式的過時。

事業部制的優缺點都十分明顯，最大的挑戰來自管理分權，獨立核算運營的事業部要求總部盡可能地下放管理決策權，因為市場變化不容許他們按照緩慢的官僚程序來反覆地申報、審批和討論，但該不該放權、如何放權以及放了以後如何監督和制約都是管理者必須先解決的重大難題，否則事業部設置就極有可能「徒有其名」了。

三、餐飲企業組織管理的「十四條原則」

法國管理學家亨利·法約爾是現代組織理論的創始者,他在1916年提出的關於組織管理的「十四條原則」。即便過去了近一個世紀,卻仍然被譽為管理經典。對於餐飲企業來說,這些原則中的每一條都值得我們在實踐中反覆思考和不斷探索。

(一)分工原則

當任務的強度和複雜性達到一定程度後,管理者就必須主動進行專業化分工,避免讓個別員工同時從事太多不同性質的複雜工作,從而達到充分發揮各自能力和知識優勢的目的。這對於中基層員工來說,是從根本上降低其失誤率的關鍵所在。

比如在餐廳管理時,基層領班普遍工作負荷較大,此時我們就可以將許多原本由他們做的工作分配給一些老服務員即服務骨幹來承擔。

一線案例

一個籬笆三個樁,一個好漢三個幫

某賓館餐飲部最近實行了「副領班制度」改革,員工們反映良好,顧客也明顯感受到了餐廳服務質量的明顯好轉。對於這種新制度的好處,餐廳經理用了一句俗語來形容,「一個籬笆三個樁,一個好漢三個幫」。

所謂「副領班制度」,並不是說餐廳又增加了一批新的管理人員,而是對傳統的基層領班職責進行了調整,下放了一些事務性的工作給一些資深服務員,相應地簡化了領班的工作內容,以保證他們能將更多精力放在一些重要事務上。

比如過去每餐開餐前,領班要下到廚房去瞭解當天廚房的生產

備料計劃和主推品種，然後再在班前會上向員工做相應佈置。現在這個工作已經轉交給一位曾在備餐間工作過的老服務員。又比如以前餐廳的物品設備報修都必須由領班親自填寫報修單，並到飯店工程部去交涉。現在餐廳確定了由一個老員工做「報修員」，不但要負責填單、送單，還必須主動檢查餐廳的設備維護情況。

（二）權責對等原則

權力可區分為管理人員的職務權力和個人權力，其中職務權力是由職位產生的，個人權力則是指由擔任職務者的個性、經驗、道德品質以及能使下屬努力工作的其他個人特性而產生的權力。個人權力是職務權力不可缺少的條件。法約爾特別強調權力與責任的統一。有責任必須有權力，有權力就必然產生責任。

很多餐廳管理人員喜歡動用自己的職務權力，喜歡下達命令，員工完成任務時是自己指揮得當，員工完不成任務是員工能力不濟，這是一種很典型的「權責不對等」思想。

（三）紀律原則

紀律是餐飲企業貫徹各項管理指令的基礎，紀律鬆弛本身就是領導不力的必然結果。很多餐飲企業有成套的制度，對各個主要的技術環節也有相應的明確規定，但大部分都停留在紙面上，究其原因就是配套的監督和紀律約束手段不到位，久而久之就降低了制度原本應有的權威性。

（四）管理層次原則

一個人的管理能力和管理範圍是有限的，不能無視個人能力和精力的侷限。每一個管理人員能直接管理的員工即管理幅度必須與其工作性質、管理對象和組織目標一致，而管理幅度本身也是管理層次即金字塔高度的決定因素。

（五）等級鏈原則

等級鏈即從最上級到最下級各層權力聯成的等級結構。它是一條權力線，用以貫徹執行統一的命令和保證訊息傳遞的秩序。

（六）個人利益服從整體利益原則

該原則主張消除「無知、野心、自私、懶惰、軟弱和人類所有的情慾」，因為當某個人或某個集團企圖控制組織時，這些毛病即會引起衝突。

（七）公平原則

這個原則是針對處理工資、福利和利潤分成等問題的。報酬必須公平合理，盡可能使職工和公司雙方滿意。對貢獻大，活動方向正確的職工要給予獎賞。

（八）集權和分權原則

在餐飲企業裡，集權或分權的程度應視管理人員的個性、道德品質、下級人員的可靠性以及企業的規模、條件等情況而定。一般來說，極端的集權或者過度的分權都不利於企業管理。

（九）統一指揮原則

在一個企業裡，管理人員只能有一個直接上級，也只接受一個直接上級的具體指令，否則將會使企業陷入多頭管理或雙重命令的麻煩，使執行者無所適從。

實踐速描

「絕對權威」不等於「見人就管」

喜歡親臨一線是很多餐廳經理的一貫作風，他們的管理準則是「事無巨細，親力親為」，但一不小心，他們就犯上了越級管理的毛病，置很多中層和基層的主管於不顧，一直將管理指令下到了最基層的普通員工。

毫無疑問，作為餐廳經營的最高決策者，經理們有無可置疑的「絕對權威」，但這並不等於他們就可以時時事事都插手，更不等於他們可以「見人就管」。

　　不同層級和不同職位的管理者在管理對象上是有明確分工的，最高層的經理應該主管餐廳的組織設計、戰略規劃和其他重大業務事項，而最基層的領班才是指揮普通員工日常操作的直接督導者。對於任何一個員工來說，他有很多上級，但真正能指揮他的則只有一個，那就是他的「頂頭上司」。在這裡，「頂頭上司」不是指職位最高的頂級上司，而是指和他職務關係最靠近的直接上司。

　　（十）有序原則

　　餐廳要進行高質量、高標準的服務，就必須維持良好的人和物的秩序。要做到「人有其位，位有其人；物有其位，位有其物」，所有的員工都應有明確的職位，所有物資都有明確的存放位置和管理技術方案。

　　（十一）平等原則

　　即以親切、友好、公正的態度嚴格執行規章制度。員工們受到平等的對待後，會以忠誠和獻身的精神去完成他們的任務。

　　（十二）穩定性原則

　　好的企業都會有一批穩定的員工。穩定意味著對周邊環境和技術流程的熟悉，意味著管理團隊相互間的配合默契，還意味著員工對企業的忠誠和奉獻精神。

　　（十三）主動性原則

　　給人以發揮主動性的機會是一種強大的推動力量。必須大力提倡、鼓勵員工認真思考問題和創新的精神，同時也應使員工的主動性受到等級鏈和紀律的限制。

（十四）集體精神原則

職工的融洽、團結可以使企業產生巨大的力量。實現集體精神最有效的手段是統一命令。在安排工作、實行獎勵時不要引起嫉妒，以避免破壞融洽的關係。

延伸閱讀

用最簡單的辦法解決最複雜的問題

亂世當用重典，快刀可斬亂麻。

當餐廳陷入一片混亂後，身為最高管理者的你，會想到從哪下手去解決眼前成堆的問題呢？是暴跳如雷，殺氣騰騰？還是將問題下放，讓手下們去自己折騰？或者乾脆一推了之，恨不能再找一個人，把這些麻煩全部承攬過去呢？

事實上，這些都不是辦法，越是複雜的局面，解決的辦法倒可能越是簡單，因為此時出的問題已經可以肯定不再是具體流程、工藝或者個別員工身上的小問題，而是制度層面、組織層面的大麻煩了。那麼此時可供選擇的唯一方案就是動大手術。

下這樣的決心不容易，操作這樣的手術就更難了。於是很多人會打退堂鼓，更換一兩個員工，行不行？重新培訓一下，行不行？修改一下制度，行不行？開幾個會議，行不行？

答案是不行。有可能這些治標的辦法能收到一時的效果，緩解一時的困境，但如果問題真是到了那種「剪不斷，理還亂」的地步的話，可以斷定是組織結構和制度體系出了問題，換言之，就是到了必須「治本」的時候了。

比如，有家餐廳的員工服務基本功很差，幾乎所有的桌面擺臺都跟大排檔一樣，員工們全憑客人吆喝去進行服務，全無服務流程和規範可言。人們的判斷是，培訓不到位，因為所謂培訓僅僅是在

員工進店時以老帶新做過幾天，主管集中講了幾次課。但這是主管們的錯嗎？

整個餐廳沒有高管人員分工主抓培訓，主管抓培訓怎麼抓、什麼時候抓、抓到什麼份上，都沒有任何詳細的制度、文件或者會議紀要予以明確。那麼主管在忙著裡裡外外一大堆事情的同時能有幾個心思好好盤算這件事呢？即便他知道該怎麼去做好這個培訓，但他有這個動力去做嗎？

所以，說到底這是都是制度的問題，是組織設計的問題，根子全在管理高層身上，不能徹底解決的原因也就很清楚了。

組織的病，自然只能用組織管理的辦法去解決了。看似極其複雜的大麻煩，藥方就是這麼簡單。

第二節 學習型組織：如何能比競爭對手學習得更快

惰性是創新的天敵。餐飲企業管理者最不願看到的局面就是員工失去了學習和思考的主動性，一味地躺在過去的經驗裡抱殘守缺，從而將學習和創新的任務留給了少數真正有責任感的高層管理人員。打破這種僵局的有效對策就是創建學習型組織，使整個企業能形成全新、前瞻而開闊的思考方式，從而不斷突破自身的能力上限，全力實現共同的願景。但學習型組織儘管聽上去非常誘人，卻遠非簡單的嘗試就能一蹴而就，業界對此的認識存在太多「望文生義」和「斷章取義」的謬誤，這些都會導致我們在餐飲管理實踐中誤入歧途。

一、學習型組織理論的來龍去脈

作為近年來最流行的管理術語，「學習型組織」一詞已經深入人心。各種各樣的專題培訓、書籍和講座層出不窮，企業家們也不遺餘力地嘗試著以此為目標來改造自己的企業。餐飲業也不例外，在多次企業專題講座和培訓中主動諮詢「學習型組織」概念和具體技術途徑的餐廳經理們多不勝數。

　　如此旺盛的勢頭自然有管理學者們極力宣講的功勞，也有諮詢培訓公司大肆炒作的苦勞，然而冷靜下來我們卻發現，對基本原理和概念的淺嚐輒止使得學習型組織浪潮終於還是陷入了「雷聲大，雨點小」的尷尬境地，很少有餐飲企業真正從中實質性受益，更談不上建成名副其實的學習型企業了，這一切看上去越來越像一場鬧劇。

　　要想瞭解學習型組織到底是怎麼回事，就必須回顧一下有關「學習型組織」理論的來龍去脈，只有掌握了更多的背景知識，才能避免以訛傳訛和望文生義的錯誤。

　　長久以來，管理學對於企業運行機制和過程的研究都是以實證觀察為主，作為一門實用性科學，管理學自身並沒有發展出像經濟學那麼嚴謹的解釋工具，很少能從原理層面來解釋企業到底為什麼會如此運轉。於是以心理學、社會學和系統科學為基礎，從1960年代開始，美國麻省理工學院的一批學者們成立了針對組織學習現象的研究機構。

　　這個研究機構陸陸續續地產出了一批很有價值的研究成果，彼得·聖吉的「學習型組織——五項修煉」就是其中最有影響力的。這項成果誕生於1980年代初，當時整個西方管理學界正忙乎著解釋日本企業成功的奧祕，來自豐田等一些企業的實踐研究極大地震撼了一直以來自以為是的西方企業家們。學習型組織理論可以被看作是在這個時代最具解釋力的理論工具之一。此外還有很多管理技術如「TQM（全面質量管理）」、「JIT（即時生產技術）」以及精

益管理等也非常流行。

實踐速描

學習型組織理論為何大紅大紫

出乎所有人的意料，學習型組織理論在1990年代初，竟然會如此炙手可熱，畢竟這一理論在學術角度來看尚屬於半成品，從實踐應用來看也遠未成熟。其核心內容——五項修煉只是對企業動力機制的一種闡釋，但要想達到預期目標，顯然需要開發更多的、更具操作性的管理工具與之配套。

真正使學習型組織理論能如此大紅大紫的關鍵是，市場已經全面進入了靠知識資本、靠智力資產取勝的新經濟時代，企業相互間的競爭不再只是有形資源或者社會資本的比拚，而是那些難以管理甚至難以度量的無形資源在起著關鍵作用，比如微軟的崛起，又比如日本企業的全面超越。

相形之下，餐飲業屬於相當典型的傳統產業，近年來迫於競爭壓力，很多企業開始加大了員工培訓力度，並且有意識地開始塑造管理團隊和建設企業文化，這是產業進步的表現，也是競爭升級的信號。

如果說之前還有一些餐飲企業只是將「學習型組織」單純理解為一種培訓與企業氛圍的營造，那麼在以後的競爭中我們就必須認真地開始研究什麼是真正的「學習型組織」，而不再是趕時髦了。

二、什麼是學習型組織

所謂學習型組織，是指透過培養瀰漫於整個組織的學習氣氛、充分發揮員工的創造性思維能力而建立起來的一種有機的、高度柔性的、扁平的組織。這種組織具有持續學習的能力，具有高於個人

績效總和的綜合績效。

需要澄清的一個常見錯誤是，學習型組織並不僅僅指組織的每一個成員都在各自學習，更重要的是指以提高團隊核心競爭力的共同學習，是一種團隊中員工之間有充分的互相交流、能產生可持續性績效的學習，是能使個人和企業取得快速回報的學習。

結合餐飲業的競爭形勢和企業現狀，我們一起來探討理想中的學習型組織應該具有哪些特徵。

（一）共同願景

所謂組織的共同願景（Shared　Vision），就是將組織的奮鬥目標以圖景的形式呈現在所有員工的心目中，它不再是空洞的口號和枯燥的指標，而是一幅大家都能正確理解並且能激發奮鬥熱情的畫卷，生動豐富而又符合企業發展規劃。

一線案例

人人都有機會成為新餐廳的總經理

某餐廳提出基於其在火鍋系列產品上的特色，迅速發展成為連鎖企業，現有員工都有機會成為新拓展店面的主要股東。

企業最近推出了一系列的高強度培訓和創新實驗活動，鼓勵中層和基層員工都學會從業主的高度來分析客戶心理、市場競爭動態和成本控制技術，並且規定每天選拔一名員工臨時跟隨總經理學習餐廳全面管理……

這些不同尋常的管理手段得到了全體員工的高度擁護，基層員工們也開始學會用總經理的方式去思考問題了。

（二）自主團隊

在學習型組織中，團體而不是個人被確立為最基本的學習單

位，組織的所有目標都是直接或間接地透過團體的努力來達到的。在所有正式或非正式的員工團隊中，「自主管理」成了使組織成員能邊工作邊學習並使工作和學習緊密結合的最主要方法。透過自主管理，組織成員可以自己發現工作中的問題，自己選擇夥伴組成團隊，自己選定改革進取的目標，自己進行現狀調查，自己分析原因，自己制定對策，自己組織實施，自己檢查效果，自己評定總結。

一線案例

營銷策劃部被改組成為三個營銷團隊

某大型餐飲企業最近將它的營銷策劃部進行了組織機構改革。

具體辦法是由員工們自由組合成為三個營銷團隊，每個團隊不設負責人而只設一名聯絡人，每個團隊自己制定營銷計劃，並設定超額完成任務指標。

在一些重大營銷時段，三個小組各自提出一個主題計劃和輔助計劃，三組之間進行公開競爭，中標者可以在全店範圍內主持主題營銷活動，落選者則繼續實施自己的輔助計劃。

（三）共享交流

學習型組織固然需要高度重視員工的各種學習方式，無論是學習形式還是學習強度都有別於傳統型組織，但這些都不是學習型組織的核心特徵。真正使學習型組織能比對手學習得更快的關鍵是員工的學習過程。員工們在團隊學習時應該主動放棄潛意識中的戒備性思維模式，勇於承認自己的錯誤，並且勇於指出別人的不足。成員間不設置任何人為的和先入為主的障礙，當感覺到存在溝通障礙時，企業應主動採取措施，組織員工相互進行深度匯談。只有經過這樣的系統思維和集體分析，才能真正破除那些束縛決策科學性的前提假設。

一線案例

暢所欲言的飯店內部區域網路

某飯店在企業內部建立了區域網路，員工們可以自由訪問站點上的一些業務討論論壇，並選擇以實名或匿名方式參與業務討論，也可以自己提出一些話題發起討論。

最絕的是，一些較重要的決策頒布執行之前，企業會將草案貼在網上徵求意見，而一些很尖銳的問題，員工們還可以指名道姓要求哪些高管人員明確答覆，如果答覆得不明確還會一直追問下去。

（四）以客戶為中心的學習和創新

團隊學習的焦點，是要以客戶為中心，以對客戶要求作出最快速的響應、以最迅速解決客戶的問題來組織學習。餐飲企業要在競爭中取勝，就必須最快速有效地獲知顧客的消費興趣變化，瞭解顧客真實的消費心理和期望。這樣一來，企業原來的流程和組織形式都打破了，每個人的角色都在轉換，新的運作模式下每個人都需要重新學習，而且，組織學習的目標也更明確，就是要奔著為了滿足客戶的需求而去。

一線案例

顧客消費趨勢研究小組

某餐廳近來推出一個新的管理舉措，就是由服務主管、營銷主管和主廚等骨幹組成顧客消費趨勢研究小組，每兩天碰頭開短會，研究顧客對本餐廳產品服務的意見、市場新菜品和服務技術動態以及點單率分析。

剛開始時小組成員們興趣不大，每次都敷衍了事，後來總經理親自參與，並規定每次會議輪流主持，管理高層集體列席但不發表意見，以免誤導和堵塞言路。

時間長了，這項制度的效果就出來了，企業的產品和服務結構迅速得到了改善，這就是以客戶為中心的學習機制的效果。

（五）容忍錯誤，拒絕保守

學習型組織的創建與明哲保身的管理哲學是水火不容的，企業之所以能不斷進步，關鍵在於不停頓地創新嘗試，不斷地探索市場的敏感點並迅速採取對策，這就不可避免地會增加犯錯和失敗的機率，但這些錯誤恰恰就是獲得創新靈感和獲取成功經驗的基礎，因噎廢食的保守主義只能使企業永遠成為市場的跟隨者，永遠無法擁有自己的競爭優勢。

很多餐廳經理都非常「謹慎」，在他們看來，一動不如一靜，沒有絕對把握和十分必要的話，在很多方面的投入都應該慎之又慎。但問題是很多時候「慎之又慎」就成了事實上的保守主義，一些創新舉動因為保守心態，往往淺嘗輒止，這樣的話其實比不投入還糟糕。創建學習型組織的話，這樣的心態是必須要徹底改變的，因為保護和鼓勵團隊的創新激情本身比控制風險更關鍵。

三、五項修煉：創建學習型組織的基本步驟

五項修煉是美國麻省理工學院彼得·聖吉博士提出的創建學習型組織的基本途徑，分別是——自我超越、改善心智模式、建立共同願景、團隊學習和系統思考。其中系統思考是五項修煉的核心，其他四項修煉都要以系統思考為內核，置身繫統的全面、動態、本質的思考下開展修煉。

下面我們就結合餐飲企業的管理實踐談一談創建學習型組織的基本步驟。

（一）自我超越

自我超越是指突破極限的自我超越或技巧的精熟。它是以磨煉個人才能為基礎，卻又超乎此項目標；以精神的成長為發展方向，卻又超乎精神層面。自我超越的意義在於以創造的現實來面對自己的生活和人生，並在此創造的基礎上，將個人融入整個組織之中。自我超越是個人的學習修煉，是一個人對真心所向的目標不斷重新聚焦、不斷自我增強的過程。如果用有形的標準來看，它是指在專業上具有某一水準的熟練程度。生活中各個方面都需要自我超越的技能，無論是專業方面或自我成長。自我超越的意義，在於創造，在於將自己融入整個世界。

解讀：餐飲企業的長期成長和全面超越必須建立在員工和團隊的自我超越基礎上，比如在由店面向公司、由單店向連鎖拓展的過程中，很多企業並不存在資本和客源上的障礙，但員工素質尤其是管理層的素質可能會成為關鍵阻力，此時應該營造鼓勵創新的變革文化，減少管理者對過去經驗的依賴，尤其是不能動輒以「過去怎麼怎麼樣」為藉口來拒絕改革。

（二）改善心智模式

心智模式是根深蒂固於人們心中，並影響人們如何瞭解世界，如何採取行動的許多假設、成見、思維方式，甚至可以是圖像或印象。這個名詞一方面是指人們長期記憶中隱含的關於世界的心靈地圖，另一方面，也是指人們日常推理過程中一些短暫的理解。其特點是：根深蒂固、深植於每個人的心中、不易改變。人無完人，每個人的心智模式都有缺陷，但自己往往毫無察覺，大多數人自我感覺良好。同時，心智模式具有實效性，易落伍於時代的發展，需要不斷地解放思想，更新觀念。

解讀：人們在長期的管理實踐中，會形成一套關於做人做事的基本主張，這些都將成為管理決策時的真實依據。就影響力而言，心智模式比所謂的經驗更重要。比如，很多長期擔任服務領班職務

的基層管理人員在提升到較高層管理職務後往往不能改變其做事習慣，還總是習慣從具體的流程實務中分析問題，缺乏全局觀念尤其是戰略觀。

（三）建立共同願景

共同願景是大家共同願望的景象，也是組織中人們所共同持有的意象或景象，它在人們心中是一股令人深受感召的力量。它能創造出眾人一體的感覺，並遍佈組織全面的活動，還使各種不同的活動融合起來。共同願景的力量源自共同的關切，讓人難以抗拒，以至沒有人願意放棄它。它包含了三個方面的要素：一是組織目標，是立足於組織生存發展的需要，為組織「量身定做」的某一時期或某一發展階段的規劃或遠景。二是組織價值觀，是組織成員在實現既定目標的過程中所遵從的行為方式和價值趨向，是幫助人們邁向共同目標的行為指南。三是組織使命感，讓組織成員明確自身在實現奮鬥目標中所肩負的使命和職責，從而對組織產生忠誠的歸屬感。

解讀：空洞的企業目標、奮鬥口號和單純的經濟刺激都不足以讓員工長時間地持續努力，員工手冊上那些單調的標語式語言估計連擬訂者自己都不會有興趣閱讀。應該使員工的頭腦裡出現一幅幅生動豐富而又切實可行的目標圖景，最關鍵的是所有員工的頭腦裡的圖景還可以相互對接，內容基本一致，只是細節上有略微差異而已。

（四）團隊學習

團隊是以整個組織學習為一個學習單位。團隊學習的過程是發展團隊成員整體搭配與實現共同目標的能力，其作用是發揮團隊智慧，使學習轉化為現實生產力。組織中眾多的團隊都變成整個組織的學習單位，並建立起整個企業的組織學習，進而構建成學習型組織這一組織管理模式的基礎。團隊學習的目的是使團隊智商大於個

人智商，使個人成長速度更快，並使學習能力迅速轉化為生產力。

解讀：團隊而不是個人應該成為企業管理的一個基本單元，我們在餐飲企業裡進行職位設計、職位設計和業績評估時都應該意識到團隊才是創新的主體，基於團隊的學習才具有真正的現實經濟意義，也才能真正上升為組織的無形資本，從而減少企業對個別員工的技術依賴和資源倚重。

（五）系統思考

按照系統思考去研究處理事務，就應把所處理的事務看作一個系統，既要看到其中的組成部分（元素或子系統），還要看到這些組成部分之間的相互作用，並從總體的角度對系統中的人、物、能量、訊息加以處理和協調，不能只見「樹木」不見「森林」，也不能只見「森林」不見「樹木」。為真正有效地研究解決包括企業管理在內的各類實際問題，應做到既有分析，又有綜合；既有分解，又有協調。實踐中，人們用系統思考求解實際問題通常有三個方法，即看長期處理近期，看全局掌握局部，看動態把握靜態。

解讀：餐飲管理實踐中的小山頭主義比比皆是，比如大廳與廚房、新老員工以及不同班組之間都存在完全從自身角度出發的利益主張，這些也就成了管理者每天必須花費大量時間精力予以協調的問題。而學習型組織的最高境界就是能使整個企業像一個人一樣去思考，能最大限度地占有決策訊息，從而不會被一時或者某些具體的假象所迷惑。

延伸閱讀

學習型組織不等於天天培訓

在餐飲業界，學習型組織的熱度讓管理學家們都始料未及，幾乎每次企業培訓時，都會有人們發問——「如何將我的企業建成學習型企業」？

近年來的學習型組織推廣實踐表明，從理論到實踐之間還有很長的路要走，比如心智模式，即一種思維慣例是如何形成的，團隊學習應該與什麼樣的組織設計和訊息通路設計相對應，以及團隊工作的績效如何評估等等，都需要我們進一步開發更多的實用工具和方法。

當然，學習型組織理論和方法的研究近些年來取得了巨大的進展，尤其是隨著對人力資本和知識管理理論研究的不斷突破，現代資訊技術的廣泛應用都為我們提供了很多有利條件，更何況在餐飲業業務結構相對簡單、訊息採集相對比較容易的情況下，我們完全可以著手嘗試使自己的企業向學習型組織轉變。

在實踐中，我們卻已經看到很多企業充當了急先鋒，早就大張旗鼓地宣布開始創建學習型組織了，然而在詳細瀏覽了他們的方案後，你會驚訝地發現，所謂的「學習型組織」在他們的策劃設計下已經變成了標準的「全面培訓」計劃了，除了內容上高度強調培訓外，連對學習型組織的描述都是反覆強調所謂「學習力」之類的似是而非的概念。這樣的學習型組織不建也罷。

學習型組織不等於全員讀書，更不等於天天培訓，它是對組織運行的內在動力機制的一種形象化歸納，如果一定要非常直白地將其按照管理實務的形式進行描述的話，我們可以將之理解為一種高度共享、訊息通暢、等級模糊、鼓勵創新且高度容忍失誤的企業文化，理解為為了消除管理慣例影響而刻意進取，保持對環境和客戶高靈敏度的一種組織手段。

不要再趕「人云亦云」的時髦，更不要再犯「望文生義」的錯誤。

第三節 核心管理團隊的建設、配置和

團隊式管理的精髓

對於所有的餐飲管理者來說，在經營過程中最匱乏的往往不是資金，不是技術，也不是客戶資源，而是管理上的規範框架和成熟文化，這一點最直接的表現就是一個高水平的核心管理團隊尚未形成。我們經常對餐飲企業的一些管理骨幹的能力感到失望，企業也始終在不停地更換高管人員，但這些並不能改變我們「將到用時方恨少」的尷尬。解決這些問題的出路應該是立足企業和市場實際，精心配置和建設屬於自己的核心管理團隊。

一、核心管理團隊：永續經營的基礎

幾乎每一個餐飲業主都有做「百年餐飲」的夢想，但事實上能存活三到五年的企業都非常罕見。對於餐飲企業來說，一時的紅火可以靠市場造勢或者人脈經營，而永續經營的成功卻必須建立在一個優秀的核心管理團隊多年如一日的辛勤勞作之上。

很多管理大師都以其名下的管理團隊為榮，如早年的美國鋼鐵大王卡內基就曾說過，「我可以在一夜之間失去所有資產，包括廠房、設備等等，但只要我的團隊骨幹都還在，5年之內我還可以再建一個美國鋼鐵公司」。

二、核心管理團隊的基本特徵

核心團隊絕不等於普通的工作團體。一個只是按部就班、忠於職守的管理團隊是很容易組建的，但餐飲企業真正缺乏的是「teamwork」式的團隊，這樣的團隊應該具有這麼些特徵：

（一）人員穩定

餐飲企業不比大規模製造型企業，其管理核心團隊人員量少質精，一般在2～5人，每人都有著非常明確的分工且能獨當一面，一旦有人員變動如跳槽或者休病假，其工作空缺很難找到合適人選頂替，所以團隊成員相互間都知根知底，配合默契，要麼高度穩定，要麼同進同退。

（二）能力互補

團隊成員相互間的默契不是建立在知識能力結構同質化的基礎上，而是因為意識到各自在知識和閱歷上的不同和互補之處，合作才會真正達到「1　+1+1＞3」的目的。一般來說，餐飲企業的核心團隊成員既有技術上的能手，也有管理上的好手；既有精通市場行情的裡手，也有熟悉企業流程的熟手。

實踐速描

為什麼「人多力量卻不大」

在餐飲管理實踐中，我們可以看到很多餐飲企業的高管人員都很精幹，但綁在一起卻成不了事，其中一個很重要的原因就是他們的精幹往往都侷限於相同的方面，結果造成團隊整體能力的方向性偏差。

某餐廳的高層全部都是廚師出身，他們中間的每一個人都獲得過國家級的金獎，也是當地烹飪界最有影響力的名廚師，這樣的組合在業界被認為是「豪華得有些奢侈」的「航空母艦」。

名廚雲集的餐廳在出品質量和菜式創新上的確無可挑剔，慕名而來的食客們絡繹不絕，但名廚們也有自己的缺點，他們對於餐廳的進銷存即基本的財務管理流程比較陌生，而對於大型的主題營銷活動策劃、連鎖經營的資本運作以及餐廳贏利模式的變革等等就更

談不上擅長了，而所有這些問題在越來越多的外地知名連鎖餐飲企業進入本地市場後終於全部顯露了出來。

經過幾年的紅火後，曾經輝煌的金字招牌餐廳終於褪去了華麗的外衣，最終走向了沒落。

（三）配合默契

在高水平的管理團隊中，拆開來看單個人的履歷，未必是很突出，其能力在同行中甚至算不上出類拔萃，但一旦整合在團隊裡，以團隊的形式來操作項目或管理企業則威力倍增。一個成熟的團隊往往是經歷了較長時間的鬥爭、辯論、溝通和合作後才會逐步成型。

很多餐廳開業之初精誠團結的局面往往只是短暫的，因為人們可能是隱忍了自己的個性甚至委屈自己來成全大局，但矛盾遲早是要爆發的，有問題也終究是要呈現的。只有經歷了「團結—矛盾醞釀—解決—團結」的多次循環，對彼此的人品、個性、能力和做事風格都高度瞭解後，團隊才算是基本磨合到位了。

（四）奉獻精神

區別核心團隊和普通的職業團體的一個重要標誌就是團隊成員的奉獻精神。

實踐速描

開業籌備團隊為何都不能「長治久安」

熟悉餐飲業市場的人都知道在社會市場上有很多專門從事開業籌備的職業經理人團隊，水平參差不齊，他們隨時在尋找新的工作機遇。

就能力而言，這些職業經理人團隊都具有一定的專業素質和歷練，彼此間有長期配合，比較默契，有較高的工作效率，往往能在

短時間內將一個尚在起步摸索中的餐飲企業梳理得風調雨順，快速地建立起一套管理規範和制度體系。

但「好景不常在」，這樣的團隊與投資者心目中的理想團隊是有絕對差距的，他們最缺乏的就是與企業同進退的奉獻精神，缺乏「巨人」倒下後核心層員工幾年不領工資陪著史玉柱二次創業的奉獻精神。

這也就解釋了很多成功企業的管理高層看似不怎麼起眼，也缺乏在國內外知名企業的管理經驗，但就是實用好用，因為能力是可以隨著時間逐步提高，知識可以隨著時間逐步積累，而奉獻精神卻不是說有就能有的。

（五）樂於創新

穩定忠誠的管理團隊並不是餐飲企業成功的全部保證，很多總經理一開始就很注意培養自己的團隊，不管事業如何起伏，始終都會留幾個親信心腹在身邊的。

一般來說，這樣的員工在人品、責任心和奉獻精神上都是絕對可以信賴的，其能力在企業開創之初也是基本夠用的，問題往往出在隨著企業本身和競爭環境的變化發展，其知識結構不能及時更新，其專業視野不能與時俱進，面對市場信號反應遲鈍，對競爭格局的變化極不敏感或無能為力。

很多老牌的餐飲企業如全聚德、東來順等在其戰略轉型的過程中都曾面臨核心團隊成員知識結構陳舊，無法適應資本運作和連鎖經營擴展的要求。而一些快速崛起的新興品牌如小肥羊、譚魚頭等則能較好地解決這個問題。

很多餐飲企業高層普遍擅長於日常運營管理，但在策劃大型主題活動、菜品有計劃大規模創新研發以及連鎖拓展等方面卻「心有餘而力不足」。很多在單店經營中獲得了巨大成功的企業都會遭遇

到「由店面向公司轉變」時的種種障礙。

三、核心管理團隊的人員構成

就時下餐飲企業的發展現狀而言，競爭已經由單純的產品競爭、資本競爭上升為全方位的戰略競爭和人才競爭。面對這樣的競爭形勢，核心團隊的成員構成自然有著與過去截然不同的新要求。一個高水平的餐飲企業管理團隊除了必須擅長基本的運營管理，具備紮實的管理基本功之外，還必須是一個樂於創新的創業型團隊，其成員的知識結構也應較傳統經營模式更多元化、現代化。

一個理想的餐飲企業核心管理團隊，其人員組成應該遵循以下專業知識結構：

核心管理團隊＝戰略規劃主腦＋企業理財能手＋菜品研發主持＋市場營銷主管＋服務管理熟手

（一）戰略規劃主腦

這一般是特指總經理應該扮演的角色。

餐飲企業長期以來看重的是經驗管理，立足於「開一家店便做好一家店，做穩了一家再開下一家」，但事實上企業到底選擇什麼樣的客戶，定位於什麼樣的市場，設計什麼樣的產品方案以及弘揚什麼樣的特色等等都需要周密的計劃和不停的調整。每天將有限的精力耗費在日常營運管理的總經理是不合格的，因為有更多更重要的問題需要他去關注和思考。

（二）企業理財能手

在大多數餐飲企業中，從物品材料的申購開始到打烊後的會計核算，財務管理的基本功都很不紮實。很多餐廳的原始單據不健全，報帳不及時，倉儲不科學，損耗不合理，既沒有準確測算出毛

利率、保本點，也沒有製作標準食譜，規範菜品酒水的材料成本結構。

很多企業長期陷入應收帳款過多，現金流量短缺的困境，這些都是因為企業缺乏一個真正意義上的理財能手。一個懂得現代進銷存管理、熟悉資本運作的財務經理，這是普通會計和簡單意義上的勤儉節約所不能替代的。

（三）菜品研發主持

一個好的主廚是眾望所歸，但如果你對餐廳有更高的期望的話，那麼這個主廚的職能還得再上一個臺階，他必須成為企業的菜品研發的主持者。

餐飲業的競爭之殘酷，淘汰率之高都源於顧客口味上的「見異思遷」，只有既能始終保持高強度的創新力度，又能在產品的升級換代過程中逐步提煉形成鮮明的自有特色的餐廳才能抵擋住其他企業的新產品攻勢，才能化解對手的模仿競爭，才能始終領導行業的消費潮流。

（四）市場營銷主管

除了極少數頂級特色品牌之外，絕大多數餐飲企業都沒有資格「等客上門」，即便有些餐廳眼下生意紅火，但只要換個地段和環境，生意馬上就下來了。市場拓展缺乏針對性，營銷手段缺乏戰略性，是很多餐飲企業的通病，尤其是很多產品本身有特色但卻始終火不起來的餐廳都必須認真檢討一下自己的市場戰略和營銷規劃。

很多餐廳也配備了專職的營銷人員，但其職責定位主要是招徠客戶即「拉單」，而沒有從企業運行的高度上去思考產品的定位、客戶的定位和客戶行為，更沒有以此為基礎去策劃有針對性的營銷主題活動。一言以蔽之，因為沒有高水平的營銷主管，大多數的餐飲企業仍然停留在單純「人員推銷階段」，所謂的「營銷經理」充

其量也就是個「推銷小隊長」而已。

（五）服務管理熟手

原本以為這可能是核心管理團隊中最易配置到位的人選，事實上每個餐廳也都會有這麼個主管員工服務和日常事務的「內當家」。但如今很多餐廳的服務基本功水平下降非常明顯，服務質量很不穩定，原因大都出在這個人身上，儘管他非常勤奮，非常敬業，但有時勤並不能補拙，他作為整個餐廳的服務技術源頭，本身必須精於此道、樂於此道，必須能緊跟行業發展趨勢，積極引進新的服務技術和設備，而現在的很多餐廳主管卻將更多的精力放在了現場管理和毫無意義的事務處理上。

延伸閱讀

警惕團隊建設中的「權術陰謀」

經常會有一些餐飲企業的老總津津樂道於他們如何與自己的高管人員間「鬥智鬥勇」的故事，如怎樣收服桀驁不馴的主廚，怎樣「看穿」外聘餐廳經理在採購上耍小聰明的詭計，怎樣刻意利用經理主管間的矛盾來促進他們間的相互競爭等等。

實際上，這並非明智之舉，在核心管理團隊建設中應該多一些坦誠和信任，少一點猜忌和心眼，因為這樣的「權術陰謀」無論最後誰贏誰輸，受損失的只會是企業本身。在中國，大多數餐飲企業的管理模式基本上還停留在粗放式的經驗管理，高管人員的歸宿感和奉獻精神仍然對企業的可持續經營有著決定性影響。

一個真正打算「做大做強」的餐飲企業必須有一個能力知識甚至是做事風格和個性都能高度互補而又配合默契的核心管理團隊。這樣的團隊無論最初是怎麼走到一起的，但要真正捏合成為一個整體，需要企業領袖足夠的耐心和誠意。

團隊成員能力素質的異質性和互補性決定了這樣的磨合將會是個很艱難的過程，也一定會有很多的矛盾和衝突發生。比如財務總監和行政總廚關於標準食譜的測算；又比如營銷總監和服務主管關於服務質量的評價等等。這些矛盾起初一定是在工作層面，只有在缺乏引導甚至被誤導時才會演變成為個人間的矛盾甚至是相互詆毀。

此時企業領袖要擔任的就不只是「裁判員」或者「調解員」的角色了，他必須以開闊的胸襟和制度的力量將爭端重新引導回技術層面。如果大家對其中的方法和技巧感覺難以把握的話，不妨看看《三國演義》，細細品味一下劉備是如何將諸葛亮、張飛以及關羽等一幫文臣武將捏合成一個富有戰鬥力的集體的。

不要沉溺於將手下玩弄於股掌間的權術遊戲，這是領導者最容易上癮的陋習，也是創建百年企業的頭等大敵。

第四節　平衡計分卡：將績效評估和戰略管理延伸到所有部門和個人

對於餐飲企業而言，績效評價是很多組織管理工作的基礎，薪酬支付必須以績效考評為依據，晉升選拔要以業績貢獻來服人，就連培訓設計也要從績效評價過程所發現的問題入手。但過去我們習慣使用的財務指標評估法已經越來越不適應現代企業競爭的需要，無法對各個層面員工以及非營業部門的貢獻進行有效衡量，使得一系列基礎管理活動都無法有效展開。更重要的是財務指標考評法只能對已經發生過的事情做事後評價，而無法從活動評價中發現餐廳的未來發展趨勢。平衡計分卡就是一種為瞭解決這些缺陷而創造出來的新方法。

一、平衡計分卡，為什麼

　　西方發達國家的很多企業在20世紀後半葉先後嘗試了很多新式管理工具和技術，從MRP（作業計劃）到ERP（企業資源計劃），從TQM（全面質量管理）到6σ（六標準差）等等，但都是對部分流程和局部工作的有限改良，這也就直接導致了從80年代開始全面流程再造（BPR）風潮的興起，越來越多的企業家意識到小打小鬧式的修補並不能為企業帶來具有戰略意義的競爭優勢，企業必須從根本上重塑價值流程，但遺憾的是BPR技術是「只破不立」，所謂全面推倒重來後的全新流程未必能使企業比過去有更好的業績，在很多著名企業的BPR工程實施了若干年後，人們發現真正能從中獲益的企業並不多。由於沒有科學的績效評估辦法的支持，所以流程的任何改變都無法與實際效果緊密聯繫起來，這不但影響了再造操作時的科學性，也無法堅定管理者們堅持到底的信心。

　　平衡計分卡（BSC）方法自1992年誕生以來，迅速風靡全球，成為企業績效管理和戰略實施的利器。與傳統的基於財務指標體系的企業績效考核方法有著本質區別的平衡計分卡技術更側重關注那些對構建企業戰略優勢有著關鍵貢獻的重要指標（KPI），其指標體系的設計圍繞著四個基本層面即財務、客戶、內部業務流程和學習與成長展開，從而提供了一套能將戰略切實轉化為各個層級所有員工的具體行動的系統工具。

　　而反觀基於傳統財會指標的考核模式，它至少有兩大弊端是被餐飲業界所共知的。

　　其一，會計指標反映的是企業過去的數據，而這已經成為既成事實，並不能必然地代表企業的未來發展趨勢，甚至可能會誘發企業為了達到單純的財務數據指標，而採取一系列的短期行為。

　　比如，很多餐飲企業經常犯的一個錯誤，就是將營銷指標直接

分解到每個管理者和普通員工身上，致使大家都無心本職工作，全部忙乎著去完成這些指標了。

其二，會計指標是一種靜態的表層指標，它對財務資源的反映是精確具體的，但對企業的無形資產和智力資產卻是一籌莫展，依仗現有的財務技術我們可以肯定無法為企業估算出一個無形資產的準確價值。

在資訊時代，這些無形資產的作用可能比有形資產大得多，如我們已經領教過的麥當勞的品牌戰略、跨國飯店的客戶資源優勢等等都是明證，但對此我們「知易行難」，光知道這些很重要，就是沒有辦法去實實在在解決。

二、平衡計分卡，是什麼

「如果你無法衡量，那麼你就無法管理」。這是平衡計分卡的發明者卡普蘭和諾頓博士為平衡計分卡技術的設計初衷做的一個註解。我們很多餐飲企業之所以無法將自己的品牌建成譚魚頭、喜來登，一個最基本的原因就在於我們從來就搞不清自己的品牌資產到底有多少，這是再好的財務總監也算不明白的東西。既然誰都說不清到底是多少，那麼如何建設、如何投入、如何管理也就是一句空話了。

推而廣之，我們在實踐中不能衡量的東西還有很多，比如我們的員工能力到底怎麼樣？我們的中層骨幹到底為部門建設做了什麼？我們的顧客到底有多滿意多忠誠？職能部門到底為營業部門提供了多少支持……說實話，餐飲企業管理過程中像這樣說不清楚的地方實在是舉不勝舉。但問題是，這些東西真的就不需要衡量嗎？

管理經典

平衡計分卡的基本指標體系

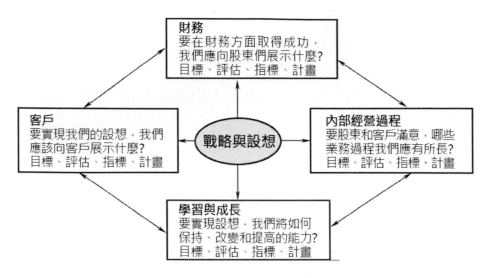

財務
要在財務方面取得成功，
我們應向股東們展示什麼？
目標、評估、指標、計畫

客戶
要實現我們的設想，我們
應該向客戶展示什麼？
目標、評估、指標、計畫

戰略與設想

內部經營過程
要股東和客戶滿意，哪些
業務過程我們應有所長？
目標、評估、指標、計畫

學習與成長
要實現設想，我們將如何
保持、改變和提高的能力？
目標、評估、指標、計畫

　　答案顯然是否定的，餐飲業競爭來競爭去，到了今天這種形勢，已經不再單純是比誰資本雄厚、設施豪華，而是比無形的東西，客戶、員工、技能、品牌和創新能力。但當你真的要在這些無形資產上大量投資時，心裡多少會是有點不托底的，因為此時傳統的財務指標已經發揮不了導航和評價的作用。你會越來越強烈地有將錢往水坑裡砸的感覺，日子一久，你的投資力度就會很自然地小了下來。

　　平衡記分卡從四個不同的視角，提供了一種考察價值創造的戰略方法：

　　（1）財務視角：從股東角度來看，企業增長、利潤率以及風險戰略。

　　（2）顧客視角：從顧客角度來看，企業創造價值和差異化的戰略。

　　（3）內部運作流程視角：使各種業務流程滿足顧客和股東需求的優先戰略。

（4）學習和成長：優先創造一種支持企業變化、革新和成長的氣候。

利用平衡記分卡，餐飲企業的管理人員現在可以測量自己的企業如何為當前以及未來的顧客創造價值了。在保持對財務業績關注的同時，平衡記分卡清楚地表明了卓越而長期的價值和競爭業績的驅動因素。

這種「測量」已經超出了僅僅對過去的業績進行報告的範圍。因為管理人員所選擇的測量方法能告知企業什麼是重要的，所以測量工作把焦點放在了未來。為了充分利用這種優勢，應該把測量方法整合成一個管理體系。因此，我們要把平衡記分卡這個概念加以改進，並且表明它是如何超越了一個業績測量體系而成為一種戰略管理體系的組織框架的（見上頁圖）。一個戰略記分卡代替預算成為了管理過程的核心。事實上，平衡記分卡成了新戰略管理過程的運作體系。

平衡計分卡當然不是萬能的，但它抓住了一個關鍵，那就是採用衡量未來業績的驅動因素指標來彌補僅僅衡量過去業績的財務指標的不足。簡單地說，就是我既然不能直接衡量未來業績和無形資產，那麼我就去研究、去分析到底是哪些因素會與未來業績有因果關聯。按照這樣的思路，一線員工就必須真正瞭解他們的決策和行動將造成的財務後果，而高層管理者也必須明確長期的財務成功是由哪些因素驅動的。

三、平衡計分卡，怎麼做

平衡計分卡的關鍵有兩點，一是重點計量關鍵業績指標（KPI）而非所有指標，很多餐飲企業都會錯以為平衡計分卡是全面取代原有指標體系，其實不然。傳統的目標管理體系依然有效，

針對服務質量的一些考評辦法照樣能用，財務數據報表也還是每天得看，企業只不過是在傳統的全面績效考核基礎上增加了一套新的重點關注企業戰略核心流程的特殊指標而已。二是「平衡」，除了關注一些基於過去業務行為的績效指標外，更要將一些可能會影響未來業績的動因性指標納入進來，簡單說來就是既要度量「果」還要度量「因」。按照這種思路，財務指標只是「果」，而其他來自客戶、員工能力以及業務流程方面的更多指標才是「因」，尤其是困擾業界多時的、很多無法直接度量的指標都用這樣的思路進行處理，從而使得顯示性指標發揮了意想不到的作用。

總結成功實施平衡計分企業的經驗，可以將平衡計分卡的實施概括為以下步驟：

（一）建立餐飲企業的願景與戰略

確定企業的整體競爭環境，找到當前的位置以及未來的目標，可採用「SWOT分析」（競爭環境分析法，S-strengths，W-weakness，O-opportunity，T-threaten）或者「PEST分析」（宏觀環境分析法，P-politics，E-economics，S-society，T-technology）等方法。企業的願景與戰略要簡單明瞭，尤其重要的是便於設計和採用一些業績衡量指標。

（二）構建或確定企業的構思與戰略

企業可以成立專門的平衡計分卡小組（績效管理領導小組）去解釋企業的願景和戰略，並建立財務、顧客、內部業務、學習與成長等四類具體的具體目標。這些衡量點應該明白易懂，出於戰略的考慮也可以增加其他方面的目標，在餐飲企業中，我們可以將產品研發等單獨作為一個大的門類進行考評。

（三）確定成功的關鍵因素

為四類具體的目標找出關鍵業績衡量指標（KPI）。採用系統

思考的方法，充分考慮不同指標間的相互影響，確保它們能全面而又長遠地反映所需考慮的各方面。

（四）加強企業內部溝通與教育

利用各種不同溝通渠道促使各層管理人員以及員工充分瞭解企業的願景、戰略、目標與業績衡量指標，在高度一致的基礎上制定具體行動計劃。這些計劃必須細化為每年、每季甚至每月KPI的具體數字，並與餐飲企業的整體計劃和預算緊密結合。設計和宣講指標時應高度注意各類指標間的因果關係、驅動關係與連接關係，確保它們既包含短期目標，也包含長期目標。

（五）執行和評價

按照行動計劃的優先級進行執行，將每年的報酬獎勵制度與平衡計分卡掛鉤。

（六）反饋與調整

經常採用員工意見修正平衡計分卡衡量指標並改進企業戰略。

透過平衡計分卡技術，餐飲企業可以在以下幾個方面發揮傳統績效管理方法所不能起的平衡作用：

（1）外部衡量和內部衡量之間的平衡——將評價的視線範圍由傳統上的只注重企業內部評價，擴大到企業外部；同時以全新的眼光重新認識企業內部，將以往只看內部結果，擴展到同時還注意企業內部流程及企業的學習和成長這種企業的無形資產。

（2）所要求的成果和這些成果的執行動因之間的平衡——清楚其所追求的成果（如利潤、市場占有率）和產生這些成果的原因即動因（如新產品開發投資、員工訓練、訊息更新），正確地找到這些動因，透過平衡記分卡的實施而有效地獲得所要的成果。

（3）強調定量衡量和強調定性衡量之間的平衡——透過平衡

計分卡引入定性的指標以彌補定量指標的缺陷，使績效評價體系具有新的實際應用價值。

（4）短期目標和長期目標之間的平衡——企業發展的速度越來越快，現實要求企業不但要注意短期目標（如利潤），而且還必須將未來看得更遠些，以制定出長期目標（如顧客滿意度、員工訓練成本與次數），透過平衡記分卡監督企業在向未來目標前進的過程中的位置和方向的指標。

延伸閱讀

平衡計分卡，餐飲企業該注意些什麼

對於餐飲企業來說，要想成功地實施平衡計分卡是一項巨大的挑戰，需要投入相當的成本。

首先從時間投入上來說，導入平衡計分卡系統至少需要5～6個月，而要使其全面發揮效用，還需要反覆調試和修正，總的開發時間大概需要一年甚至更長的時間。這對於習慣於以季度為業績考評時長的餐飲企業來說，的確有些難度。

其次是用於平衡記分卡的衡量指標通常很多，如果餐飲企業本身沒有鮮明的市場定位和清晰的發展戰略的話，如何選擇適用的指標就成了一個大難題。平衡計分卡作為一種績效評估方法，並不是對傳統績效評價方法的全面取代，而是更關注於餐飲企業核心利益的評價方法，但問題是必須先明確什麼才是企業的核心利益。

第三個問題來自經營管理訊息的精細度和質量，這會在很大程度上影響到平衡計分卡應用的效果。大多數餐飲企業都沒有完全意義上的管理訊息系統，這使得很多數據和資料的獲取必須依靠員工的自覺和專業意識。這在高強度的工作環境下顯然不容易實現。如何減少非相關訊息，抓住訊息統計的關鍵數據是對管理者的全新挑戰。

餐飲企業財務效益的產生往往滯後於管理整改，這使人們對投入與產出、成本與效益之間的比較很可能出現嚴重偏差。比如，餐飲企業應用平衡計分卡後，往往會出現客戶滿意度提高，員工滿意度提高，效率也提高，但財務指標下降的情況。這裡面關鍵的問題就是如何將非財務指標的改善轉化為對未來財務指標改善的分析依據。也就是說，我們應該堅定信心，近期的顧客滿意度或員工滿意度的提升必然會導致以後的財務指標提升。

第五節 員工團隊的招聘離職管理和供需動態平衡

一支穩定的員工團隊，一批招之即來、來之能戰的合格員工和一個知根知底、與企業一同成長的基層團隊，這是每一位餐飲業主都夢寐以求的經營基礎。但在實踐中，管理者們總是會面臨很多來自中基層員工人事管理的困惑——如很難招聘到合適的員工，或者找到了卻又很難留住他們的心；又比如，企業總是非常被動地接到員工的辭呈而左右為難，有意培養選拔基層員工參與管理效果卻總是差強人意，最可怕的是遇上員工以集體辭職為要挾而企業卻無力應對，只得一次次妥協。解決這些日常組織管理過程難題的出路就在與有效維持好員工團隊的供需動態平衡。

一、基層人事管理的八大「短視症」

很多餐飲企業在基層人事管理過程中總是存在這樣那樣的「短視現象」。歸根究柢，這些在員工團隊建設和管理中所遇到的問題其根子還是思想上不夠重視，總是下意識地將這些基層的服務和技術人員當作掙錢餬口的廉價勞力，招之即來，揮之即去；制度上不

夠規範，對員工的進出和培養總是憑意氣用事，沒有系統的制度和長遠的規劃可以遵循。

反映在實踐上，管理者總是很難提前預見到各種問題的產生，而只能是被動地等著麻煩上門，出現一個解決一個，「按下葫蘆起了瓢」。

細數下來，這些來自基層人事管理的問題大概有以下幾種典型形態：

（一）症狀之一，「臨時抱佛腳」

企業沒有系統的人力資源規劃和完善的員工招聘網絡，總是在出現了職位空缺後急急忙忙地四處託人物色和胡亂招聘，不管合適與否，先拉來上工了再說。

（二）症狀之二，「試用期陷阱」

有些企業的員工團隊一直處在變動之中，每過一段時間員工面孔就會換掉一大半。員工們相互之間配合生疏，職位培訓不夠系統，原因就在於大家差不多都是試用期員工。試用期越來越長，從一個月到三個月甚至半年，工資倒是省下來了，但人心卻是從來就沒安穩過。

（三）症狀之三，「寧選醜女，勿要靚妹」

「寧選醜女，勿要靚妹」，是時下很多飯店真實的用人原則。道理很簡單，因為外貌出眾、素質一流的員工心眼總是很活，跳槽走人的機率很高，所以與其花高工資請這幫「這山望著那山高」的高水平員工還不如選一些條件一般、老實聽話的員工，使喚起來沒那麼多顧忌，也不用擔心她們會為工資低或者加班多而造反。

一線案例

終於沒人跳槽了

杜經理是小吃店老闆出身，但不久前在某三星飯店的餐飲部經營招標中他開出的價碼最高，從而一舉中標，成了承包經營的餐飲部經理。

　　接手餐飲部不久，杜經理就接連遭遇幾次規模不小的「員工離職風波」。很多員工因為對杜經理沿用小吃店的落後管理模式非常不滿，在領到第一個月工資後，不約而同地遞交了辭職信。

　　接下來幾個月，杜經理幾乎為穩定員工團隊操碎了心，員工們也是走馬燈式地換個不停。一些老主顧們開玩笑說，你這裡都快成火車站了，每次來吃飯見到的服務員面孔都是新的。

　　痛定思痛，杜經理細細思索了一番，最後得出一個結論，那就是這些員工之所以老愛跳槽，就是因為他們自以為了不起，看不起他這個小吃店老闆出身的經理，於是一氣之下，也不管飯店關於員工素質的規定了，直接從自己的小吃店調了幾名服務員來。

　　之後杜經理又陸續從自己老家招聘了幾批員工。與一般餐飲企業不同的是，他選人的原則是模樣不要太好，文化不要太高，反應不要太快。原因很簡單，因為這樣子的員工幹不了幾天肯定會跳槽的。

　　重新組建後的餐飲部員工團隊終於穩定了下來，半年時間下來也沒有人再跳槽，但服務質量從此也下來了，投訴率也節節攀升。杜經理很快又將有新的煩惱了。

　　（四）症狀之四，「進門容易出門難」

　　為了能穩定員工心思，讓他們安心工作，不要「見異思遷」，很多餐飲企業愛出「高招」，總是要求員工繳納高額押金，扣押其重要證件如身分證、學歷證等，交不起押金也沒關係，首月工資就算是給抵押了。有了這些抵押物在手，再想走就沒那麼簡單了，不折騰你個心力交瘁，不剋扣得你顆粒無收，是絕不會放行的。

（五）症狀之五，「匆忙上工，自學成才」

說是有很長的實習期，其實也就是個發低工資的藉口，實習期內員工基本上就按照正式員工的要求在幹活，所謂的培訓也就是走走過場，企業很少有循序漸進的系統培訓計劃，員工也只能靠自己的聰明和勤奮在實踐中自己思索，自學成才了。

（六）症狀之六，「加班加點沒商量」

國家是有勞基法，地區也有勞動檢查單位，但量員工也沒那個膽，現在勞動力市場僧多粥少，有份工作也不容易。所以業主們安排加班加點也就沒什麼顧忌了，一週六天，每天十小時，愛幹不幹，有的是人願意幹。在早些年餐飲業工資水平相對還算不錯時，這種沒休止的加班現象幾乎成為行規了。

（七）症狀之七，「人浮於事，想開就開」

餐飲企業到底該配備多少名員工？這個看似簡單的問題很多企業從來就沒計算清楚過，因為員工能力有大小，工作效率有高低，更重要的是企業生意也會淡旺不均，所以如何設計員工排班，如何盡快提高員工熟練程度就成了基層管理者的基本功了。但一些技術含量較高的工作很多管理者就是做不來，他們的辦法大致就是生意好時就要求飯店增招人手，而一旦生意回落就只能挖空心思請員工走人。

（八）症狀之八，「簡單粗暴，歇斯底里」

基層管理的工作重心之一就是研究服務技術，改進服務流程，技術的優化和流程的改進才是提高服務質量的關鍵。這些觀察、分析和研究工作是不能指望基層服務員工能自發自覺地完成的，因為他們既沒有這個職責也沒有動力。基層管理者儘管有這個職責，卻未必懂得如何系統地去規劃和實施服務質量的技術研究，因此沒有了技術，就只剩下了責任，工作方法自然就成了「簡單粗暴」的

「吆喝」和「訓斥」了，到極點時自然就有那麼點「歇斯底里」的味道了。

二、基層人力資源總量規劃

在大型餐飲企業裡，人力資源的總體規劃通常是由專職的人力資源部門來運作實施，如果餐飲企業沒有獨立設置人事部門，則可以由分管的高管人員在助手的配合下履行其職能。這裡簡單地介紹一下餐飲企業人力資源規劃的程序、原則和基本技術。

基本程序如下：

（一）盤查家底，核查並評價企業現有人力資源

很多餐飲企業都建立了簡單的員工人事檔案，但幾乎都是一些簡單的個人訊息和證件複印件，這離真正意義上的人力資源訊息系統還有很大差距。企業有必要進一步弄清現有人員的數量、質量、結構以及人員分佈狀況，最終都彙總成為企業組織結構圖和人力資源配置表格。

為了能更好地反映員工能力和工作表現，我們需要建立健全員工的個人訊息庫，包括員工的個人自然情況、錄用資料、工資狀況、工作經歷及表現、績效考核記錄、職務及離職記錄、工作態度、培訓和教育情況、獎懲記錄等等。

這些訊息和情況應該做到隨時可以從員工的個人檔案和相關記錄中調閱，並由基層管理人員定期進行評估和更新。

（二）以企業發展戰略規劃和預期市場業績變化為依據，測算企業在今後較長時期內的員工總數及職位分佈情況

根據企業經營狀況的變化趨勢，準確預測未來較長時期內企業發展需要補充和更新的人員數量及質量，這其中包括了企業規模的

擴大、連鎖拓展計劃、經營重點的轉向以及業務淡旺季的分佈等因素的可能影響。

我們可以嘗試按照時間表來開列不同時間點上企業可能需要的員工數量及能力素質要求，比照現有人員家底，很容易就可以估算出在未來不同時期的員工更替計劃，併力爭將員工的吐故納新做在前面，在可控制的前提下實施員工的有計劃更新。

（三）根據現有人員預計變動情況，關注企業招聘網絡訊息，測算員工離職和缺口數量及職位分佈情況

根據前面預測到的企業不同發展時間點上的員工需求量和供給量，確定人員的質量、數量、結構和分佈狀況，進行精確對比，從而得出企業發展過程中每個階段的理想人力資源配置和淨需求量。

企業重點培養哪些員工、保留哪些員工以及更新哪些職位都應當有非常系統的計劃，當然那些處在更新邊緣上的員工可能會因此有思想浮動，但只要企業能為其設計好合理的工作轉向計劃和妥善安置，員工應該會樂於接受。但不管員工個人是否接受，以企業前景和競爭形勢為依據作出的人員更新計劃是必須按步驟予以實施的，不得隨意變更，這是對經營規律的尊重，也可以避免「因人設崗，因人設事」。

（四）制定具體的人力資源補充即員工進出的基本政策，並透過招聘網絡予以落實

根據供求以及員工淨需求量的要求，企業需要主動制定一系列有關員工進出即招聘、晉升和離職的管理規定，並擬訂一些原則用以處理員工團隊變動事件。當然，最終落實這些計劃還必須依靠企業在漫長的經營過程中逐步累積起來的招聘網絡資源和人才庫。

一般來說，理想的員工團隊建設策略應該是以自有人員為基礎，外圍人員為輔助，立足培養現有人員，加大培訓力度，逐步改

善薪酬，穩定員工團隊，有計劃有步驟地逐步更新，避免出現長時間的員工過量或不足，從根本上杜絕集體跳槽或人事鬥爭等惡性事件。

實戰經典

餐飲企業的員工補缺及離職管理原則

對於讓很多管理者頗為頭疼的員工補充及離職管理政策，餐飲部門可以考慮參照以下原則來設計：

（1）培訓本企業員工，對受過培訓的員工根據情況擇優提拔補缺並相應提高工資待遇。

（2）進行同級別職位輪換，適當進行轉崗訓練。

（3）適當延長員工工時和加大工作定量標準，但同時必須給予員工基本滿意的超負荷工作獎勵。

（4）大量僱用各種兼職員工，並按計時工資予以計酬，這方面最常用的辦法就是吸納大中專院校對口專業實習生，在配套其教學實習要求的同時適當緩解企業用人壓力。

（5）改進服務技術，優化服務流程，重新設計工作模式，妥善安排班次輪換，全面提高工作效率。

（6）利用招聘網絡的資源，擴大選聘範圍，精心研究職位實際用人需求，適當吸納待業職工，或者進行跨地區跨行業人才選聘。

（7）對於不符合人力資源計劃要求的員工，應實行逐步轉職、重新培訓和外派進修，在作出辭退決定前應審慎估計其負面影響，當有一定數量的員工需要清退時，應制定逐步離職、妥善安置，在時間和頻率上主動控制，避免大進大出的局面。

三、員工的招聘渠道和離職管理

　　一般來說，透過媒體廣告、勞務市場和熟人引薦是大多數餐廳經常選用的招聘方式，但這些渠道往往效率較低，選才範圍廣而雜，最讓人揪心的還是用這種方式招聘員工在職位出現急缺時往往不能奏效。有長遠眼光的餐飲企業還需要開闢更多的招聘渠道以應對潛在的人員危機。

　　餐飲企業在常規渠道招聘以外，不妨再嘗試一下這些渠道：

　　（一）校園招聘

　　在國外，很多餐館都會吸納大量的大學生臨時就業，當然國情有別，但眼下這的確是一座尚未認真開採的人才礦藏。

　　除了學校主動聯繫的實習外，企業還可以考慮直接與學生簽訂假期臨時工作合約或雙休日計時工作合約，在舉辦大型促銷活動如美食節時還可以考慮邀請部分學生參與做課程實習。當然，如果企業能拿出較有吸引力的職業生涯設計方案的話，也完全可以吸納到一些大學生正式就業的。

　　（二）內部員工推薦

　　內部推薦與熟人引薦略有差別，熟人在這裡其實是特指管理者的社會關係而非專業中介，那麼他們推薦的未必就適合而且還有一個情面的問題在裡面，日後管理時也多少會有些影響。

　　內部員工推薦是一種在傳統餐飲業常用的招聘方法，其優點是能更好地調動在店員工與新進員工的積極性，增強其責任感和歸宿感。而且內部員工本身作為業內人士其社交圈中的好友大多也是同業人員，他們之間也很容易形成配合。至於管理者們擔心的會不會形成小圈子的問題則另當別論了。

（三）網路招聘

線在在一些連鎖飯店與餐飲企業的招聘網頁中，諮詢者和填寫申請資料的人就漸漸地多了起來。這種招聘方式的好處是在正式面試前雙方可以就企業和員工的基本訊息做非常全面深入的瞭解，員工可以仔細瀏覽企業網站和招聘細則，企業可以認真審核員工資料，從而縮短了雙方相互瞭解的過程，極大地提高了招聘效率。已經開通了自己網站的餐飲企業不妨考慮嘗試一下。

（四）行業協會推薦

很多城市都已經建立起了各種各樣的行業協會，名稱五花八門，有烹飪協會、餐飲業商會和酒店餐飲行業協會等等。這些協會大多會成為專業人才的聯絡站，企業不妨考慮加入這些協會並加強日常往來，這樣會獲得更多的行業資訊和人才訊息。

很多餐飲企業在員工招聘上的確是下足了工夫，甚至可以說是「天天有空位，一直在招聘」，但這種現象未必就是正常的，因為好的企業不應該有大量的職位空缺，他們普遍會對員工的離職進行主動的專項管理，從而最大限度地降低員工主動離職的可能性。

概括起來，成功企業為降低員工的辭職率和預防大面積的員工異動現象通常會採取以下措施：

（1）人員的有計劃主動更新：去意已定，攔自然是攔不住的，但有可能會在一段時間內提出辭呈的人其實都是有徵兆的，只要稍加留意就會發現，或者即便不能發現也大致可以判斷其穩定性和職業期望。如此一來，企業就可以根據對人員變動離職的預測主動作出納新計劃，搶在他們提出辭呈前作好候補人選安排。

（2）有提前量的離職審批程序：員工申請離職往往有多種原因，有因為家庭或身體等個人原因的，有因為升學或改行等事業考慮的，其中最值得警惕的是被競爭對手直接挖牆腳。但不管出於哪

種原因，一個精心設計的、有提前量的離職審批程序可以將其負面影響降低到最小。這個程序本身就是人事制度的重要組成部分，而且也會被寫進員工手冊，並在員工進企業簽約時反覆告知。程序的核心內容就是申請離職必須提前多長時間通知企業，承諾離職後不在直接競爭對手企業就職等等。如果是廚師或者營銷經理等重要職位還需附加經濟賠償和同業公告警示等條款。

（3）重要職位員工的梯次配備：餐飲企業的很多重要職位向來都是人才奇缺的，挖牆腳之風在業內頗為盛行，一般人都會認為這是「此消彼長」，是增強自己、打壓對手的妙計。為了防範這種「釜底抽薪」的惡意競爭，企業必須在所有有技術壁壘的重要職位上梯次配備員工，這是企業的基本制度。如果一些有專業技術特長的員工不願意接受助手，那麼企業就只能和這些員工進行短期合作或者具體的項目合作，他們要想成為企業的正式技術骨幹就必須承擔為企業培養後備人才的責任，這也是高額薪酬的一部分。一旦企業擁有了在這些職位上的「雙保險」之後，「釜底抽薪」的悲劇也就不會上演了。

延伸閱讀

建設屬於餐飲企業自己的「人才儲備庫」

手中有糧，心中不慌。如果將餐飲業的激烈競爭比喻為一場曠日持久的戰爭的話，那麼企業間真正比拚的就是資金、技術和人才，而其中具有決定性意義的要素就是人才。

筆者曾經作為人力資源顧問參加過多家餐飲企業的員工招聘，每次測評結束後，我都會問人事經理們同一個問題：你們準備如何處理那些落選者的資料？他們也幾乎都會回答說：保存建檔，以備日後有合適職位時再通知他們。這個想法自然很好，但遺憾的是迄今為止，我還很少見到有企業真這麼操作了，因為每當出現職位空

缺時，他們還是會重敲鑼鼓再搞一次招聘。

與上面這些餐飲企業對所謂「儲備人才」的不聞不問相比，一些高科技行業的企業對儲備人才的爭奪卻不遺餘力，他們經常會出錢贊助一些在校學生，有時甚至是整個班級，贊助方式有很多，如設立獎學金，為一些優秀學生提供外出進修和實習的機會，出錢請知名專家為學生講授教學計劃之外的一些前沿課程。作為回報，企業將優先選擇所贊助的學生，將他們延攬於自己名下，作為企業未來的技術力量儲備，儘管最終只有部分學生能真正進入該企業，但只要有幾個學生能成長起來，企業的目的也就達到了，尤其是當這些企業與很多大學都進行了類似項目合作的話，他們的選材範圍實在是廣闊得難以想像。

類似的做法在酒店和餐飲業也有成功的實踐，比如錦江集團就專門建立了自己的酒店管理學院，並面向社會公開招生，還有很多企業乾脆與傳統大學聯合建設酒店管理或餐飲管理類院系，如美國休士頓大學與希爾頓集團聯合創辦的希爾頓酒店管理學院就成為了全球希爾頓集團最可靠的高級人才庫。

傳統的「缺人時就招聘，滿員時就關門」的管理思路顯然太過被動，是時候構建屬於企業自己的大型人才庫了。只有真正解決了員工供給來源問題，企業才有可能建立高水平的員工團隊。

第六節　透過職務豐富化有效降低員工流失率

長久以來，中基層員工的高流失率一直是困擾餐飲業界的老大難問題，管理者們試圖從薪酬福利、培訓進修以及企業文化建設等多方面入手來提高員工尤其是骨幹員工對企業的忠誠度，但效果都

不盡如人意。這是在傳統的職務專業化設計原則下很難徹底解決的一道難題，根源就在於職務本身因為過度專業而引發的員工心理變化甚至反感。在不大幅度增加薪酬成本的前提下，我們建議企業透過變革職務設計原則，運用職務豐富化技術來達到有效降低餐飲業員工高流失率的目的。

一、職務專業化設計的尷尬

引發餐飲企業員工高流失率的原因很多，職業前景、工作強度、薪資待遇乃至人際關係等都可能會成為員工跳槽的直接誘因，但即便企業經理在所有這些環節上都進行了針對性的部署和改善，員工還是很有可能會週期性地對餐飲工作心生倦怠，這是由職務背後的具體內容和隱含的內在激勵問題所決定的。

職務專業化設計說起來可是大有來由，不但在理論上得到了經濟學和管理學的強力支持，如亞當·斯密和泰勒等人提出的指導思想，即便在實踐中，專業化設計也得到了製造業和服務業的一致認同。著名電影大師卓別林在其代表作《摩登時代》裡就曾經扮演了一個只會簡單的扭螺絲動作的產業工人，因為每天大量地重複同一個簡單的機械動作最終導致精神崩潰。

一線案例

麥當勞的「一人多能」

如果麥當勞的每一家特許經營店都需要專業廚師，它的規模就不可能像現在這麼龐大了，事實上，麥當勞的員工人人都可以做到「一人多能」，儘管快餐店本身的工作內容是高度標準化的，但員工們的工作並不讓人覺得單調乏味。

新來的員工會被要求學會各種不同的專業技能，如製作漢堡和

炸薯條，處理顧客現場訂單和推銷新品種，巡視店面並及時清理衛生，甚至還包括如何帶領小朋友做遊戲等等。

員工們「一人多能」為管理者靈活安排職位班次提供了便利，也避免了長期從事單一工作帶來的枯燥感。從管理的角度來看，企業甚至還可以因為這種「一人多能」的員工素質結構而節約大量的工資，因為被簡化了的專業工作正由這些只拿底薪的新員工而不是昂貴的專業廚師在承擔。

職務專業化設計的優點和缺點都很顯然。

專業分工會極大地降低總體任務的複雜性，具體員工只需要承擔其中有限的環節，從而可以在大量的重複操作過程中很快變得熟練起來，這對企業來說也是一舉多得的好事。

但我們更應該看到的是，在過度專業化的職務設計背後隱藏著的是幾乎規律性的員工情緒低落、沮喪直至反感。試想，面對著一大堆洗滌設施的洗碗工會在每天數以千計的剩菜殘湯麵前感覺到快樂嗎？倉庫管理員每天在陰暗冷清的庫房裡面對著那些罈罈罐罐會真的開心嗎？餐廳迎賓員在大門口一站就是好幾個小時，日曬雨淋的，會一點都沒有怨言嗎⋯⋯

比這些更重要的是，很多員工在熟練掌握了某個職位的全部技術後，職位所帶來的挑戰性和新鮮感就隨之消失了，此時企業若不能及時察覺到員工的心理變化，一場離職風暴就會隨時爆發。

二、最初的嘗試：晉升、輪換和職務擴大化

人力資源學者一直主張，對員工最強大的激勵是來自工作本身的，包括工作內容、工作目標以及工作過程等等，這些觀點也得到了現代心理學家的支持。正是基於對這一主張的認可，很多企業開

始嘗試對職務設計本身進行改革，餐飲業也不例外。

最能從內心上調動員工積極性的手段當然是職位的晉升了，這既是對員工過去工作的高度肯定，又是對未來工作的巨大挑戰。得到晉升的員工能掌握和運用更多資源，也能加快自己的職業生涯計劃的實現。可惜的是，在「金字塔」式的組織結構裡，越往上職位越少，而且很多員工在較低一級的職位上幹得出色並不意味著他晉升後也能勝任。

相比晉升來說，橫向的職位輪換顯然更具可操作性，它可以使員工的工作內容多樣化，避免產生厭倦，更重要的是，它有助於培養員工多方面的能力，豐富其知識結構和行業閱歷，加深其對整個企業運行機制的理解。

一線案例

酒店職位輪換制的困惑

某酒店有一個延續多年的不成文的慣例，所有的中層幹部即部門經理除財務與工程兩個技術性部門外，其他職位人員大致都兩年一個大調換，餐飲部經理去了客房部，客房部經理到了人力資源部，人力資源經理到了辦公室，辦公室主任去了營銷部……這樣的傳統在下面的各個部門也自然得到遵從，主管、領班之間的工作調換也是差不多半年就有一次輪換，至於基層服務員之間的工種調換和職位輪換則更是家常便飯了。

但久而久之，酒店發現這種過於頻繁的職位輪換也存在很多問題。首先是員工轉職位，總是會面臨一個再培訓、再磨合和再適應的過程，這會在一定時期內導致培訓成本的增加和工作效率的暫時下降，而從全局來看，大範圍的工種輪換，很有可能將一些非常有經驗的員工配置到他們不熟悉的職位上，從而造成對員工才能的浪費，甚至會打擊某些進取心強又確實很有才華的員工的積極性，因

為他們更盼望縱向的輪換，即晉升。

除了晉升和職位輪換外，餐飲企業還有一種常見的增加員工工作吸引力的方法，那就是職務擴大化。職務擴大化的要點是使職務範圍增大，即增加一項職務所需要完成的不同任務數目，並減少了職務循環重複的頻率。比如說，洗碗工原來的工作任務就是單純的洗滌，現在將洗碗組與公衛組合併，每人的工作內容都兼具洗碗和公共清潔兩樣，輪流排班，員工們的職務範圍適當擴大，工作也相對沒那麼單調枯燥了。

在餐飲業中對職務進行的擴大化是很有效果的，比如有些中小餐廳在收銀職位上做的職務擴大化，收銀員除了做收銀、出納工作外，還經常需要承擔採購入庫的驗收、點菜單資料的統計分析或每餐經營報表的填寫等任務。這使得這個職位在對企業的成本控制和現金管理上的地位大大得以提升，員工普遍也很樂意看到自己各方面能力的長進。

但職務擴大化嘗試不成功的例子似乎更多，比如很多大廳服務員就經常抱怨她們除了基本的餐前準備和席間服務外，還得在下午做大量的公共清潔，有時甚至是倉庫整理工作。此時員工不但絲毫沒有職務範圍擴大後的喜悅，反而會抱怨「以前，我只有一份煩人的工作，現在，因為職務擴大化，我一下子有了好幾份煩人的工作了」。

實踐中，我們發現，所有類似對於員工工作非自願的職務輪換和職位擴大化，都可能會導致曠工甚至質量事故的增加，在克服了職務過度專業化的弊端的同時，又為員工增添了新的煩惱。最重要的是，所有這些努力對於增加工作的內在挑戰性都沒有太多實質性的意義。

三、職務激勵潛力公式和職務豐富化

瞭解和認識職務對於員工的吸引力是成功的職務內容設計的關鍵，當然，這也是餐飲管理實踐中一個老生常談的焦點話題。很多餐廳經理們也在實踐中逐漸意識到，很多員工對於職務的真實感受比他們預計的要複雜很多，一些看上去極其簡單的工作之所以會出現執行走樣、偷工減料甚至是敷衍了事，原因就在於員工已經在骨子裡產生了深深的厭倦。

管理經典

怎樣測算具體職位對員工的吸引力

　　管理學家們曾經對如何分析和比較職務的真實吸引力做了大量的實證研究，並總結出了一些有趣的分析方法。下面我們就一起來研究對具體職位激勵潛力的計算方法，各位也可以結合自己企業的實際情況對一些基層職位進行類似分析。

　　職位激勵潛力（MPS）得分＝（技能多樣性＋任務同一性＋任務重要性）/3×自主性×反饋

　　這個公式中所羅列的五個項目是來自於「職務特徵模型（JCM）」中的核心維度，可以用來分析具體職務對員工生產率、工作動力和滿足感的影響。

　　技能多樣性：指一項職務要求員工使用各種技術和才能從事多種不同活動的程度，如營銷代表就應該同時具備市場調研、訊息採集、同行競爭、情報刺探、客戶開發、產品宣講、業務細節策劃、營銷活動策劃與組織、社會公關等多項技能，屬於很典型的技能多樣性工種，員工也大多很喜歡其中的挑戰性。

　　任務同一性：指一項職務要求完成一項完整的和具有同一性任務的程度。這個提法有點費解，其大意是說一個人就能獨立完成一項工作的全部流程環節的程度。比如說調酒師的工作從酒水選型到設備保養，從材料申購到現場勾兌，幾乎全部的環節都由他一個職

務包辦。

任務重要性：指一項職務對其他人的工作和生活具有實質性影響的程度。這一點很好理解，如採購肩負著為全餐廳按時按質量提供材料和設備的任務，他的工作質量直接關係到很多其他工作，是很多關鍵流程的起點，其任務重要性程度非常高。

自主性：指一項職務給予任職者在安排工作進度和決定從事工作具體使用方法時的實質性的自由、獨立和自主的程度，也就是指員工在自己職責範圍內的決策權限的大小和可調用資源的多少。比如倉庫管理員儘管工作性質非常重要，但並沒有什麼自主權。他不能自己決定上班時間，不能自己決定庫存擺放內容，而只能接受相關指令安排。

反饋：指個人為從事職務所要求工作活動所需要獲得的有關其績效訊息的直接和清晰程度，也就是說，他能在多大程度上瞭解到自己所付出努力的實際效果如何。這反映了員工能否有機會客觀量化地直接觀測到自己的工作業績，而避免被其他人主觀臆斷地進行評價。比如對於廚師來說，這就是很值得關注的一個指標。

以上述公式為依據，我們可以對職務的具體內涵進行更具技術含量的剖析，比如我們可以考慮增加其職務深度，允許員工對其工作施加更大的控制，這就是職務豐富化技術的初衷。在餐飲企業裡，我們可以將職務豐富化理解為批准員工（尤其是基層員工）做一些通常是由他們上級管理人員完成的任務，這其中最能吸引員工的是允許甚至督促他們自己去計劃和評價自己的工作。

比如，餐廳領班可以在自己班組範圍內決定如何開展月度員工培訓計劃，可以自行決定具體設計培訓科目、教材，安排培訓時間，以及組織培訓考核的方式，甚至可以宣布考核結果將影響班組員工職位的調整等等。而在過去，這些都是餐廳主管或經理直接安排好了以後公開宣布，再由領班負責在班組具體落實的。領班個人

171

對培訓的看法對培訓計劃無足輕重。

豐富化後的職務設計將給員工帶來更大的自主權、獨立性和責任感，並鼓勵員工們盡可能從頭到尾地去操作一件完整的活動，更重要的是，前後連貫起來並且由一個員工或小組主導完成的任務更容易衡量其績效水平，方便員工們清晰地評價和改進自己的工作。

比如在廚房內部，不同技術班組間也可以進行類似調整，比如有些餐廳將蒸菜師傅單立出來，自主管理，獨立核算，其工資結算也與廚房獨立開來，效果相當不錯，很多新式菜品迅速被挖掘出來。

四、值得嘗試的職務設計模式：自我管理工作小組或團隊

有很多職務設計導致員工厭倦的重要原因就是對任務規定得太仔細、太具體，儘管這避免了具體操作時的理解偏差，但也極大地限制了員工的自主性。更重要的是，實際情況可能和職務設計時的考慮不太一致，此時太精確的職務設計反而顯得多餘。

比如在某次關於宴會外賣的談判中，營銷經理原本應承擔關於宴會設計的所有內容，因為這是其職責範圍，但宴會外賣畢竟不同於普通宴會，需要充分考慮場地和運輸等問題，尤其是關於報價問題，更是需要聯合出品和財務部門一起核算後方能定奪。此時應該派出的就是談判小組，由幾個不同專業人士聯合組成，既可以十分專業地解答客戶提出的技術性問題，又可以共同協調不同部門找出更好的整體技術方案。

當職務設計不是圍繞個人，而是圍繞小組來進行時，結果就形成了工作團隊，這可能不太容易理解，畢竟在餐飲業以團隊來進行工作設計還不太多見，但它代表了一種日益盛行的職務設計方案。

一線案例

特立獨行的廚房蒸菜小組

在湘菜菜系中，蒸菜向來以味道濃、出菜快見長，幾乎每次客人點菜都會有一兩道蒸菜，更重要的是，作為一種最主要的烹飪手法，蒸菜品種繁多，已經自成體系。

三湘情餐廳的蒸菜一直是其招牌品種，在食客們心中認同度很高。他們在蒸菜經營上的巨大成功，得益於其獨特的管理辦法：

餐廳將整個蒸菜小組作為一個整體來看，蒸菜小組除了有一個組長有相對較為明確的職責外，其餘的餐廳一概不管。蒸菜組內部獨立經營，獨立核算，按銷售提成來獲取自己的收入。餐廳只為他們提供基本的工作生活條件，至於他們出什麼菜品、怎麼選購材料、加工質量管理甚至聘請幾名員工，餐廳都一概不干涉。

在蒸菜小組內部，分工也不一定是固定不變的，他們可以根據每天的客流變化以及促銷時機的變化等臨時決定如何分工，而且在盡可能低成本高效益的前提下，他們可能會連助手、打雜的人都省略掉了，幾個人精幹而又全能，彼此間沒有什麼領導與被領導的關係，僅僅是因為特長不一才組成的互補型團隊，此時的組長也只是因為管理和訊息聯絡上的便利而設置的名義職務。

隨著餐飲經營模式的變化，類似蒸菜小組式的自我管理團隊越來越多，比如曾經一度非常流行的「大嬸廚娘」，就是一些身懷絕技的民間家常菜高手，以加盟形式在正規餐廳裡臨時開攤設點，餐廳提供場地，並和她們分成。

即使是在企業內部，這樣的自我管理小組也漸漸多了起來，如有些餐廳將基層服務員直接排成幾個服務小組，每個領班各帶一組，直接將排班、培訓以及質量管理等事務性工作下放到各小組，並鼓勵各小組之間展開競賽……

延伸閱讀

員工心，並非海底針

在經歷近一個月的員工內鬨、爭吵直至最終集體走人後，某餐廳經理心力交瘁，無奈感嘆道，「員工心啊，真是海底針，摸不透啊」。在他看來，一切都是那麼不可思議。餐廳的生意不錯，給的薪水也算不低，但不論怎樣，這些員工始終就沒有定下心來好好幹。

其實，員工的心思說簡單就簡單，說複雜也還真是有點複雜，關鍵在於有沒有為他們設計好一個合適的工作環境，讓他們從工作中找到樂趣。只有員工們從內心覺得快樂，對工作感到滿意，才會有真正快樂的企業和滿意的顧客。員工們相互間的內鬨爭執很多時候還是由於管理層在職位設計和工作安排上的失誤引起的。

為什麼員工們會起內鬨？有兩種可能。

一是分工不當，很多職位相互間責任不明，造成員工在工作時出現相互推諉、相互抱怨的現象。這些本來是針對工作的矛盾在高度緊張的工作氛圍中一經放大就蔓延成為私人恩怨了，畢竟他們在剛進企業時彼此間並沒有什麼說不清的瓜葛。二是職位設計太在意工作效率了，把每個員工的職責都侷限在十分狹窄的範圍內，他們的工作實在是太單調了，加上餐廳本身定位是經濟型，薄利多銷，員工工作強度很大，此時員工的工作情緒就像火藥包，一點就爆。如果能意識到員工們此時心理承受能力很差的話，應該盡快想辦法，採取一些措施來幫助他們消除對工作本身的厭倦。比如，可以考慮對某些員工的職位進行輪換，或者將有些工種的內容稍作調整，能讓員工們在自己工作範圍內多一些自主權。如果可以的話，還可以將一些具有潛力的員工抽調出來從事一些創新性的工作，如項目策劃、市場推廣等。

當然，員工情緒管理本身就是一個很複雜的課題，但至少我們應該意識到要使員工們始終保持高昂鬥志的話，就必須從豐富其職務內容、增加工作本身吸引力上入手。

第七節　餐飲企業核心員工的薪酬及股權激勵方案

對於餐飲企業來說，員工流動是一件再正常不過的事情，不正常的是往往「該走的沒走，該留的卻走光了」。一些業務熟練、能獨當一面甚至對企業發展舉足輕重的核心員工對於企業的薪酬甚至股權激勵有著不同於普通員工的要求，在初步展示了自己的能力和價值後，一場艱苦的待遇拉鋸戰事實上已經展開了。此時的餐飲管理者該如何應對？是漠視不理，還是一味迎合？是邊打邊談，還是一步到位？是真誠透明，還是施以權術呢？

一、到底誰才是不可或缺的核心員工

在管理學界，有一個應用頗廣的「二八定律」，意思是說大部分至關重要的資源往往由少數人在支配，大部分的企業業績往往由少數人在主導，比如80%的餐飲銷售額往往由20%的老顧客創造，80%的企業產值往往是由20%的核心員工決定。

儘管這只是一個經驗性的估計，但無論是在實證檢驗還是理論解釋上卻都是能站得住腳的結論，這也很符合辯證唯物主義的核心觀點——兩點論與重點論的統一，事物的發展任何時候都不是均衡的。

於是，核心員工的問題就浮現了出來。我們應該清醒地意識

到，餐廳幾十上百號員工儘管都非常努力，但對企業最終業績的貢獻卻不是簡單地用流了多少汗、吃了多少苦來計算的，即便是在相同的職級上，骨幹員工與普通員工的區別也是相當顯著，有時甚至是天壤之別。這個道理其實很好理解，就好比是在學校裡，一個班上的學生也會很自然地有優秀與平庸的區別。

核心即骨幹員工未必都是高層管理人員，他們可以是管理骨幹如餐廳經理、主管，也可以是技術骨幹如首席點心師、宴會設計師，還可以是服務骨幹如資深服務員、調酒師。他們不但支撐起了整個企業的產品與服務體系，使企業運行得有聲有色，還是企業進一步發展的中流砥柱，是企業創新和戰略實施的實際承擔者。可以說，「管理高層是導演排戲的，核心員工是挑梁唱戲的，普通員工是跟著配戲的，顧客們則是專管看戲的」。

如何甄別核心員工不是一件輕而易舉的事。很多員工只因為是投資者的親屬而自然而然地占據著重要的管理職位，或者有些員工過去曾經有過貢獻現在也自然以功臣元老自居，甚至有時一些能說會道的員工光靠耍嘴皮子也能撈個一官半職……這些人都很有可能成為老闆心目中的「核心員工」。按照這樣的標準來估算的話，一家餐飲企業的核心員工數量也就多得不可勝數了，老闆們一不小心可能就形成了「人才濟濟」的錯覺。

實戰經典

誰才是餐飲企業的核心員工

這裡我們簡單地談三條標準，用以判斷員工是否夠得上核心員工這個定位，是否需要對他們在薪酬待遇上「另眼相看」。

標準之一，看員工的實際能力與實際貢獻大小。

在餐飲企業內部，員工由於個人能力及技術經驗等方面的差異，對企業創造的價值是不一樣的。

如優秀的營銷代表善於開發新客戶，能獨立進行關於大型宴會或營銷活動的談判，為餐廳爭取到大量訂單；有些喜歡鑽研技術的優秀廚師總是能推陳出新，為餐廳推出很多新品菜餚，緊跟行業發展潮流；又比如收銀員掌握了一定水平的財務知識，能熟練使用餐廳引進的餐飲管理軟體，每天能及時登錄數據並輸出詳細營業報表等等。這些員工的工作成果對企業經營的成功都有著直接貢獻，也是企業戰略得以高水平實施貫徹的基礎。

標準之二，看員工的職位重要性程度大小。

員工是否屬於核心員工與其所在的職位也有很大關係。一些關鍵職位如財務總監、行政總廚、大廳主管或者營銷總監等，自然必須由核心員工擔任，但這裡需要澄清的是這些只是關鍵職位，只有真正具備了相應的任職資格和能力的人，才能算得上核心員工。

很多合夥經營制的餐廳裡，大家像分饅頭一樣地分配了這些職位，以至大部分管理者都不稱職，這些員工就談不上核心員工了。

標準之三，看員工類型的稀缺性程度大小。

在餐飲企業裡，還有一些技術性的職位如調酒、雕刻、特色廚師以及專業營銷策劃人員等，儘管從職位來看不是特別關鍵，但「物以稀為貴」，這些技術性工種在勞動力市場上存在明顯的「供少於求」現象，而且在企業的整個產品體系中也是很重要的因素。

比如，某以民間鄉土菜餚為特色的餐廳，其瓦罐煨湯是一大特色，頗受顧客好評，總經理當即決定將煨湯廚師從廚房系列中單列出來，享受廚師組長待遇，其工資不在廚房承包金裡計算，而改由財務單獨發放。

二、慎談股權，不等於不談股權

在餐飲業界，職業經理人們普遍都有過從「蜜月」到「分手」的慘痛經歷，當然經歷的次數多了，也就習以為常了，只不過從此主雇雙方間都多了一些防備，少了一些真誠。

實踐速描

餐飲職業經理人的「蜜月」與「離婚」

餐飲企業聘請高水平的職業經理人已經漸成行規，但這些經理人與企業的合作卻經常是不歡而散。

故事的版本有很多種，但其主線往往都是這樣的：

剛開始時，餐廳用人之急，對職業經理人抱以厚望，不惜開出高薪甚至股權紅利，雙方一拍即合，是為「蜜月期」；

合作開始一段時間後，矛盾產生，摩擦在各個層面都有所顯現，是為「摩擦期」；

合作接近尾聲時，無論是賺是賠，雙方都會大打出手，頂多也只是「貌合神離」，此時結果無非兩種，要麼賺了，股份值錢了，老闆不捨得分，趁機找麻煩，找岔子，手臂擰不過大腿，讓經理人知難而退。要麼賠了，股份自然免談了，損失你也賠不起，那就在薪水上拖欠一下，打個幾折，最終掃地出門，是為「分手期」。

於是很多同行們得出結論，輕易不要許諾，尤其不要拿股份和紅利這些關乎產權的敏感話題來許諾，在談薪水、職務和福利待遇這些條件也要慎重，因為說了不做到的話後果會比不說更嚴重。

這就引發了現實中的一系列管理難題——到底拿什麼去吸引那些真正有能力的員工？什麼都不能談的情況下，核心員工會不會被那些開出了誘人條件（不管其能否兌現）的對手給生生挖走？適當贈予一點乾股，不是挺好的辦法嗎？反正他不努力就掙不著，他努力了也該得一些嘛。

其實，在管理中原本並不存在什麼禁區，股權、紅利甚至期權等分配手段之所以成為談判籌碼自有其理由，問題不是出在這些籌碼身上，而是我們對如何使用籌碼的方式方法掌握不到位而已。

慎談股權，絕不等於不談股權。

對於急速發展中的餐飲企業來說，員工持股或者期權激勵等新型分配形式也很有借鑑意義，儘管目前對於非上市企業來說，股權激勵在實施上還有很多具體障礙，技術上也很不完善，但這在很多行業已經被證明是一種趨勢。

當然，在餐飲業實行員工持股或者期權激勵難度比一些高科技企業大得多，因為企業沒有建立健全公司治理制度，很難以市場數據來表達其企業價值的增加量，直接從財務報表上核算收益也比較困難，因此即便很多企業為部分核心員工提供了乾股即沒有財產處置權的分紅股，但實際操作起來還是缺乏必要的透明度，這樣的股份還不如定額分紅來得可靠。

在一些由國有企業改制而來的股份合作制餐飲企業裡，員工持股制實施得比較到位，但隨著時間推移，職工們越來越發現過分分散的股權並不利於管理，於是大多經過議價協商後，由一些資本實力較雄厚的員工進行收購，企業體制重新向傳統模式發展。

至於期權激勵，難度就更大了，因為期權的本意就是不參與現期分配，從而避免核心員工的短期行為，但因為餐飲企業普遍沒有進入資本市場，所以實施起來非常複雜，對於權益的貨幣界定不易操作。

從某種意義上來說，核心員工的股權更多地只能體現在具體項目或者部分承包經營者身上，只有在完全的兩權分離情況下才能談得上真正意義上的股權激勵，而這通常只侷限在核心管理層成員，並沒有擴展到全體核心員工身上。作為一些專門技術的擁有者，有

些核心員工可以在具體項目或者產品上享受股權，但那屬於智力入股性質，應另當別論。目前我們在業界見到的其他一些員工持股，大多是名義上的紅利分配權，更多的是對員工的一種褒獎。

三、以核心員工為本的薪酬機制

有必要再次強調的是，核心員工不等於核心管理團隊，薪酬仍然是對這部分員工進行激勵的主要手段，建設以核心員工為本的薪酬制度在某種意義上來說是餐飲企業管理的一項基本功。

很多餐飲企業因為平時在這項基本功上下的工夫不夠，沒能仔細研究核心員工的心理特徵，並設計出富有針對性的薪酬機制，直到出現危機了才想到要花大代價去「亡羊補牢」，這時便有了股權、期權和紅利之類承諾的泛濫。

建立以核心員工為本的薪酬機制，應該注意以下幾點：

（一）以能力為導向，實行彈性工資制度

在餐飲企業內部，不同員工的邊際貢獻有很大差異。為了能引導員工不斷提高職位技能和專業水平，我們應該設計以能力為導向且能對員工能力增長作出及時反應的薪酬方案。

比如，在基層服務員中設立定期等級考核制度，在配套以高密度的職位培訓的同時，聘請外圍專家對員工進行半年一次的職位技能測試，測試成績結合平時表現將成為員工職位定級的依據。此時的員工職位設計可以有一定的層次，如特級服務師、高級服務員、中級服務員和初級服務員等，拉開不同級別員工工資待遇，同時又設立可以申報晉級的通道。

此外，積極鼓勵員工利用業餘時間自學職位技能，如果參加社會公認的一些專業資格考試並通過，也可以在工資待遇上有所體

現，如有些酒店為通過了餐飲管理專科自考的員工提升一個工資等級的做法就值得借鑑。

（二）年功序列與限期離任制

餐飲企業為了培養員工的忠誠度，可以仿效日本企業為員工設置以在店工作時間長短為依據的「年功序列制」，規定員工只要能在店工作達到一定年限，其工作職位、職務級別和工資待遇都將有顯著提升，提升幅度非常誘人。比如某餐廳規定，新進服務員連續在店工作兩年以上即可轉為管理人員並享受相應待遇，領班級別的工作人員在店連續工作兩年則可以享受主管待遇，即使暫時沒有職位空缺其工作待遇也可以先落實，並自動成為主管候補人選。

但「年功序列制」絕不是鼓勵員工們論資排輩，與其配套的是一個非常苛刻的考評淘汰制度，每個級別的員工逐月考核其工作表現和受訓情況，只有考評合格並且能透過嚴格的培訓考試才能自動晉升，而沒能透過考核的員工不但不能晉級，反而會因為能力的限制被要求另尋出路。

（三）建立有效的績效評估機制，實行有競爭性的薪酬制度

薪酬往往是員工個人價值的一種體現，企業對核心員工的價值的認可必須體現在為其提供的接近或高於同類企業的市場平均薪酬。只有確保其薪酬水平與其創造的價值相適應，才能避免他們被競爭對手挖走。

透過有效的績效評估可以對核心員工的功績作出客觀公正的評價，從而充分體現出他們的價值，並促使核心員工在同一薪酬區間內展開競爭，透過提高績效來取得更高的薪酬。

餐飲企業要完全杜絕高水平員工被對手挖走是有一定難度的，但有一定閱歷的員工對於暫時的高薪也會有清醒的認識，深知名義上的高薪不如更可靠更合理的薪資結構可信，畢竟「多得不如少

得，少得不如現得」。

（四）重視對核心員工的智力資本投資

核心員工在本質上是不斷挑戰自我且希望能不斷提升自我的人群，因此要維持核心員工團隊的穩定，就必須提供較好教育培訓機會。這與其對自身的職業生涯預期是一致的，儘管培訓本身不等於福利，但智力資本投資在很多有上進心的核心員工心目中比直接薪酬更有吸引力。

延伸閱讀

股份獎勵與財務核算的兩難問題

有很多慷慨的餐飲企業家，他們都高度重視人才的價值，最有力的證據就是他們給手下的一些核心員工贈予了大量的企業股份。

資本與勞動或者說資本與知識在企業內部的權力之爭是個永恆的話題，學者們將其稱為企業治理，實踐者們的理解要樸素一些，就是怎麼才能做到同心同德，有錢的出錢，有力的出力，這個力，既有體力，也有智力。

於是就有了股份獎勵一說，當然，由資本授讓給勞動者的股份並不是完全意義上的股份，而只是一種事實上的分紅權利。說白了，股權並沒有發生法律意義上的轉讓，至少財產的處置權仍然屬於老闆，他把餐廳轉讓後得到的轉讓款不會再按什麼股份進行分配。

同理，在企業沒有真正上市，哪怕是私募以前，股權包括期權都是不完全的，資本所有者仍然是事實上的所有者，核心員工們得到的所謂百分之多少的股份其實只是個分紅的權利而已。

但即便是這個分紅的權利，也未必來得很完整，道理很簡單，因為你不能承擔風險，也不能決定紅利派發的比例和數目，甚至你

連有沒有紅利派發都沒有發言權。

　　只有一種紅利比較實在，那就是承包經營或者委託管理，但那是另外一個話題，是委託代理問題的一種解決模式，與核心員工無關。

　　恐怕只有當餐飲業真正與現代資本市場接軌後，有了公開披露的財務訊息，沒有了一股獨大的體制束縛，股權獎勵包括員工持股、管理者期權等才會真正貨真價實。

第四章　飯店餐飲流程管理創新

導讀

具體到業務層面上來說，真正考驗飯店餐飲管理人員職業素養的是他們的流程設計和執行能力。如果將戰略規劃和組織設計等能力比喻為「頂天」的話，那麼面向流程實務的掌控和調整能力就是「立地」了。

對於第一代餐飲職業經理人來說，對業務流程的熟悉是他們最大的優勢，也是最能將他們的經驗和直覺發揮得淋漓盡致的地方。某種意義上來說，傳統管理模式之所以不太重視戰略規劃、文化建設和組織管理，與管理者們在業務流程管理上花費了過多精力並傾注了全部心血不無關係。

然而，從今天的市場實踐來看，這些承載了第一代經理人無數心血的傳統流程知識已經明顯落後於時代步伐。這裡面既有基於第一代經理人自身知識結構缺陷的內在因素，也有在新的技術條件下餐飲業競爭規則不斷改變的外在原因。比方說，早期的職業經理人普遍習慣用高強度的現場管理來控制經營成本和管理費用，但卻因此忽視了企業在產品研發和員工培訓方面的投資效益；又比如說現代計算機管理和資訊系統技術的應用為連鎖餐飲企業大規模降低運行成本提供了可能，但卻只有少數的餐飲管理者能真正抓住這些機遇。

本章對於餐飲管理流程創新並沒有進行面面俱到的探討，因為牽涉到一線管理流程和業務流程的問題實在是太多。前面所提到的關於管理者知識結構的缺陷事實上在幾乎所有流程細節上都有不同程度的體現，因此本章只能嘗試對一些在餐飲管理實踐中最突出的

流程問題進行分析，並提出了一些全新的解決思路。

　　本章第一節重點探討了表單管理技術與流程創新的關係，這也是區別新舊兩代餐飲經理人管理哲學的一個重要標誌。傳統型的管理人員喜歡高密度地親臨現場，用自己的經驗來分析問題，用即興式的命令指揮來保證企業運行效率；而現代型的管理人員則喜歡用各類表格單據將各個流程環節串起來，將大量的分析和決策工作建立在客觀的數據資料而不是主觀經驗之上。

　　本章第二節到第四節則分別從流程開發、員工培訓和服務產品設計等幾個方面探討了未來餐飲企業流程創新的可能途徑，應該說這三節的內容在邏輯上有一定的內在聯繫，並在實現的難度上依次遞進。管理人員要想按照「例外原則」來高效率地行使自己的管理職權，就必須不停頓地設計和開發新的業務流程，而新的業務流程能否順利實行則取決於員工的基本素質和職業意識能否同步。最後具體到餐飲產品的特性來說，我們應該想辦法尋求業務流程的有效性和成本結構的合理性之間的平衡。

　　將成本控制問題納入流程管理範疇，是因為二者之間的相互依存和相互影響。本章第五節到第七節分別討論了全面預算管理和結構性的成本控制方法，並且結合餐飲企業的經營特點對應收帳款的管理問題進行了專題研究。

第一節　表單管理：規範化、標準化和制度化管理的首選技術工具

　　傳統的口頭管理和經驗管理已經難以適應餐飲業越來越急劇的市場變動和越來越複雜的業務流程，並直接導致了在管理實踐中流程執行不徹底、業務交接不到位以及制度規範無法貫徹等一系列問

題。管理者們本能地意識到企業效率的提升必須依靠更加規範化、標準化和制度化的管理體系，但缺乏相應的技術實現手段和評估工具，很多雄心勃勃的管理變革始終只能停留在經理的口頭宣言上。表單管理透過對流程的細化和業務指標的及時記錄等方式，為餐飲企業改善管理績效和克服流程混亂提供了非常實用的解決方法。

一、表單系統與規範化管理

衡量一個餐飲企業的整體管理水平，最有效的辦法就是看企業在管理過程中實際運用標準制式的表格和單據的頻率和範圍。一般來說，習慣口頭管理和經驗管理的餐廳無論事先印製的表單品種數量是多還是少，實際運行時能真正發揮作用的表單總是少數，很多業務數據的交流都是透過口頭進行交接，對業務指標的評價也是憑著管理者個人印象隨意定出的。

高水平的餐飲經理總是喜歡觀察其他管理者一些細小的習慣性動作，不論當他們瞭解情況時是「邊聽邊記」還是「只說不寫」，分析問題時是用數據說話還是憑印象估計，下達指令時是「口對口」、「人盯人」還是進一步形成文字。這樣的觀察能幫助我們大體判斷管理者是偏愛口頭管理、印象管理還是規範管理、數據管理，但大量觀察的結果都表明在這個行業真正善於使用表單的管理者是非常罕見的。

管理者喜歡口頭管理，必然也會帶動操作者喜歡口頭操作，於是我們很容易觀察到一些匪夷所思的怪現象——採購員揣著一張油乎乎的臨時寫就的清單就下了市場，採購完畢後單子也不會再保存；主管們光知道有些客戶是經常光顧的老主顧，但到底來了多少次、每次又點了哪些品種則一無所知；經理總是覺得成本費用在不合理地增長，但到底是哪些環節在增長也說不清楚；更常見的事情

自然是不同工種之間交接不到位，出現質量差錯時責任不知該由誰來承擔……與製造型企業比較起來，餐飲在管理過程中對員工的記憶力和自覺性的依賴無疑要大上很多倍，而事實上我們的員工素質未必能完全達到這麼高的要求。

（一）克服口頭管理，首先必須改掉落後的用大腦記憶業務數據的壞習慣

餐飲管理一旦深入到一定層次後，所需要的業務數據無論是從量上還是質上來說都是個人的記憶容量所不能承載的。以對顧客的歷史消費記錄來說，有哪位經理們清楚地記得每位顧客每次消費時點過的菜、對廚房加工的特殊要求以及臨時追加的一些小要求呢？但這些數據對於分析顧客的消費偏好卻非常有價值，及時掌握了這些資訊的話餐廳就更有把握在客人第二次、第三次光顧時給他們以個性化的針對服務，從而極大地提升顧客對於餐廳的忠誠度。

採用了表單管理後，我們可以將每次顧客的點菜單及服務要求記錄到電腦的數據庫裡，並為顧客建立相應的消費資料檔案以便於及時分析和隨時調閱，以後只要能辨明顧客身分，不管他已經多久沒有來光顧，也不管現場有沒有他熟悉的經理主管在，我們都可以根據他的歷史記錄在第一時間設計出令他欣喜的客製化菜單。

（二）克服口頭管理，其次必須改進落後的憑印象和直覺分析問題的習慣

儘管直覺有時能節省決策成本，但過分依賴直覺對於企業來說未必是好事，因為直覺一方面存在很大的隨意性，同時經理級員工的更換會使企業出現不必要的混亂。例如，經理在會計的提醒下得知餐廳近來儘管銷售不錯，但實際利潤卻沒有增長，成本費用有失控跡象。一般情況下，經理們會從採購上找原因，結果很可能是懷疑採購員內外勾結、中飽私囊。但這樣的結論很可能是錯誤的，按照這樣的思路進行整改不但不能解決存在的真正問題，還會導致人

心渙散。

如果能有健全的表單管理，我們可以將每天採購的實際價格、市場行價以及供應商名單全部記錄下來，是否存在採購貓膩，將這些數據拿到市場上來個明察暗訪很快就能得出正確結論，而且這樣的調查可以在不通知採購員的情況下極隱祕地進行。最終如果是採購員的失職，那麼數據確鑿，事實清楚，採購員無法抵賴；如果不是採購員失職，而是市場價格發生了大的波動，那麼也可以還人家一個清白。

（三）克服口頭管理，還應該盡可能地改變下達管理指令時「說過就忘」和跟蹤工作進度時「人盯人」的壞毛病

口頭管理的一大特點是沒有計劃性，很多管理指令的發佈都是「觸景生情」後的即興所為，說完可能就忘了，因為指令從頭到尾就沒有形成文字，而且越是有這種習慣的管理者發佈的指令就越多越頻繁。即便有時經理們很在意個別已經下達了的任務，因為指令在各相關部門和員工中的流轉也是透過口頭方式發佈的，所以為了避免下級管理者「說過就忘」，經理們必須安排專人來緊盯，否則一不小心整件事情就成了不了了之。

設想一下，如果能在下達任務時採用相對正式的文件或任務單形式，所有任務在各級管理者手下都有存單，什麼時候發佈和什麼時候完工都有明確規定，那麼「說」過以後是無論如何也忘不了的，而且因為不同級別的管理人員手上都會有自己下達過的任務清單，那麼什麼時候該驗收什麼任務也就一目瞭然，自然也用不著大動干戈地使用「人盯人」戰術了。

規範化管理是餐飲業不可逆轉的必然趨勢，也是對低水平的口頭管理模式的全面替代，所以，表單在整個規範化管理體系中無疑是最基本的實用工具之一。

二、表單系統與業務流程優化

很多餐飲企業都曾費盡千辛萬苦地編製出大量的業務流程與規範大全，但實事求是地說，大部分實際流程可能並沒有被包括在其中，而且已經制定出來的很多流程在實踐中未必能不打折扣地全盤執行。

之所以這麼說，是有很多事實依據的。因為單從這些流程的步驟來說，並不能保證我們就一定能得到我們理想的結果。打個不太恰當的比方，很多流程只是大致指引了做事的基本順序，比如說寫文章，所謂的流程說白了就是指導我們「先寫第一段，再寫第二段、第三段⋯⋯」。

這些很可能會被束之高閣的流程文件的癥結就在於它們大都只是一些很簡單的文字描述，而沒有詳細交代在每一步驟中我們應該具體使用哪些工具和方法，以及如何保證階段性任務的順利實現。正如前面反覆提及的，各種針對具體流程開發出來的表格和單據是這些管理工具中最有價值也最值得推廣的，要想順利實現預先設計好的流程，就必須從設計好的配套表單系統入手。同理，要想優化過去已經確定的流程，也應該下大力氣改進和修訂表單系統。

一線案例

飯店中餐廳的申購流程

某飯店中餐廳的申購一直以來都是非常隨意的。不但經理、主管主廚這些管理人員可以申購，其他的一些工作人員如廚師、服務員、收銀員也經常越過上級直接向採購下單，更糟糕的是所有這些申購除了每天例行的買菜外，大部分都是臨時性的口頭申購，只要嘴上跟採購打個招呼就可以了。

這樣一來就存在很多隱患，比如所有這些申請是否都合理？有

沒有可能是毫無必要的甚至是重複的採購？又比如這些申請大都只是口頭描述了要採購物品的大致數量和規格，採購員極有可能因理解不到位而買回來的東西不能用，那麼損失又算誰的？採購的時機是否得當？因為經常出現採購員剛進門又被派出去緊急採購的事情，浪費了時間不說，採購的價格質量也未必合乎要求……

造成這一系列問題的原因都是該飯店中餐廳沒有實行合理的申購和審批流程，如果明確規定所有職位的採購都必須先填寫固定格式的申購單，詳細地寫明申購的品名、數量、規格以及申購理由，並遞交上一級管理人員審核批准，採購員無須面對無數張口而疲於應付，因為他只需也只能接受包括經理、主管和主廚在內的幾個人提交的採購清單。即便是出現了一些緊急採購的需求，來不及層層審批，事後相關人員也得按同樣程序補辦手續。

有了申購單，員工們才能表達清楚採購內容及理由，管理者們才能從宏觀上把握總的採購成本，而採購員也不必昏頭昏腦地衝進市場裡。最重要的是，有了這一系列單據和事後的統計報表，經理可以更清晰更全面地估算餐廳的經營成本，並且對物品補充的規律越來越熟悉，從而在資金安排上也能心中有數。

表單設計必須為流程服務，不能「為表單而表單」。很多經理們抱怨說他們餐廳的表格單據並不少，基本上是按照一些成功企業的樣本複製的，不知為什麼就是沒造成什麼大用處。這裡面的問題並不簡單，因為一個設計得當、行之有效的表單必須與流程的實際需要、員工的工作條件以及個人能力素質等因素相適應，絕不是表格越多越好，也不是說成功企業的表格就一定能適用於其他企業。

設計表單時應該充分考慮員工的實際工作流程，比如備餐間為了合理安排菜餚製作的先後順序，可能需要對不斷送進來的點菜單進行即時處理，那麼此時我們可以在備餐間設立一個隨手可寫的小白板，白板上已經事先畫好了一個固定格式的表格。表格的內容是

臺號、進單時間、菜品種類數以及出貨數量，每張點菜單一進來，第一時間標上臺號、時間及總數，然後每出一道菜就做一個記號，這樣就可以明確地知道哪些桌次的菜品已經出了多少，不至於出現後來的反而先吃了，或者上了一道菜後就半天沒動靜等現象。如果有條件的話，還可以採用計算機系統輔助管理，將所有的菜品都列上編號，那樣的話備餐間的控制效率就更高了。

三、表單系統與服務質量和績效評價

餐飲企業對服務質量的重視是毋庸置疑的，但是否得法就不得而知了，因為即便是在一些培訓強度很大的餐廳裡，顧客們對服務質量的評價也未必很高。

先說一個大家都很熟悉的例子，然後我們再進一步講述表單系統與質量管理之間的關係。

一線案例

肯德基餐廳的洗手間管理

肯德基餐廳的洗手間使用頻率奇高，按說清潔衛生工作很難做，但事實上大家都知道，即便人流如鯽，肯德基的洗手間永遠都是那麼乾淨。

其實肯德基的洗手間管理措施很簡單。他們在洗手間門後掛了個硬紙板，上面夾著一張表格，幾乎是每15分鐘，就會有專人進來整理一次衛生，並在表格裡簽名，以表明自己在什麼時間進來作了整理。

餐廳管理人員會時不時地進來檢查，看看清潔工是不是保證了15分鐘一次的清潔頻率，同時也看看衛生質量是否合格。事實上餐廳那麼多管理人員，每天都會進洗手間若干次，清潔工想造假都沒

有那個膽子。

　　肯德基的例子表明，要想對服務質量進行有效監督，就必須將一些重要的服務過程及相關數據以表格的形式及時記錄下來。

　　比如說，要瞭解顧客對每道菜品的滿意度，光靠經理主動詢問是不夠的，因為不可能對每道菜都進行詢問，而且顧客對此也不一定樂於配合，但如果用表格的形式操作起來就簡單了很多。

　　餐廳可以在給顧客贈送代金券或折扣卡時，給顧客發一張很簡單的表格，要求顧客在每道菜名後順便打個分數。分數一般設計為5分制，依次很滿意、較滿意、一般、不太滿意和很不滿意，顧客只需要在相應的選項下打個鉤就可以了。此外，還可以將就餐環境、上菜速度、服務質量以及價格等也列入調查項目，調查表的格式是固定的，至於菜品名可以現場由員工手寫，也可以直接從電腦裡輸出。

　　有了這些數據，在營業結束後餐廳再將所有的顧客滿意度調查表格彙總，將所有數據輸入電腦，就可以得出相應的統計數據。哪些項目顧客們整體比較滿意，哪些項目顧客們已經比較集中，一眼就能看出來。而將此類統計逐日進行對比，甚至可以發現餐廳近期在哪些方面成效顯著，哪些方面有了明顯下滑趨勢，這也便於經理決定下一階段的工作重點和整改目標。

　　餐廳管理者頭疼的另一個老大難問題即如何評估主管領班及骨幹服務員的工作業績，也可以借助表單方式予以解決。

　　這個問題之所以長期困擾管理者，是因為服務一線的員工很難以量化的方式來評估業績。相比之下，對銷售人員可以考查他們招徠的業務量或者是策劃的主題活動的經濟收益，對廚師們可以考察菜品的熱銷程度和更新速度，而服務員工們只要不出現大的投訴和表揚，人們實在是很難分出什麼高下，這也進一步導致了對他們的

領隊——主管和領班們的業績難以評判。

前面提到的顧客滿意度調查表可以在一定程度上反映員工的服務效果，此外，經理們還可以用出錯次數統計、顧客投訴或表揚統計、培訓考核分數以及儀容儀表檢查評分等多種表格來綜合反映一個服務員在過去一段時間裡所做的一切，同樣也可以建立一些專用於管理人員的表單如員工跳槽率、組織培訓次數、團隊滿意度總分以及經理抽查評分等來衡量服務主管和領班們的工作績效。

延伸閱讀

少用口頭，多用筆頭，勤用表格

很多餐廳管理人員都喜歡用口頭管理，即便他們隨手都帶著一個筆記本，一有什麼事情都往上面記載，但他們的管理方式依然是非常典型的「口頭管理」。

口頭管理的典型特徵是口頭下達管理指令，口頭分析經營數據，口頭傳遞業務訊息，總之一切都是「有去無回」。因為沒有進行編號管理，所以到底安排了多少事情誰都沒個準。很多管理者逐漸意識到了這一點後，開始覺悟，「好記性不如爛筆頭」，隨手帶一個筆記本，不管什麼東西只要認為有必要，統統記下來再說，但這樣就解決了問題嗎？

必須承認，能用筆記本進行訊息記載和輔助管理，已經是在口頭管理的基礎上前進了一大步，但這一步還不夠徹底，因為這只是部分地改善了管理者的訊息分析能力，對於整個經營管理流程來說，沒有產生實質性的影響。

很顯然，管理水平的進步和效率的提升必須透過流程效率的改善來實現，而要深入到流程環節的話，表單是最有效的管理工具，這比那個隨身攜帶的筆記本管用得多，因為筆記本管理的本質仍然是「人盯人」。

員工的工作習慣是影響工作效果的最終決定力量，很多餐廳的強化培訓本意也是希望能引導員工形成正確的習慣，但培養習慣的最好辦法是在幾乎每一個具體環節上安排一些針對性的表單，將員工零零星星的工作用表單串起來。

比方說，第一次到外地出差的汽車司機都習慣邊走邊看路標，只要有路標指引，即便從未來過也基本不會走錯路。員工們幹活時也會不停地尋找「路標」。如果確有路標，員工們自然不會自作主張，但如果沒有「路標」，那麼出現什麼樣的結果都不會令人驚訝。

管理人員對於表格大都是排斥的，儘管表格可能會提高他們的管理效率，但設計表格、推廣表格以及監督員工使用表格可能是一件很不輕鬆的長期任務，半途而廢的事情屢見不鮮。但這並不是表單管理的錯，而是改變員工和改變自己多年習慣的難度太大。

儘管依然有很多餐飲企業不太樂於，也更不善於使用表單進行管理，但這並不值得提倡，因為一些成功地跨越了這些障礙的企業已經嘗到了甜頭，而且在規範化、制度化和標準化管理的道路上越走越遠了。

第二節　流程再造：用簡潔高效的新流程全面取代陳舊的作業系統

流程再造是對企業流程和組織進行全面重塑的管理變革。1990年代中後期以來，中國餐飲業開始步入產業成熟階段，新的市場形勢對傳統餐飲管理模式發起了強有力的挑戰。管理效率低下、產品更新緩慢、惡性價格競爭愈演愈烈以及運營成本結構持續惡化等現象，都預示著年輕的餐飲業亟須透過一場全面深刻的管理變革來改

善資源利用率、提升市場競爭力。就中國餐飲業的現狀而言，「鳳凰浴火」式的「流程再造」也許是許多餐飲企業的最佳選擇。

一、企業流程再造理論的起源和核心觀點

「流程再造」（Business Process Reengineering，簡稱BPR）是20世紀末流行於美國企業界的熱門話題。例如，美國聯邦捷運公司（American Express）透過「公司流程再造」使年度開支下降了10多億美元；IBM信貸公司透過對客戶貸款申請、信用審查、商務審核等流程進行BPR改造後，不僅把為客戶提供融資服務的週期縮短了90%（由原來的一週壓縮到4小時），而且由於客戶「滿意度」和「忠誠度」的大幅度提高，他們的業務量整整提高了100倍。

所謂企業流程再造，按照其概念創始人哈默和錢皮所下的定義，就是對企業的流程、組織結構、文化進行徹底的、急劇的重塑，以達到績效的飛躍。

在這一過程中，再造的對象是企業的戰略、增值、營運流程，以及支撐他們的系統、政策和組織結構。再造的初級目標是達到工作流程和生產效率的最優化，最終目標是將以職能為核心的傳統企業改造成以流程為核心的能對市場快速反應的新型企業。

歷經近20年的發展，企業流程再造理論已經形成了比較完備的理論體系，並在實踐中發揮著越來越積極的作用，其核心觀點主要有：

（1）對企業實施再造必須跳出傳統的思維定式，去除因循守舊的想法，變「如何把我們現在正在做的事情做得更好，更快，更省」為「我們為什麼要做現在的事？我們為什麼要這麼做？」；探究事物的本來面目，從根本上進行反省和思考，迫使自己正視自己的經營戰略和實現戰略的方法，拋棄所有過時甚至有誤的一切規定

的結構和過程，創造全新的工作方法。「『戲劇化』的改變」意味著企業流程再造的目標不是取得一定的改善，而是要在企業業績上取得突飛猛進。

（2）「流程再造」的核心理念就是以「最大限度地提高顧客對企業產品、服務、形象的整體滿意度，提高顧客對企業的忠誠度，進而不斷地重複購買企業的產品和服務，營造企業良好的生存和發展環境」為目標，對企業現行的運轉流程和工作方式進行根本性的反省和革命性的創新。面對急劇變化的市場環境作出快速有效的反應，提供顧客滿意的產品和服務，是現代企業的根本追求，也是現代企業生存和發展的基本前提。

（3）流程再造工程的實施必須始終堅持三條核心原則——堅持以流程為導向的原則、堅持以人為本的團隊式管理原則和堅持顧客導向的原則。再造的本質其實就是改善過去以高度專業化分工來追求效率最大化的做法的片面性和侷限性，透過組織和管理模式上的變革將被職能部門組織結構形式所割裂的過程重新連接起來，形成一個完整的、連續的、優化的流程，進而實現對顧客服務、成本和效率的全局優化。

（4）企業流程再造很大程度上就是完成對企業核心流程的再造，然後圍繞這個經過改造的核心流程，將企業的其他流程系統作適應性的調整。在再造實施的具體技術過程中，必須盡一切可能減少流程中非增值活動以及調整流程的核心增值活動，其基本原則就是「ESIA」，即清除（Eliminate）、簡化（Simply）、整合（Integrate）和自動化（Automate）。

二、餐飲業應用流程再造理論的現狀

隨著資訊時代的到來，傳統餐飲管理模式所承受的市場壓力越

來越大，金字塔式的組織結構模式已經越來越不適應現代競爭的需要，全面徹底的企業流程再造已經成為餐飲業刻不容緩的必然選擇，然而，由於多方面因素的制約，中國餐飲業的流程再造進程十分遲緩，基本上停留在局部環節和個別部門的被動改良階段。從長遠來看，這種實施阻力較小的「有限再造」方法並不能從根本上改善企業的資源利用狀況，也無法徹底提升餐飲競爭能力。

就目前餐飲業的流程再造實踐來看，大多數企業的「流程再造」嘗試主要集中在以下四個方面：

（一）對個別部門業務流程的再造

全面的流程再造需要建立真正面向流程管理的扁平化的組織體系，尤其是要將專業化分工時代被分解得支離破碎的技術過程重新整合成完整流暢的流程，這就需要企業經營者放棄人們早已習以為常的組織結構和行為方式，進行組織建設上的重大變革。毫無疑問，這將招致極大的阻力，甚至可能導致流程再造的失敗。

事實上，在整個餐飲行業，由於至今尚沒有知名企業進行過成功的全面再造，缺乏可以借鑑的典型案例，企業流程再造大都只能在不動搖原來組織體系根本原則的情況下在局部範圍內展開。

一線案例

飯店中餐廳的送餐部改革

某飯店地處繁華市區的中心地段，周邊有很多辦公大樓，幾乎每天中午甚至晚上中餐廳都會接到大量的快餐訂餐電話。

一直以來，中餐廳經理們都視這些送餐業務為「雞肋」，原因很簡單，快餐送餐需要大量人手，但餐廳到了業務高峰期時人手緊缺，而為此設立專門的送餐人員又似乎成本太高。

在飯店高層挖掘新的利潤增長點的戰略要求下，餐廳經理們開

始研究如何改革送餐業務，因為大家已經注意到附近近來冒出了好幾家專門從事送餐業務的小餐館，生意非常紅火，這表明商機已經成熟。

餐廳為此專門成立了一個送餐部，但與原來接了電話再送便當的流程完全不同的是，新的送餐部採用了全新的業務流程：

送餐部在原來的員工餐廳廚房內部重新設立了專用廚房，並在周邊幾個主要的辦公大樓內設立了加工售賣窗口，物業管理公司作為合作分成方負責提供場地和宣傳，餐廳送餐部負責將半成品每天提前送到各加工點，並掛出當日菜單。

辦公大樓裡的上班族非常歡迎這樣的送餐業務，一來可以吃到正宗的口味，所有菜品現炒現賣，味道衛生都有保證，二來可以節約等待送餐的時間，最重要的是送餐部還經常根據上班族的要求，不斷推陳出新，花色品種越來越多。

（二）對個別工種業務流程的再造

在傳統的管理模式中，飯店的基本構架是各職能部門，績效衡量的基本構架是個人，命令自上而下地傳達和執行，報告自下而上地傳遞和彙總，企業流程被人為地割裂成一個個獨立的活動或任務，衡量員工績效的標準是員工的工作時間或工作量。

就員工個人角度而言，工作任務是相對簡單而又確定的，對知識和能力的要求也比較具體和單一；從企業整體來看，員工個人的簡單任務組合起來就變成相當複雜的技術過程了，在實踐中，這種過於複雜的技術過程不僅耗費了越來越多的企業資源，而且在很大程度上轉移了管理者的注意力，導致對客服務質量無法同步提高。

近年來，在餐飲業內對於各工種工作任務的變革十分普及，其目的就是要透過加強員工的職位自我管理能力來降低管理的複雜程度。

一線案例

凱悅飯店集團的宴會「金鑰匙」服務

多年來，凱悅飯店一直在會議客源市場上占據著令人艷羨的份額，獨特的會務接待流程是其成功的關鍵。在幾乎所有的凱悅成員飯店中，都設置了專門的「會議金鑰匙」，為會議的主辦者和參加者提供全程專項服務。

與大多數飯店洽談、接待與會務分開的會議接待流程不同的是，「會議金鑰匙」們從接受顧客現場考察開始，一直到整個會議圓滿結束，始終不離主辦者左右，密切注視會議進程，及時準備著處理各種意想不到的情形。

飯店還授予了「會議金鑰匙」們相應權限，以確保其在飯店範圍內切實有效地調用各種資源，如人員、設備、車輛、花卉等，各營業部門也被明確要求與「金鑰匙」們緊密配合，對於其臨時作出的各項指令及時付諸實施，而無須額外請示和協商……

在「會議金鑰匙」這種類似於「專案經理」的接待流程推出之後不久，顧客們對凱悅飯店會議服務的滿意度大幅提高。

（三）對跨部門業務流程的有限再造

在以職能管理為核心的傳統飯店模式下，部門之間、班組之間、前後臺之間的橫向溝通是透過非常複雜的組織程序來實現的，大量的文字報表、協調會議和臨時性橫向組織的設置都是被反覆運用的溝通方式，員工花費了大量的時間精力來做反覆的訊息傳遞、甄別和篩選工作，單獨的部門或個人都無法也無須對整個業務流程負責，整體運行模式呈現出高度層級化特徵，並進而導致了管理效率的持續下降。在實踐中，溝通不暢、反應遲緩的管理現狀已經引起了經營者們的高度重視，許多飯店開始嘗試採用項目管理方式來克服組織結構的層級化趨勢，並取得了一定的效果。

在項目管理模式中，管理的核心不再是簡單的職能分工和考核，項目實施的進度、結果也就是業務流程的實施質量成為經營者關注的焦點。

比如，在很多飯店舉辦的大型美食節項目中，餐飲部成為整個項目的策劃、調度和指揮中心，其他平級的業務和管理部門則緊緊圍繞著餐飲部的進度要求開展工作，部門之間的界限在具有高度時間和質量要求的項目實施過程中被暫時消除，許多常規狀態下的管理規則被打破，所有與項目有關的部門都被臨時整合成為一個流程主體，從而確保能將更多的資源放置在對顧客價值的關注上。

（四）對跨工種業務流程的有限再造

傳統餐飲管理模式的弊端最終還是透過產品和服務質量反映出來的。在實踐中，儘管越來越多的管理者已經意識到了質量是餐飲的生命線，但常規的「事後監督型」管理模式卻無法從根本上解決這一難題。產品和服務質量的提高最終還必須透過廣大員工所直接從事的價值增值活動的效率優化來實現，這就要求企業必須將傳統模式下員工的「簡單任務」轉變為複合型的綜合任務，將員工的指標型服務轉變成為智慧型服務，擴大員工在服務過程中的自我管理和決策權限，徹底打破職能型工種對於員工積極性和創新意識的束縛。

儘管上述各種流程再造的嘗試在實踐中取得了較大的成效，並已經得到了越來越多的餐飲企業的認同和效仿，但這種局部的再造畢竟只是企業在巨大的市場壓力下的被動反應，而且由於缺乏系統的理論指導，這種再造工程往往很難達到改造整個流程體系和組織體系的高度，因而無法從根本上改善資源配置的效率，提升企業的競爭能力。

三、餐飲業全面導入流程再造工程的主要途徑

對於正在逐步進入成熟期的餐飲業來說，全面系統地引入並實踐流程再造理論具有很深遠的現實意義。

只有透過全面、快速、徹底的流程再造，才能有效地克服傳統餐飲管理模式的種種弊端，真正將餐飲企業改造成為能快速響應市場變化的現代化企業。但流程再造畢竟是一種全新的事物，其改革的深度和廣度是以往任何管理思想與技術所無法比擬的，加之在整個餐飲業尚沒有成功的典型案例可以借鑑，所以在實施過程中也充滿了風險。

如何避免各種可能的失誤，提高流程再造成功的幾率，切實高效地推動餐飲業的管理現代化進程，已經成為事關產業發展全局的關鍵問題。就當前實踐中的一些突出問題而言，餐飲業進行全面流程再造，必須遵循以下途徑：

（一）打破傳統的層級化組織結構模式，簡化以職能為基礎的部門分工機制，以流程為核心重建組織體系，提高組織的快速反應能力

當前絕大多數飯店餐飲企業在組織結構設計上採用的是「直線－職能」制模式，即在管理權限的分配上實行嚴格的金字塔式等級制度，而在業務歸屬上則依據業務性質、所屬區域等劃分成若干平行部門。這種分工制度的一個重要結果就是人為地形成了界限分明的前後臺部門，增加了管理協調溝通的工作強度，並進而導致了管理效率的低下。按照這種分工思路，無論企業規模大小，在部門設置上都會陷入過分求全和管理官僚化的誤區，這也是層級化組織模式的通病。

隨著現代資訊技術的飛速發展，網路化的扁平式組織結構模式開始逐步顯示出其相對於「直線－職能」制模式的優越性。扁平式組織結構借助現代計算機技術和通訊技術實現了管理資訊的高水平共享，大量的管理報表、會議彙報等協調工作被效率更高、成本更

低的網路溝通所取代，傳統管理模式正在逐步喪失其存在的合理性，新的以流程為核心的組織體系必將取而代之。

實踐速描

國外飯店的餐飲管理組織結構變革趨勢

目前國外很多飯店以流程為依據，開始按照餐飲企業的基本價值鏈將整個餐飲部門的組織體系分解成為若干相互聯結、互為條件的流程模組——產品和技術研發中心、人力資源供應中心、物料資源和能源供應中心、生產製作中心、服務中心、物業維護中心和財務核算中心等，或者進一步簡化成為研發中心、供應中心、服務中心、維護中心和成本控制中心。

採用這種新型組織結構的大多是一些規模較大且有多家餐廳的大型飯店，而在過去他們基本上都是採用傳統的「直線—職能」模式，即在各個餐廳自己獨立運營的基礎上再增設了一些輔助性的職能部門如人力資源部、財務部等以統籌某些事務。這種傳統模式保障了飯店經營管理的整體性，但也造成了機構重疊和部門間職責不明等弊端。

新的組織模式極大簡化了過去前後臺相互割裂的部門建制，突出了顧客價值創造過程中各核心環節的價值功能。

比如，服務中心就囊括了整個飯店所有的對客服務工作，在人員的配置、服務技術的培訓、服務訊息的傳遞等方面有更大的自由度，而不必由於新的服務項目的設置再另行增加管理部門；物業維護中心則可以將所有與設施設備維護、保養和管理有關的部門統籌起來集中管理，如保安部、工程維修、公共衛生、綠化、花卉、消防等。

（二）從各飯店的資源基礎實際出發，重新規劃資源結構，突出優勢資源，構建核心能力，將不具備技術優勢的業務職能合理

「外包」

透過將部分業務職能適當「外包」，從而順利實現從「大而全」到「小而精」的轉變，已經成為當今一些競爭性行業的發展趨勢。透過對飯店價值鏈的考察，我們不難發現，當前大多數企業尤其是中小型飯店在功能設置上都過於求全，力爭將所有的管理和操作流程全部在店內自行完成，表現最為突出的是動力設備的維護與員工生活福利設施的大包大攬等，其結果就是極大地增添了飯店的管理負擔，降低了資源結構的整體質量。

一線案例

某大型餐飲企業的員工訓練營

一直以來，培訓工作都是飯店餐飲部門日常管理工作的重要內容，各級經理主管不得不在緊張的營業間隙期見縫插針地安排組織自己部門的員工進行各種培訓。

某大型餐飲企業在高速擴張中遇到了員工培訓時間嚴重不足、培訓質量嚴重偏低的問題，追究起來自然是各級經理主管的責任，但看看這些經理主管們的工作日程表，我們實在是無法要求他們做得更多，因為他們已經竭盡全力了。

集團總部經過反覆調查後，收購了一家位於城市郊區的拓展訓練中心，並將原來的廚藝訓練和人力資源部搬遷過來，將三個單位合併成立了一家頗具規模的員工訓練營，負責對員工進行從專業技能到人文素質，從職業精神到管理意識的全面培訓。

集團還向下屬各餐飲企業下達了輪訓指標，規定除了最基本的職位適應訓練和業務細節傳達外，其餘各類培訓均統一由新建的員工訓練營來統籌。各級經理主管們從此可以將自己的精力從具體的培訓設計和組織事務中解放出來，因為現在他們只需要向訓練營提交自己的訓練要求，並審核訓練營的具體培訓計劃就可以了。

從流程的角度來考察這些在傳統觀念中不可或缺的功能設置，我們驚訝地發現，飯店在這些自己並不擅長的環節上投入大量的資源是毫無必要的。一般情況下，飯店的核心能力應充分體現在產品和服務的不斷創新和穩定的高品質上，這也理所當然應成為飯店資源配置的重心。而對於自己並不擅長的業務職能，如前面所提到的員工生活設施的管理等則應當實行「外包」，讓社會上一些與飯店具有互補功能的優勢企業來承辦，這樣才能確保在顧客價值創造環節上能有所作為。

（三）不必一味拘泥於價值鏈的完整性，而應當以顧客需求為導向，突出價值增值活動的地位，形成品種豐富、形式靈活的產品系列

在傳統管理模式中，從產品原材料的採購開始一直到最終產品的售出和現場服務的完成為止，一系列價值活動的綜合構成了一條很標準的完整價值鏈。價值鏈的完整還意味著企業在市場競爭中的交易獨立性。在傳統的計劃經濟模式下，條塊分割的企業格局導致了許多企業習慣於獨立完成絕大部分的市場活動，即最大限度地將市場交易內部化，其結果就是使得企業形成了龐大的管理和後勤機構，企業的日常管理和業務流程變得非常複雜零亂，相當數量的資源被投入到為了維持價值鏈完整而進行的活動中。

實踐速描

從「半成品禮品菜」說起

走進很多餐廳的大門，顧客們都可以看到在展示陳列櫃臺上擺滿了琳瑯滿目的各式「半成品」菜餚。這些樣品都能供客人瞭解菜餚材料構成，並激發出他們的消費熱情。

有一家餐廳顯然走得更遠，他們所展示的這些「半成品菜餚」不但可以充當實物菜單，還允許顧客們買回家自己烹製，餐廳甚至

連炒菜用的配料都已經為他們準備好了。

　　表面上看起來，這與現今很多大型超市銷售的「半成品」沒什麼區別，但要知道這些菜品可都是這家餐廳最新研製的一些新品菜，市場上幾乎沒有第二家餐廳會做。

　　難道這家餐廳就不擔心這樣做會被競爭對手模仿嗎？餐廳經理說，餐廳有強大的研發能力，推出的這些菜品既然可以向顧客銷售，也就意味著這些都是些容易模仿的家常菜，想要阻止對手學習是不可能的，主動銷售半成品菜其實是為了滿足顧客們自己動手的願望。餐廳真正用來對付競爭對手的，一是一些高技術含量的菜品，二是令人瞠目的出新品的速度，以速度應對模仿。銷售半成品禮品菜，其實也可以造勢，吸引更多的消費者。

　　當然，這些半成品禮品菜也不是顧客們想買就隨便能買到的，餐廳還是有一些附加條件，比如只能購買與你現場消費相同的菜式，一次只能購買多少份等等。

　　事實上，從顧客需求的角度來考察當前大多數飯店的日常營運活動，不難發現，其中真正有助於實現價值增值功能的活動地位並不突出，大量的活動都與最終用戶的需求毫無關係。片面追求價值鏈的完整性，勢必會導致管理組織的官僚化和經營資源的巨大浪費，其直接後果就是企業產品缺乏足夠的深度，難以快速響應來自顧客需求的變化。在實踐中，大多數企業「麻雀雖小，五臟俱全」事實上並非合情合理的必然選擇，而是單純追求價值鏈完整所帶來的被動後果。

　　面臨日趨複雜和激烈的現代競爭形勢，餐飲企業有必要重新審視自身的價值鏈構成形式和特徵。只有從資源實際出發，改變過去那種「求大求全」的思想，將一些企業自身不擅長也不必要親自處理的環節全面外包，並根據市場需求改革最終產品的輸出形式，將形式單一的產成品輸出改為品種豐富、形式靈活的寬產品系列帶，

才能真正發揮出自身的技術和能力優勢。

延伸閱讀

流程再造與組織變革

改革傳統的分級管理體制，以扁平式的組織機構模式取代金字塔式的組織模式，將管理權限充分下放，使傳統的基本作業單元——班組改變成為擁有更大自主權的項目團隊。

在實踐中，市場環境的巨大變化對於餐飲企業的最大挑戰主要來自思想觀念和組織模式的挑戰。在漫長的產業成長時期內，強調組織高度穩定的金字塔式結構模式以其專業化分工的效率和層級控制的有序性有力地推動了餐飲業的發展，並成為行業公認的經典管理範式，所有從業人員都習慣性地認為層級管理模式是最適應餐飲產品特性的管理選擇。

然而，隨著社會經濟技術條件的變化，金字塔模式的弊端正在逐步凸顯，尤其是過於具體細緻的分工和過於程式化的規範極大地制約了員工創造性的發揮，進而造成了實踐過程中思想和行為的嚴重分離。為了有效地彌補這一缺陷，一種全新的組織模式——扁平式組織結構正在全面取代傳統模式，管理權限被極大程度地下放，基本作業單元由過去的班組轉變成為享有更大自主權的項目團隊。

專案團隊取代傳統的作業班組對於餐飲業來說是一場意義極其深遠的重大變革。與傳統的班組比較，項目團隊最大的優勢在於多工種聯合作業，獨立承擔完整的作業流程，從而減少了協調工作量，提高了流程質量。比如，以項目團隊的形式來運作美食節項目，可以不借助外界力量獨立完成包括產品設計、製作和推廣在內的全部流程，而且由於整個團隊以項目為核算基礎，無論是成本支出還是任務編排，都將嚴格按照流程需求重新設計。

第三節 讓培訓真正成為餐飲企業提速的發動機

　　任何形式和內容的流程變革最終都需要有相應水平和能力的員工來具體執行落實，這就使得培訓真正成為了餐飲企業全面提速的發動機，但很多企業的培訓設計仍然停留在簡單的請人授課和員工的以老帶新層面上，並未給企業帶來明顯的績效改善。反映在實踐中，我們會驚訝地發現：需要培訓的人沒有機會，培訓內容過時或者質量低劣，培訓教員素質較低且培訓手段單一，管理層對於培訓支持力度不夠，受訓者對於所學知識技能常有牴觸……所有這些現象都提示我們，要想讓培訓真正成為餐飲企業競爭提速的強大動力，我們還須認真研究人才成長的內在規律，提高培訓的系統性和針對性，有效改善培訓計劃和方法手段。

一、餐飲企業的「培訓形式主義病」的五大症狀

　　形式主義正在成為廣大餐飲企業培訓管理的通病。用心良苦的培訓活動換來的經常是所有員工的一致不滿，高層經理們會抱怨培訓沒有帶來意想中的實效，中層主管們則認為基層員工們素質太差，難以消化培訓內容，而基層普通員工除了厭倦培訓帶來的緊張氛圍和工作壓力外，更是埋怨「領導們管理無方，明明是他們生病，卻老讓我們吃藥」。

　　（一）「片面培訓病」

　　餐飲企業的最大特點就是工作的持續高強度，排在各級管理人員的日程表上的事務是密密麻麻、永無休止之時，因此企業普遍將培訓工作歸口到專門的部門（培訓部）或專門的主管（人事主管），但這絕不等於說「培訓只是培訓部的事」。

專職的培訓部或培訓主管與其他業務部門之間理論上應該是分工協作、各司其職，即培訓部負責調研企業內在的培訓需求，統籌規劃培訓資源，並作為組織者具體制定和監督培訓計劃的實施。各業務部門才是真正的培訓計劃實施主體，他們應該主動分析員工能力與企業競爭實際需求間的差距，及時向培訓部門提出開展培訓的建議，並組織員工積極參與培訓部安排的各項活動。從本質上來說，「培訓應該是業務部門的事」，培訓部只是一個負責提供專業支持的參謀職能部門而已。

實踐速描

生病的是高層，吃藥的卻是員工

「片面培訓病」的一個重要表現是培訓往往只在中基層員工中開展，而嚴重忽視了對高層管理者的培訓。

從餐飲業競爭形勢來看，不同企業間的中層和基層員工素質差異並不明顯，即便是最優秀的餐廳也不能完全擺脫人員頻繁流動、員工素質參差不齊的窘境，但高層管理者素質的差異就非常顯著了。

打個比方，很多在單店經營時頗為成功的餐廳一旦轉向連鎖經營後，就發現管理高層們對於連鎖物流配送、資本運作和加盟法律事務等一籌莫展，他們擅長的還是過去店面管理、迎來送往那一套。

問題是此時企業的培訓並不是組織高層們來系統學習連鎖經營知識，而是制定出一套非常複雜的內部管理制度，並組織中層和基層員工花費大量時間來學習消化。高層們滿心希望能透過員工們水平的提升來克服轉型過程中的若干新問題，但「生病的是高層，吃藥的卻是員工」，這樣的藥方能管用嗎？

（二）「培訓福利病」

很多餐飲企業都喜歡鼓吹「培訓是一種員工福利」，在他們的招聘廣告甚至員工手冊上都反覆強調，本餐廳將為員工提供什麼什麼樣的系統培訓云云，全然不顧員工對培訓的真實感受。事實上，福利通常是薪酬制度的一種補充，它可以表現為各類津貼、補貼或者對生活工作環境的顯著改善，而培訓則是構建和強化企業競爭力的核心業務環節，員工不能以對待福利的可有可無的態度來淡化參加業務培訓的義務性，更不能因此養成「想來就來，想去就去」的隨意習慣。

將培訓鼓吹為員工福利的另一層含義是很多餐飲企業在避免頻繁運用加薪、晉級等物質手段時將提供大量培訓作為一種激勵員工的替代選擇，但這種做法的前提是員工能真實感受到受訓後自己的切實提高，尤其是他能判斷出這份受訓經歷對他日後職業生涯的價值和作用。在「假日大學」或是麥當勞的企業大學接受系統管理訓練肯定能激勵員工鬥志，但我們大多數企業那些毫無新意的零星培訓能有這樣的功效嗎？如果沒有，那麼將培訓鼓吹為福利就只能是管理高層的一相情願了，普通員工在內心裡是不認這個帳的。

（三）「事倍功半病」

合格的培訓治標，高明的培訓治本，但無論是治標還是治本，都得有個先決條件，那就是必須先號脈，望聞問切，對企業上下來個細緻入微的「體檢」，搞清楚影響企業績效的因素到底有哪些，才能在這份企業「體檢表」的基礎上對症下藥。這樣的培訓計劃才是真正的有針對性，不會犯「事倍功半」的毛病。

綜觀多家餐飲企業啟動員工培訓的初始動機，可以說「事倍功半」的毛病還非常流行，比如：

很多餐廳的培訓是「依葫蘆畫瓢」，由服務主管或者經理根據以前的經驗或者模仿其他企業模式機械地制定出一份有模有樣的培訓計劃，甚至乾脆照搬企業前幾年的培訓，全然不顧企業眼下的實

際情況和最迫切需要解決的問題。

很多培訓原本就是計劃之外的，只是因為老總心血來潮，一句話就決定了的，而且往往這樣的培訓從動議到實施也就一兩天的工夫，草擬個計劃安排好教員馬上就開工了，在充分體現了老總雷厲風行的風格的同時已經遠離了企業的本來需求。

還有些培訓的設計就是典型的「跟風學樣」了，看看社會上現在流行什麼就跟著培訓什麼，什麼「學習型組織」啊、「執行力」啊、「績效管理」啊，一知半解、囫圇吞棗式地全給引進來，聽完了又覺得「隔靴搔癢」，沒有什麼實際效果。

（四）「只訓不評病」

重視培訓固然是好事，但若只是重視培訓形式而輕視了培訓結果的話，投入的資金、人力和時間就很有可能打了水漂還沒覺察。有關研究表明，一般的培訓僅能產生10%～20%的效果，也就是說80%～90%的培訓資源其實是被浪費了，具體到餐飲企業來說，最基層的操作培訓效果尚可，而對於中層和高層人員的管理意識和領導能力的培訓其效果就基本是微乎其微了。

如此高的培訓資源浪費自然是令人無法容忍的，但光靠動員和開會是解決不了問題的，問題的根子往往出自「只訓不評」的培訓模式上。基層操作培訓之所以能有效果，是因為培訓目標明確，指標項目具體，培訓主管可以安排非常有針對性的考試核查手段以檢驗其真實效果，而且這些服務技能層面的訓練往往也與員工的定級定崗乃至工資級別等切身利益相關，員工無不全力以赴。但到了中層和高層管理培訓尤其是跨部門的一些培訓就很難有這麼明確直接的檢查手段了，培訓工作也因此成了打在棉花包上的拳頭。

（五）「培訓萬能病」

物極必反，越來越多的餐飲企業開始重視內部培訓，同時也越

來越多地倚重於培訓來解決在經營中遇到的各種問題。一時間，培訓就成了個筐，什麼東西都往裡裝，似乎只要做了培訓，相關聯的員工就會明白正確的方法從而正確地操作，問題就不再成其為問題了。

　　培訓終歸只是培訓，它不是對傳統管理組織職能的替代，或者說它有可能解決「不能」的問題，但不會自動地解決「不為」的問題。在餐飲企業中，員工的行動能力是由觀念、知識和技能三者構成的，企業在設計培訓計劃時，思路應是全方位的。只有全面提高員工的觀念、知識和技能水平才能全面改善員工的行動能力。作為餐飲業主，如果將培訓看作是包治百病的「萬能藥」，對培訓產生不切實際的依賴將是非常有害的。任何時候，都必須對培訓能達到的實際效果抱以平常心。

二、管理診斷——高績效培訓流程的起跑線

　　在培訓實施之前，必須先對企業的培訓需求進行系統的分析和評價，也就是說，首先應該弄清楚企業是在什麼樣的形勢下，為瞭解決什麼樣的問題和達到什麼樣的企業目標而進行的培訓。

　　培訓需求分析通常在三個層次，即組織層次、作業層次和個人層次分別進行，各自的側重點分別是研究企業的發展戰略、具體的任務結構和員工的能力差距。很顯然，培訓部門很難獨立完成這一任務，我們習慣性地將這樣的專題分析工作歸類為管理診斷工作的一部分。事實證明，全面客觀的管理診斷將為高績效培訓流程提供清晰有力的指導，稱之為高績效培訓流程的起跑點絲毫不為過。

　　為了保證管理診斷的有效性，管理高層應該保持高度的獨立性和客觀性，因為診斷分析的結論往往都會將矛頭指向最高層，因為所有問題的根子還是在於制度和機制的設計不當。所以我們可以找

尋一種中間方案，即先將管理診斷的範圍限定在對基本業務流程和管理流程的診斷評價上，在積累了足夠多的關於流程的分析後再召集相關人員探討制度設計上的弊端，一般來說，我們不應盲目修改制度本身，而應全面診斷制度本身的執行情況。

一線案例

某酒店的高層管理例會上，總經理發現他的幾個業務部門經理與採購、倉管以及財務部之間爭執不下，原因是業務部門下了申購單後財務部門老不能按時審批。於是總經理當場批評財務總監，這一下財務部又不幹了，因為他們發現很多類似的申購物品倉庫裡都還有存貨，但業務部門每次都是直接下採購單而不下領料單。業務部門的理由是我們哪裡知道你們倉庫裡到底有什麼，你們又不提供清單。總之吵得不亦樂乎——那麼，這樣的問題如果不做一定的調研，詳細瞭解原委，而是一味地在那裡培訓什麼現代企業成本控制之類的課程，怎能會有實際效果呢？

有了管理診斷開出的藥方，擬訂培訓計劃就相對來說比較容易了。

擬訂計劃是培訓目標的具體化和操作細化，即根據診斷結果和對策，設定明確的、可測量的培訓目標，確定培訓的形式、學制、課程設置方案、課程大綱、教科書與參考書、任課教師、教學方法、考核方法、輔助培訓器材與設施等等。

與此同時，制訂培訓計劃還須兼顧許多具體因素，如行業類型、企業規模、用戶要求、技術發展水平與趨勢以及員工的真實業務素質水平等等。當然，最重要的還是培訓的可操作性本身。

延伸閱讀

找到病因再開方

餐飲企業培訓，一般說來有三種形式，即關於管理知識、個人素質和企業制度文化的培訓，但歸根究柢這些培訓都必須與企業所面臨的實際問題結合起來。好的培訓，本身就必須是診斷問題和解決問題的一部分。

而時下的所謂「培訓」，有人云亦云甚至是不知所云者；有套用幾個時髦的管理術語，提出一些空洞無物的建議者；有講解一些枯燥乏味的所謂概念者。這些培訓是對資源的巨大浪費，最終會招致企業對培訓的失望甚至漠視。

培訓，必須以問題為主導，以現實為依據。所以在培訓正式啟動之前，一個精心策劃、嚴密操作的企業調研診斷應該擺在首位。比如企業可能存在的問題是成本虛高，那麼我們就應該實實在在地去查一下餐廳的進銷存是否規範，標準菜單有沒有實施，折扣審批是否嚴格，應收帳款是否得到了必要的控制。有時這樣的調查會非常耗時，但再麻煩也得查，而且得仔細查，絕不能光看看報表聽聽彙報就了事，因為問題肯定藏在這些報表和言語之後。這些都必須下功夫去思索，只有真正找到了癥結，再結合問題的正確方法進行針對性培訓，才能真正收到效果。

第四節 大規模客製：以低成本實現高度個性化服務的新理念

從當前實踐來看，如何確保以較低的成本來實現高度個性化服務，透過新的產品技術和管理技術的應用將範圍經濟和規模經濟有機結合起來，從而達到產業結構的合理優化和升級，已經成為餐飲業競爭的新趨勢。大規模客製技術就是在此背景下應運而生的新技術。

一、什麼是大規模客製理論

大規模客製是繼大規模生產之後的新一代管理模式。無論是製造業還是服務業，大規模客製都是企業競爭的有力武器。

大規模客製的核心是生產品種的多樣化和客製化急劇增加，而不相應地增加成本；其範疇是個性化客製產品和服務的大規模生產；其最大的優點是提供戰略優勢和經濟價值。大規模客製是企業獲得成功的新思維模式，它包含了基於時間的競爭、精益生產和微觀營銷等許多流行的管理思想的精華。從餐飲業競爭的角度來考察，大規模客製是應付急劇變動、高度細分市場的最合理選擇。來自法國科里倫大酒店的「集約式早餐」案例就是最好的證明。

一線案例

豪華酒店的「集約式早餐」

在以接待上層名流著稱的法國巴黎科里倫大酒店，「集約式早餐」是一項延續了多年的老傳統。

客人們每晚臨睡前，從《服務指南》中抽出「早餐預訂卡」，既可以在酒店的建議菜單上打勾畫叉，也可以自行填寫額外的品種，甚至還可以將自己的特殊嗜好與烹飪要求也寫上。填好以後，將餐卡掛在門外的鎖柄上。

每到凌晨一點和五點，巡店經理都會準時來收集餐卡，然後將它送到餐飲部。廚房在接到大量的早餐門卡後，立即分門別類，在最短時間內安排好作業計劃。

次日清早，經過精心製作的早點就會按客人在餐卡上要求的時間準時送到客房，熱度把握得剛剛好，時間也掐得非常準，一切都在無聲無息中悄然進行。

與常見的飯店服務不同的是，「集約式早餐」既可以充分滿足所有顧客截然不同的客製需求，又能在餐飲部的統一調度下組織大規模製作，從而不會造成成本和價格的上升。取得這種「魚與熊掌兼而得之」的效果，「大規模客製」技術功不可沒。

　　簡單說來，大規模客製是兩個長期競爭的管理模式的綜合——個性化客製產品和服務的大規模生產。眾多領域的實踐已經證明：以大規模生產的價格實現產品多樣化甚至客製化是完全可能的。在大規模客製中，低成本主要是透過範圍經濟來實現的——應用單個工藝過程更便宜、更快速地生產多種產品和服務，企業可以借助標準化零部件實現規模經濟，零部件再按多種方式進行組合，形成多種最終產品，最終實現範圍經濟。

　　在這一過程中，新技術扮演了關鍵的角色，正是由於在速度、生產量、有效性、效率、訊息及通訊技術方面的進步，及時交貨、精益生產技術、基於時間的競爭、交叉功能團隊等大量柔性手段才能發揮作用，從而增強了靈活性和響應能力，卻不增加相應的成本。

　　大規模客製理論的核心觀點可歸納為以下四點：

　　（1）以有個性化需求的客戶為中心。在大規模生產中，客戶處於價值鏈的最末端，生產出來什麼就賣什麼。在新戰略中，客戶位於價值鏈的最前端，圍繞客戶的需求來生產產品，其實質是生產者和客戶共同定義和生產產品。

　　（2）以靈活性和快速反應實現產品或服務的客製化。

　　（3）電腦、網路、電子商務等資訊技術是新戰略的技術基礎，使製造商與客戶和供應商形成一種新的關係。

　　（4）注重整個過程的效率，而非侷限於生產效率。美國戴爾電腦公司是大規模客製戰略的成功典型。它每年生產數百萬臺個人

電腦,每臺都是根據客戶的具體要求組裝的。其立足之本是以低於競爭者的成本向客戶提供有價值的、個性化的服務。美國最大的牛仔褲製造商李維公司(Levi's),客戶只需多付10美元即可根據腰圍等個人尺寸在流水線上客製。寶僑公司(P&G)把洗髮劑的配方增加到5萬多種,只要顧客能拿出頭髮的油性酸性指標,就可以按通常價格給你客製專用洗髮劑。

二、促成餐飲業全面轉向大規模客製的市場因素

放棄管理者們相當熟悉並曾經為餐飲業振興作出了巨大貢獻的大規模生產範式,對於所有餐飲企業來說的確不是很容易的事情,但來自於競爭對手和市場的巨大變化迫使餐飲企業必須下定決心,轉變管理風格。

總體上來說,促成餐飲業轉向大規模客製範式的市場因素主要有:

(一)在局部市場和特定時段內,餐飲業內部競爭強度加劇,致使市場呈現出一定程度的飽和

表面上看來這種「僧多粥少」的局面是由於行業規模的急速擴容、競爭對手數量迅猛增加造成的,但事實上這種飽和局面的形成與餐飲業內部業態形式過於單一、客源對象面過於狹窄集中有很大關係。

就餐飲業現狀而言,當前消費者支付能力增長的潛力還遠未被挖掘出來,大量價高質劣、單一陳舊、缺乏變化和創新的餐飲產品正耗費著巨大的資源。而當高度雷同的產品在限定的區域內展開競爭時,假性飽和就在所難免了。要想改變這種境況,就必須更加貼近顧客需求,增加品種和客製程度,提高創新速度,加快產品週期。

（二）替代競爭和潛在競爭的迅速增長，正在逐步威脅餐飲企業在產業鏈中的主導地位，並直接分流了大量現實和潛在客源

近年來，機制靈活、不斷創新的社會餐飲業、娛樂業等產業的發展速度和規模相當驚人，它們都直接或間接地構成了對飯店餐飲的威脅。

要想有效地抵禦替代競爭的強勢威脅，就必須充分發揮出自身的資源優勢，以更多貼近顧客需求的產品品種來鞏固開拓客源市場。只有以顧客價值需求為基礎，才能準確識別出各關聯產業之間的界限，確保資源的合理使用。

比如，在會議餐飲客源的招徠上，普通社會餐飲企業難以撼動飯店餐飲企業，但在婚宴、生日宴會等項目上，社會餐飲企業又具有非常強大的競爭力，二者之間的差別來源於顧客需求的價值取向差異。餐飲業要想在與替代產業和潛在產業的競爭中占據主導地位，就必須以多樣化、個性化、客製化的產品和服務為武器，全面快速響應顧客需求的細微變化，憑藉資源優勢構築起競爭壁壘，以系統的大規模客製手段重塑企業價值鏈。

（三）飯店餐飲產品生命週期不斷縮短，產品技術變化速度加快，導致了產業技術體系的動盪和創新需求的增加

在較長一段時期內，以標準化為特徵的大規模生產模式對餐飲業的發展帶來了深刻的影響。統一穩定的需求市場誘發了較長的飯店餐飲產品生命週期，有關產品和服務的技術變化更新速度相對較緩慢。這進一步影響了飯店資源的投入取向，飯店管理者的重心轉移到了維護日常運營上，企業經營的核心環節體現為成本控制和市場營銷，即以風格相對穩定的產品構成和持續改善的成本結構來不斷使消費者被低廉的價格所屈服。這也是眾多跨國飯店得以迅速成長的基本模式。

高度分化的新市場對於傳統的標準化管理模式提出了更高的創新需求，來自於產品和服務的技術變化則使更多更全面的創新成為可能。近年來，隨著社會技術資源供給總量的不斷增加，特別是貫穿整個飯店價值鏈的現代資訊技術的應用，極大地加快了技術變化的速度，部分新建飯店正憑藉著技術上的後發優勢而迅速地搶占了大量市場份額。

　　近些年改造新建的大批飯店也在設施設備、內部訊息溝通等環節上大量引進外來新技術、新設施、新設備、新用品，新流程和新技術的快速全面應用已經成為行業發展的重要趨勢。

　　（四）顧客的消費經歷越來越豐富，消費經驗不斷積累，同時隨著經濟水平的整體提高，顧客的消費購買能力也有了大幅度增長，飯店必須響應更多顧客的需求

　　在飯店行業中，消費者的購買力越強，飯店就越難以控制市場環境，市場動盪就越激烈。在買方市場條件下，飯店必須響應比過去多得多的顧客需求，傳統的以飯店為主導的大規模生產模式的作用空間越來越小。顧客們會比任何時候都更苛刻，對產品和服務更為挑剔，價格意識、質量意識、時尚意識以及對於售前售後服務水平的要求也比過去任何時候有了大幅度的提高。顧客需求的這一結構性變動，是單個或少數飯店無法操縱和逆轉的。

　　顧客對於價格的苛求是沒有止境的，靠價格優勢是無法形成戰略性持續優勢的，飯店最有效的策略就是儘量將產品和服務由標準化轉向非標準化；而對於質量的追求近年來也有了根本轉變，從常規的行業標準上升成為滿足客戶現實的需求和潛在需求；對於最新時尚的追求則最大限度地將飯店行業推向了大規模客製時代——在顧客需求日益個性化、多樣化的環境下，只有具備足夠柔性、能快速改變產品設計和服務流程的飯店才真正具有明顯的競爭優勢。

　　發生於餐飲業市場的這場變化是符合時代潮流的，也是不可逆

轉的。儘管市場的不確定性程度越來越高，但只要能及時快速地轉變管理模式，全面應用大規模客製技術，以企業可以承受的低成本實現最終產品和服務的多樣化和客製化，在不犧牲規模經濟性的同時高水平地實現範圍經濟完全是可行的。

三、餐飲業應用大規模客製技術的主要途徑

大規模客製時代的到來已經成為越來越多飯店的共識。就餐飲業的產業屬性和產品特徵而言，全面應用大規模客製技術主要有以下途徑：

（一）圍繞標準化的產品和服務來客製服務，即在設計開發和製作過程中依然維持標準化，而在銷售和交付過程中實現客製化服務

在絕大多數飯店裡，客房和菜餚、酒水的準備依然沿襲過去的標準化生產模式，而透過特定的銷售人員直接與顧客接觸，共同就最終產品的組合形式進行商討，最終產品的內容和形式完全可以按照顧客的需求予以確認，但值得注意的是，最終產品依然由飯店所擁有的標準化產品儲備組合而成。除了銷售人員以外，直接待客的服務人員也可以透過現場對顧客的觀察和溝通，臨時性地提供客製化的服務，這時候雙方之間的溝通效率成為關鍵。南京金陵飯店推出的系列增值服務就是對客製化服務的一種制度性總結。

一線案例

萬豪的「顧客識別系統」

在萬豪集團的每一家酒店內部，都透過「顧客識別系統」大規模客製客房、餐飲以及其他服務。

透過「記住」顧客的愛好（也就是把這些訊息存儲在能夠進行

本地訪問的中央數據庫中），萬豪可以為顧客提供他們自己選擇的房間、服務和其他設施。它不把這些訊息侷限於管理層或者僅僅是前臺，所有與顧客打交道的員工都可以透過這個系統熟知顧客的愛好。

值得注意的是，在萬豪所有的酒店裡，無論是客房、餐飲還是其他綜合性產品，在設計開發和生產環節依然是沿襲著原有的標準化流程，被改變的只是在銷售和交付時的服務方式而已。

（二）創建或開發可客製的產品和服務，實際上就是推行「客戶自助」模式，使標準化服務可用於任何不同的顧客並且每個人都可以客製

對於飯店來說，這是一種效果顯著、但又無須對原有價值鏈作劇烈變革的理想方式，現今非常普及的「自助餐服務」就是典型例證。

實踐速描

飯店可以提供的不只是「自助餐」

以自助服務形式提供可客製服務在飯店行業由來已久，比如飯店公寓式客房為顧客提供了自助烹飪、自助洗衣、客房就餐等多種自助服務，顧客可以自由選擇消費組合形式，飯店也因為服務成本的降低而獲得了顯著的效益。

在面向本地客源的促銷活動中，很多飯店將若干餐飲和娛樂項目按一定的權重比例組合成總價格相同的多種產品類別，任由顧客進行選擇，使得顧客以相同的花費可以享受到更多形式的服務。

還有的飯店乾脆將產品開發設計的職能直接交付給顧客，上海多家飯店推出的「持證廚師」上門服務，其做法就是由顧客自行採購材料、設計菜單，廚師只負責按照飯店確定的質量標準進行現場

製作,最終產品也因為顧客個性的差異而千差萬別。

創建或開發可客製的產品和服務,要求飯店必須盡可能多地提供自助服務空間,充分挖掘資源潛力,大膽突破常規的產品構成形式,將價值鏈中的每一個環節都直接轉化成為產品可能性。更關鍵的是,必須將之與飯店的可持續發展緊密結合,而不僅僅只是作為吸引客源的權宜之計。

(三)在銷售現場如餐廳直接面對顧客生產產品,或者至少在現場完成產品製作的最後工序,從而將生產過程進行合理分解,讓顧客充分參與到價值鏈中

在銷售點客製產品實際上是即時生產技術(JIT)的應用,也就是將過去的集中批量生產轉化為局部的、即時的、現場的生產,在餐飲業中,很多餐飲和酒水品種都適合採用銷售點製作方式。

如很多餐廳推出的拉麵藝術表演、巴西燒烤現場切削和按照顧客要求臨時兌製雞尾酒等等。有些飯店甚至進一步推出「透明廚房」服務,即歡迎顧客在確定點菜單以後,直接到廚房現場提出各道菜餚的特殊烹飪要求。當然,在點菜過程中就與顧客一起討論每道菜的製作要求則更是司空見慣。

銷售點客製事實上並不意味著顧客將參與到整個產品過程中來,實際上所有菜餚酒水的採購、原材料儲存以及基本加工依然採用集中標準化生產,在銷售交貨地點完成的只是具有客製化特徵的最終環節。而且,由於顧客的參與度大大提高,消費慾望得到強烈刺激,銷售數量很容易形成一定規模,這也有效地保證了低成本實現的可能性。

(四)實現大規模客製的最好方法——最低的成本、最高的客製水平——是建立能配置成最終產品和服務的模組化構件

規模經濟是透過構件而不是產品獲得的;範圍經濟是透過在不

同產品中反覆使用模組化構件獲得的；客製化是透過能夠被配置的眾多產品獲得的。透過構件模組化客製最終產品和服務，能最大限度地使整個飯店的資源用於滿足顧客的個性化需求。

一線案例

麥當勞的「組合產品戰術」

麥當勞的核心產品非常集中，單純就其漢堡、薯條、沙拉和雞塊而言，產品製作過程高度標準化，品種也相當有限。

但麥當勞並不是直接銷售其成品，而是結合當地顧客口味變化，不斷調整配方，並將幾種主要產品（構件）進行多重混合，從而形成多種套餐形式——有兒童套餐、經濟套餐、豪華套餐、超值套餐等多種形式。顧客還可以拋開餐廳規定的組合形式自由選擇任意組合。

一線案例

格特威假日有限公司的客製化旅遊服務

美國環球航空公司格特威假日有限公司（TWA　　　Gateway Vacation）以標準假日旅遊的價格提供客製化旅遊服務，他們訂購了不同的旅遊「構件」——飛機座位、飯店房間、餐飲消費券、汽車租賃和娛樂項目——這些都是大批量的，形成了規模經濟。然後，顧客或者代理商親自設計滿足顧客需求的旅程。格特威假日有限公司的資訊系統對各個「構件」進行綜合匹配，在六分鐘內報出價格。這一切正如其副總裁托馬斯先生所言：「在旅遊領域剩下的細分市場已經很少，大規模客製旅遊是剩下不多的可以建立競爭優勢的幾個領地之一。」

餐飲業的產品構成特性決定了模組化方式有著廣闊的應用前景。飯店產品基本上可以被劃分成客房、餐飲、娛樂、商務消費等

幾大模組，每一大模組下面又可以進一步被劃分成若干層次的多級模組。這些模組之間可以形成無數的組合形式，飯店只需要有意識地引導顧客進行選擇，就可以為顧客提供更多的客製可能性。比如餐廳推出的菜單系列，由常年固定菜單、季節時令菜單、每日特別推薦菜單、招牌系列菜單、酒水單等多種構件組合而成，顧客可以隨意選擇適合自己口味的訂單。

值得關注的是，無論採用何種大規模客製技術，持續競爭優勢的獲得和保持都取決於持續創新和增值。飯店只有持續地為每一個個性化顧客創造最大的價值，全面改善價值鏈水平，才能取得巨大的成就。

延伸閱讀

多樣化、個性化與客製化

就餐飲業的實際狀況來看，全面應用大規模客製技術還存在很大難度。目前來說，餐飲業可以按照「多樣化─個性化─客製化」的模式循序漸進，逐步提高服務水平。

多樣化主要指飯店充分挖掘自身的生產潛力，形成多層次寬系列的生產能力，實現產品儲備的多樣化，從而使飯店在面對顧客需求發生變化時有足夠的應變能力。比如武漢三五酒店面向全社會公開徵集家常菜，在獲得大量民間原創的家常菜單後著力挖掘整理，形成了規模龐大的「家常菜產品庫」。

個性化服務則是以標準化和多樣化為基礎，透過面向顧客的細節改善，使產品和服務在最終銷售環節上能更多地融合顧客需求，但顧客本身並不參與產品的設計製作過程。比如當前很多飯店推出的週末消費套餐，即將若干餐飲、娛樂等項目按一定的比例組合成多種價位的產品，任由顧客進行選擇，使顧客能以相同的花費享受到更多形式的服務。

客製化則是服務的最高境界，它徹底將顧客需求直接置於整個過程的最前端，服務從顧客選型設計開始，最終產品和服務完全按照顧客的預訂標準進行檢驗。比如婚宴客製，很多飯店乾脆請顧客直接參與整個宴會過程和所有細節的設計，包括菜式品種、店堂陳設、招貼橫幅樣式、接送程序等，一切都由顧客自己做主，整個服務過程充分體現了顧客的意願。

第五節　全面預算管理：流程創新和資源整合的基礎管理工具

全面預算管理是國內外很多成功餐飲企業普遍採用的現代管理工具，它是企業中「看得見的手」，對企業資源配置和資本運用等環節進行直接干預和控制，能更好地在各戰略業務單元中共享優勢資源，避免多頭建設和重複浪費。但中國當前開展預算管理的很多餐飲企業，對全面預算管理的理解並不到位，管理失誤的個案也不在少數，尤其是對於全面預算與常規預算的區別，很多餐飲企業都只是「得其形而未得其神」。

全面預算管理體系能有效整合餐飲企業的所有資源，將企業戰略和經營目標轉化為企業每個實體、部門乃至個人的行動指南，從而為企業戰略實施和企業營運管理提供了強力支持。在當前，全面預算管理體系已經受到了越來越多企業的追捧，逐漸發展成為企業管理資訊系統的核心模組。部分企業更是將全面預算管理過程和平衡計分卡這一戰略管理系統有效整合，使全面預算管理系統進入了一個全新的境界。

具體到飯店業，國內外很多飯店集團已經實施了全面預算管理，然而對國內很多中小型飯店企業來講，有的甚至不知道全面預算管理為何物，有的雖試圖進行全面預算管理，卻不得其門而入，

或者因徒具其形不具其神而不得要領。

一、為什麼要進行全面預算管理

飯店通常提供客房、餐飲、會議和娛樂等多種服務，為此組建了各種經營實體。各種經營實體可能共享客戶資源，也可能各自為政，各自開發客戶資源。開發客戶資源是需要耗費企業資源的投資行為，客戶資源質量的高低直接決定了飯店收入乃至利潤的質量。

因而，有效整合客戶資源開發系統，並進而整合飯店所有資源，盡可能地實現資源共享，避免重複建設，是飯店經營管理的重頭戲，全面預算為此提供了強有力的工具。

之所以強調是全面預算，主要是基於以下幾個理由：

第一，在於預算範圍的全面性。

這裡要避免一個誤區，就是預算主要是收入和支出的預算，即財務資源的預算。事實上我們預算的對象是企業的所有資源，包括有形的實體性資源如建築、工程設備等固定資產，人力資源以及以現金為核心的財務資源，還包括大量無形的資源，如飯店品牌資源和客戶資源。對飯店來講，客戶資源更是直接決定了飯店的命運。因而我們的預算不僅僅是財務預算，也是對非財務資源開發和使用的計劃。

第二，在於過程的全程性。

人們通常還有一個誤區，認為預算的主要工作在於預算的編制。其實不然，預算編制僅僅是預算流程的開始，預算的執行、預算差異分析和責任會計核算才是預算過程的重心，才能使編制的預算計劃真正得到實施。

全面預算是對企業資源規劃和戰略目標分配，而預算執行才是

在企業各項活動中實現目標的手段，兩者缺一不可。

二、預算組織結構設計及各自的責任

全面預算的編制和執行是公司管理當局的責任，但全面預算的審批以及總經理的預算業績評價則是董事會及其下屬的薪酬委員會的責任，部分公司的預算批准權甚至歸屬於股東大會。

具體到飯店，董事會在全面預算管理中的角色是確定飯店的戰略目標，評估總經理提出的預算目標與董事會確定的戰略目標是否匹配，審批總經理提交的包括經營預算、財務預算和資本預算在內的全面預算，對總經理進行與預算責任有關的業績評價。

在飯店管理當局層面，應當成立一個全權負責指導飯店各職能和下屬各經營實體實施預算管理的權力機構。這個機構通常被稱為預算管理委員會或者全面預算委員會。

該委員會應當由飯店總經理親自主持，成員包括戰略規劃總監、財務總監、首席營運官以及財務、人力資源等各職能部門經理。

初次實行預算管理的飯店或者尚未積累足夠預算經驗的飯店可從外部聘請若干財務和預算專業人士進入委員會。

為了保證各經營實體實施預算的積極性和預算的可執行性，很多企業也會讓各經營實體的主管進入預算委員會，但是這樣會使預算委員會過於龐大，影響決策效率。預算委員會的人數最好在10人以內，可選聘若干經營實體主管進入委員會，其餘的則可透過列席會議的方式參加預算委員會會議。

實踐速描

預算委員會的角色和責任

預算委員會是飯店管理當局中負責預算的最高機構，它在整個全面預算管理體系中承擔以下責任：

第一，確定預算責任中心的認定原則，並在調查資源及責任的基礎上進行責任中心認定；

第二，負責根據董事會確定的戰略目標擬定預算期間的預算目標並提交董事會審批；

第三，根據董事會核准後的預算目標確定預算目標在各經營實體和職能部門之間的分配原則；

第四，確定預算編制原則和特定預算期間的預算編制政策；

第五，審核各預算責任中心的責任預算和飯店的全面預算並提交董事會審批；

第六，把董事會核准的全面預算和各預算責任中心的預算下發給各預算責任中心；

第七，各預算責任單位預算執行過程中出現的問題，按照權限臨時調整或者變更預算；

第八，接受並審核各預算責任中心提交的預算執行和預算差異分析報告；

第九，受理預算爭議並實施預算仲裁；

第十，提出對各預算責任中心主管的預算業績評價意見等。

由於預算委員會是一個議事的非常設機構，因而通常會設立一個預算辦公室，具體負責事務性工作，主要是負責彙總各預算責任中心提交的責任預算形成全面性預算；整理預算執行報告和差異分析報告；起草預算決算報告；受委員會委託對預算執行進行檢查等

項工作。有些企業會把預算辦公室設在財務部，即財務部就是預算委員會的辦事機構，也有些企業會抽調財務人員、內審人員等組成獨立的預算辦公室或者預算部。

在設立預算委員會後，首要的是進行責任中心認定，即資源與責任匹配的原則，劃分責任中心。這裡要注意，責任中心並不僅僅指的是部門或者各經營實體，更多情況下，要將責任細分到個人，要將人作為責任中心的基本單位，比如說總經理就是一個投資責任中心。

實踐速描

飯店預算管理體系中的三大「責任中心」

責任中心大致有以下幾類：

第一，成本中心和費用中心。這類型的責任中心沒有顯性的收入，只需要對發生的成本或者費用負責。

第二，利潤中心。這種類型的責任中心既會發生成本和費用，也會獲得收入，因而需要對獲取多少利潤負責，但是無權進行投資，只能在既有資源基礎上進行經營。這裡要注意，還存在一種類型的中心，如營銷部門，通常只對收入負責，沒有顯性的成本，這樣的情況，我們也會將其稱為收入中心。

第三，投資中心。這類責任中心在利潤中心的基礎上具有投資權限，因而還需要對其投資效果負責。

具體到飯店，如果投資權全部掌握在董事會手裡，則總經理也只是一個利潤中心，但更為常見的是，董事會和總經理之間會進行投資權限的劃分，在這樣的情況下，總經理是一個有限投資中心，其營運總監則是獲得授權在既有資源下進行經營的利潤中心，下屬的各經營實體的主管也是利潤中心，各經營實體的副主管和部門則

是收入中心或者成本中心。各職能部門的經理則主要是對各自費用消耗負責的費用中心。責任中心要如何劃分，要劃分到什麼程度，一要看預算目標要分解到什麼程度，二要看資源具體如何分配。

各預算責任中心主管對各自的預算及其預算結果負責，通常會指定預算管理員，專門負責預算編制和預算協調工作。各預算責任中心要根據預算委員會確定的預算目標和預算編制原則，提出本中心的預算目標報預算委員會批准後草擬本中心的預算；根據預算委員會簽發的預算執行本中心責任預算，向預算辦和預算委員會提交預算執行報告；向歸口預算管理部門報告歸口預算執行情況；評價下屬責任中心責任預算執行情況等。

值得注意的是，財務部或者預算辦等職能部門通常除了需要對各自的部門預算（責任預算，主要是費用預算）負責外，還是預算編制的協調機構，需要對各責任中心提交的責任進行彙總，形成全面預算，預計資產負債表、預計利潤表和利潤分配表以及預計現金流量表。很多職能部門如人力資源、計算機、工程設備部門除了各部門的費用預算外，還是整個飯店的歸口預算編制單位。

實踐速描

飯店預算歸口管理單位的確定

如何確定飯店預算管理的歸口管理單位呢？

以飯店人力資源開發和培訓預算為例。各部門都需要用人，也可能會各自進行人力資源培訓或開發，會在各自的責任預算中列入這部分內容，然而人力資源部應當審批和整合各預算責任中心責任預算中的人力資源培訓和開發內容，形成飯店總的人力資源培訓和開發預算，並在預算執行過程中監督各預算責任中心對這部分預算的執行情況，這就是歸口管理。人力資源部就被稱為歸口管理單位。

需要進行歸口管理的還有計算機、會議等在飯店中各預算責任中心都可能會要用到的資源。還有一些職能部門如內部審計部則除了需要執行本部門費用預算外，還需要監控整個預算制度運行是否有效、可靠，與此相關的內部控制是否健全。

三、有效推行全面預算管理的三大要領

（一）相比傳統的單純財務預算技術，全面預算管理的主體框架更多地體現在以下幾大要點——制度安排、戰略體系、營利模式、控制標竿和考核標準

此時，預算管理也不再只是財務部門的工作，而是整個企業內部各項資源的最優整合，銷售、生產等各業務部門都需要全力參與，僅僅依靠財務部門是不可能單獨完成預算管理重任的。

全面預算集業務預算、投資預算、資金預算、利潤預算、工資性支出預算以及管理費用預算等於一體，預算內容涉及業務、資金、財務、訊息、人力資源、管理等眾多方面。儘管各種預算最終可以表現為財務預算，但財務部門在預算編制中的作用僅為從財務角度為各部門、各業務預算提供關於預算編制的原則和方法，並對各種預算進行彙總和分析，而非代替具體的部門去編制預算。

（二）以價值鏈和業務貢獻比重分析為依據來規範預算編制方法

事實上預算管理的最終目的主要有三點：一是剔除經濟行為中的非增值因素，也就是說儘量減少一些與核心業務關聯不大的事務性投入；二是以預算數據為量化指標藍本，來協調各部門在具體運營時的一些關係，理清各種經濟行為的輕重緩急；三是確保各種經濟行為有助於企業戰略目標的實現。

實施預算管理應該以核心業務為依據，在編制預算時充分結合各具體部門和職位的實際情況，對不同的經濟內容採用不同的預算編制方法，切忌將預算編制方法模式化，甚至希望透過標準化預算管理軟體的應用代替預算編制方法的選擇。

　　（三）建立起完善的業績考核體系和獎懲制度，以確保預算能貫徹落實到位

　　從全面預算的要求來看，一個合理、科學的業績考核指標體系必須做到以下幾點。

　　（1）支持企業戰略規劃。業績考核必須促進提升企業核心競爭力，以戰略規劃為基礎，探求關鍵成功因素，再確立關鍵業績指標（KPI）。

　　（2）全面綜合評價，既要克服單純財務指標的種種缺陷，又要克服指標選取上因過分強調全面性、完整性而忽視了其聚焦功能。

　　（3）業績考核指標與獎懲掛鉤時要靈活掌握，在出現例外情況時要能根據預算考核可控原則，各責任主體以其責權範圍為限，僅應對其可控的預算差異負責，同時注意避免因強調可控而導致的責任推諉。

　　（4）透過對實際執行結果和預算的比較，確認經營者、責任部門或人員的工作業績，兌現考核，獎懲到位。

　　延伸閱讀

　　也說餐飲老闆們的「大方」和「小氣」

　　單就「大方」與「小氣」而言，我所接觸過的餐飲企業經理們大都是個矛盾的結合體，用他們自己的話來說就是「待人接物很大方，做事花錢很小氣」。

對於執行者們來說，自然是希望投入越大越好，手頭資金充裕，辦起事來勝算更大，至於成本問題，那是老闆們的事情，因為執行者們大都是領取固定報酬（工資）的。這樣一來，什麼時候該花錢、花多還是花少以及怎麼保證花錢的效果等問題也就成了經理們所特有的煩惱。問題還的確不太好辦，投入小了擔心事情辦砸，而投入大了則更麻煩，很可能事情辦成了利潤卻沒有了。有時一咬牙換了班高水平的廚師，生意是好了不少，但增加的工資抵消了增加的利潤，白忙活一場，又或者費心費力費錢地辦了一個聲勢浩大的美食節，卻只是賺了個吆喝。

　　久而久之，老闆們就都養成了縮手縮腳的習慣，但凡看見手下們提交的費用申請報告都習慣性地先砍上一刀，而手下們也都長了心眼，報預算時也都習慣性地往高裡報，以提防老闆們百無例外的砍價。原本應該是很清楚客觀的管理過程，就這麼被花多少錢的疑惑給弄得越來越複雜，那麼這樣的惡性循環就一定是沒解的難題嗎？非也，老闆們的顧慮其實是因為對總體經營績效的擔心，小氣節約很多時候既非本意也不是精心研究的結果，而只是在對總體預算不瞭解的情況下的一種保守做法，如果能有一種方法使他們能迅速看清楚這筆開支對經營全局的意義，尤其是在數據上的可行性的話，他們在審批時候的底氣就足了許多，完全不需要賭博式地痛下決心，更不會因為痛下決心而對事情的結果有不切實際的過高期望。

　　這種方法就是全面預算管理，簡單一點說的話，全面預算不是由財務人員根據以往開支作出的一個簡單預測，而是根據對未來的市場預測以及自身的戰略規劃做的一個全盤計劃，再將這些計劃所需要的資源以資金額度的形式標示出來，以求做到「未雨綢繆，心中有數」。如果這樣的預算是經過了規範系統的程序自下而上認真編制出來，而不是經理和會計想當然的結果的話，完全可以做到在使用資金時胸有成竹，不慌不亂，也就不存在本能式的小氣或賭博

式的大方一說了。

第六節 用結構性的方法技巧來實施全面成本監控

擴大收入和控制成本是謀取營業利潤的兩大基本任務，相依相存，不可偏廢。但這兩項任務對於管理者知識和能力的要求又是截然相異的，「增收」要求經理們熟悉市場、熟悉產品，而「節流」則希望經理們能熟悉財務、熟悉流程。大部分管理者都偏重某一個方面而顧此失彼，而將增收與節流的任務分開來由不同人承擔的話又可能會造成管理決策時的重大分歧。於是，大多數餐飲企業都將更多的精力用於擴大營業收入，直到成本失控的問題日益凸顯後才想起要「亡羊補牢」。

一、觸目驚心的成本「黑洞」

先講一個有關餐飲經營成本的故事。

一線案例

成本失控導致後院起火

在一次餐飲高層論壇上，很多企業經理開始自由發言，介紹自己的經驗得失。

一位飯店老總講述了他所管理的餐廳的例子。這位老總是財務背景出身，以前在政府機關主管財會工作。下到飯店當老總後，他首先來了個大盤點，結果發現餐飲部儘管生意很紅火，但由於工資過高，掛帳太多，損耗非常嚴重，所以儘管收入不錯但利潤居然還是赤字。這位老總一咬牙，重新招募團隊，換了廚師，停止執行部

分簽單協議，同時制定了一系列的成本管理辦法。結果一年下來，生意明顯回落了不少，客流量下降了一大截，但居然不再虧損，贏利還很可觀。相反，當地其他幾家生意看似紅火的餐廳都相繼關門了。

於是，他大發感慨，餐飲企業光顧著衝鋒陷陣，搶奪市場份額，忽視了成本控制，才會導致前院風光，後院起火。

其實，不只是這位老總，意識到自己企業的成本居高不下的餐飲企業老總們已經越來越多了，他們對成本問題的重視程度也與日俱增。其成本意識的確比起過去那種只顧搶奪市場猛打猛衝時強化了不少，但有效控制成本的方法卻始終沒有找到。

很多餐廳經理對運作市場頗有心得，好點子層出不窮，但回到店裡面對應接不暇的各種帳單總是頭暈腦脹，他們實在是想不通為什麼會有這麼多帳單非支付不可，也拿這些像蒼蠅一樣盯著自己的討債人沒什麼辦法。

漸漸地，他們開始養成了近乎本能的吝嗇習慣，對所有出現在眼前的請款單或帳單不假思索地先砍上一刀，要一千的批五百，今天就要的儘量拖到明天，能不買的就將就著不買，總之，不花錢的所有事情統統可以做，而且最好立馬就做，要花錢的事情統統壓下，等他慢慢消化了再說。

這種用本能的吝嗇或謹慎來控制成本的方法看起來似乎很管用，因為經理們覺得只要把錢袋子摀得緊緊的，就不會造成不必要的浪費和損耗。但問題是這種做法有可能會使企業失去投資良機，從而使競爭對手占據先手。這樣一來就有了「機會成本」，這就有一個算「大帳」和算「小帳」的區別，有一個在發展戰略和操作規範上平衡的問題。

二、成本控制理念：從整體入手還是從細節入手

真正發人深省的是，即便如葛朗臺一般吝嗇也無法將運營成本降低多少個百分點，因為有很多成本費用項目的設定與整個經營戰略和業務模式有關。企業一旦運行起來就像高速飛奔的列車，你得不停地給機車添煤添油，這些費用才是大頭，而那些零零星星的可以臨時增減的小費用對總成本幾乎沒有什麼影響。

之所以說很多餐飲企業存在著巨大的「成本黑洞」，是因為在餐廳營運中存在著大量的結構性因素導致高成本和高費用。至於那些因為員工行為不檢或者大手大腳造成的成本增加儘管也很觸目驚心，但從總量來說，危害並沒有想像中的大。很多老總教導員工要養成「勤儉節約」的習慣，這雖然非常有必要，但並不能從根本上降低企業成本，因為大筆大筆的成本支出實際上是由餐廳的業務模式所決定的。

比方說，很多餐廳經理都在感嘆自己其實是在為廚師們打工，因為無論生意好壞，廚師們的高收入是拿定了的，哪怕就是餐廳出現了巨額虧損，廚師們也是旱澇保收。不可否認，在餐廳的固定費用支出中，廚師們的工資總額占了很大比例，而且隨著行業競爭加劇，廚師工資行情還不斷上漲，這筆「冤大頭」式的費用可是你在其他環節上再怎麼節約也沖抵不了的。

問題是，付給廚師們的超高工資一定是「非付不可」嗎？這個問題如果上升到企業戰略和業務模式的高度該怎麼去分析？

事實上，餐廳經理在物色廚師團隊時一直是處於弱勢地位的，因為餐飲競爭的焦點核心在於菜品設計和製作技術，而這些核心資源經理自己並不擁有，他只能動用資本去市場求購，換句話說就是餐飲企業自身並不具備賴以競爭的基本技術。這是大多數餐飲企業的現狀，但並非就一定是餐飲經營的行規，幾乎所有能成為百年字

號的老牌餐飲企業都有自己的廚師團隊，自己具備研發產品和培養廚師的能力，從而不受社會廚師流動的影響，更不會因此而受到個別廚師不停漲薪的要挾。儘管這些餐飲企業也存在廚師跳槽現象，但由於一些資深的高水平廚師已經成為企業的核心管理者，因此企業的技術實力一直很強大。此時廚師們的工資就會很穩定，因為他們一方面能在這裡學到很多東西，另一方面有上升為高級管理者的期望，絕不會漫天要價。

在沒有自己的技術實力之前，大部分餐廳只能被動地接受廚師報價，因此工資成本居高不下可以看作是對企業沒有技術資源的一種懲罰。要想改變這種局面，光靠在其他環節上咬牙是沒有太多實質意義的，建立起自己的技術體系才是從根本上優化成本結構並降低虛高工資成本的出路。

成本控制須從整體入手，還體現在其他很多方面，比如管理過程的規範化，又比如全面預算的制定與落實。很多餐廳從上到下都停留在非常粗放的口頭管理模式，任務分配、部門協調以及物資進出等很多影響成本費用的環節上都是「空口無憑」。比如到倉庫領料不填寫領料單和劃撥單，東西拿走了就拿走了，還不還都沒有人過問。又比如主管給領班下任務，一口氣說了好幾件事，領班做著做著就忘了其中幾樣，過後主管又重新安排了一些新任務，前面那些還沒做的事情無人追問，更別談檢查了，時間一長，很多本來已經想到並且安排了的事情就是沒有落實，但大家又都忙得一塌糊塗，沒有時間再去補救甚至都沒想過要去補救，而沒有落實的事情始終都客觀地存在，並最終造成了成本上的巨大損耗。

三、標準菜單的實際意義與實施困境

現實中，很多的管理者都非常關心標準菜單問題，他們或是憑

著自己的直觀理解，或是受一些財務專家的啟發，都有心透過實施標準菜單技術來控制菜品製作成本。

嚴格說來，標準菜單技術源於管理會計中的標準作業成本會計方法，其大意是指對於一些標準化生產的產品進行嚴格的成本測算。這種測算根據產品的材料構成以及生產工藝制定出相應的數量標準，比如最終產品成品中各類材料的比例及數量是多少，原材料準備時的數量及損耗率是多少，以及各個生產階段時工人們的技術標準及差錯率應該是多少。在明確了這些基本指標數據後，企業再設計一些輔助的工具和軟體以保證工人們能在生產過程中自動地按照相應參數進行操作，從而確保最終產品能達到預定的成本標準和質量標準。

標準菜單技術首先被廣泛應用於西餐製作。由於西餐製作的工藝特點比較適合於標準化計量，因此標準菜單技術廣受歡迎，一般認為它有以下優點——便於根據出品總數估計當日材料成本價值；製作過程高度標準化，無須過分依賴老師傅的經驗；出品質量穩定，能減少浪費和顧客投訴；員工操作簡便且有章可循，需要的技能相對較少，工資索取不會過高；便於餐廳及時核算菜品成本和毛利，在調整價格應對競爭時能做到「心中有數」。

實踐速描

標準菜單技術在中餐中的應用瓶頸

儘管標準菜單技術有如此多的優點，但在中餐烹飪中卻很少得到貫徹應用，僅在一些快餐品種或火鍋品種中有過嘗試。

其原因大致有以下幾點：

一、試驗、制定和修正標準菜單是一件非常耗時耗力的工作，中餐烹飪過程中對於火候的把握以及對於原材料的加工有很大的隨意性，其中有很多訣竅屬於「只可意會，難以言傳」的隱性知識，

要想以簡單的數據指標來表達和規範確實非常困難。

二、廚師們普遍不願配合，因為標準菜單一旦製成就將成為對他們操作過程的強大約束，不但會影響他們的即興創造，而且會成為評價他們工作質量的重要依據。

三、缺乏相應的技術輔助手段和工具，中餐廚師們很難想像自己與西餐廚師們一樣用量杯、秤或量匙之類的工具去現場測量配料份量，他們更習慣了用目測的方式去把握，所以即便是制定出了一些所謂的菜單規格，他們大部分還是會我行我素。

有沒有可能克服這些困難，使標準菜單技術同樣應用於中餐烹飪，最終達到控制成本和出品質量的目的呢？答案是肯定的，但至少從目前來看，絕大部分中小餐飲企業不應對此抱過高期望，尤其是在廚師流動頻繁、菜式品種經常變化的情況下，要發揮標準菜單的作用和功效是有很大難度的。

不妨採取一些變通的方法。比如，不對所有菜品進行標準菜單改革，而是對一些可以提前製作的品種如蒸菜、湯褒類菜品以及麵點食品進行標準化測定。應該說這些品種的銷售量也很大，而從製作工藝特點上看完全可以進行份量控制；再比如，我們可以從烹製過程上下手，將一些配料的容器進行改造，如油壺、湯碗之類，可以考慮加上顯眼的刻度或製作標準大小量匙，使廚師們在盛取配料時能進行目測。總之，還是那句老話，辦法總比困難多，只要堅持實施標準菜單的大方向，總是能找到一些有用的方法的，而最重要的是這些方法能真正為企業帶來優勢，儘管這些優勢是一丁一點地積累起來的。

四、表單管理、全面預算和薪酬設計

對於餐飲企業來說，成本控制應該從多方面入手，企業所採取

的經營戰略和業務模式從大的方面限定了成本的基本結構，而標準菜單之類的技術也有助於控制直接成本，但還有很多其他成本和費用項目需要我們運用更多、更複雜的管理手段。

（一）表單管理

很多餐飲企業的成本虛高是由於管理效率低下而造成的「隱性成本」。比方說一件事情由於沒有交接清楚導致不同的人先後返工或者重複操作，就會造成資源的浪費，而這種類型的成本損耗往往不太引人注目。

解決這些「隱性成本」問題的有效辦法是建立起完善的表單管理制度，將一些業務流程和管理流程用表單交接的形式組合起來，形成一個比較完整的業務操作鏈，久而久之大家也就養成了根據相應表格和單據來指導和安排工作的習慣。

實踐速描

從油乎乎的採購單說起

很多餐廳的進銷存管理都非常粗放，經常是主廚在一張油乎乎的白紙上寫下次日要進的材料，經理看過後再隨手加上一些別的東西，採購員大致估下價後找財務請款，買回來後這張紙已經被搓得快不成型了，但還得繼續用，此時會有人來驗收，拿一個本子一樣樣地點過後，事情就算完結了。

這樣的流程看似並無大礙，但從成本管理的角度來分析就有問題了：

首先是採購的價格到底是多少全由採購員說了算，從哪些供應商那裡採購及各家價格如何，飯店無從知曉，於是，透過控制採購價格和優選供應商來降低成本的目標就無從實現，為什麼？很簡單，因為那張油乎乎的採購清單是不可能按時間按編號保存下來

的，人們研究價格時還是只能聽採購員的一張大嘴來介紹。

其次是到底多少東西入了倉庫、多少東西直接劃撥給了廚房，當時還清楚，過上幾天後就只有神仙才說得清楚了。

另外，想透過記錄原材料和各類輔料的使用速度來評價廚房的用料是否浪費也不太現實，為什麼？因為沒有入庫單和劃撥單，頂多是當時為了履行手續，臨時找個本子大家簽了字，事後也沒人再去核對和整理了。

諸如此類的問題在餐廳管理中隨處可見，其實解決起來很簡單，根據業務需要設計一些基本的表格和單據，每道工序完成前後都及時進行登記，大家也都認真按表格要求填寫相關數據，而這些表格再按照財務規定及時由專人進行審核和保管，這些重要的經營數據資料就得以完整保存下來了，事後再進行相關的問題診斷和成本分析也就有據可查了。

（二）全面預算管理

有些費用支出的不合理是由於事先的計劃不周全，經理們在總體上對各項費用的支出是否合理心中沒底，因此時不時地陷入「該不該花」或是「該花多少」的困惑之中。由於沒有制訂全面預算和詳盡的經營計劃，隨著時間的推移和競爭的深入，這樣的困惑也越來越多。

打個比方，某餐廳被顧客們接連投訴服務質量太低，主管建議經理到當地旅遊學校聘請專業老師前來培訓，同時送幾個服務骨幹到旅遊局參加一個培訓班，這些建議對於緩解眼前的問題肯定會有幫助，但費用估算下來還是把經理嚇了一跳，因為他自己也不知道以後還會有多少這樣意料之外的錢要花。那麼此時到底做不做培訓？是完全按照主管的建議做還是打個折只聽一半呢？

由於經營過程中的諸多不確定性因素，類似的問題幾乎每天都

會出現。無論經理們如何決策都會發現,到最後支出總是高得讓人瞠目結舌,而在事發當時那些花出去的錢又似乎每一分錢都經過了深思熟慮,並不是什麼冤枉錢,那麼問題到底出在哪裡呢?

如果有一個全面預算和全盤的經營計劃,能對未來一段時期內的經營活動進行全面預測,問題可能會好辦得多,因為我們可以嚴格按照預先的計劃和資金安排來決定「該不該花」和「花多花少」的問題。

(三)員工薪酬和福利設計

每當成本費用出現失控情形時,大多數餐飲經理的自然反應是透過削減員工工資和取消一些福利項目來擺脫困境,甚至有些餐廳故意大量使用試用期員工並將試用期拉得很長。

我們必須指出,這種「殺雞取卵」的做法絕對是得不償失的。因為員工的薪酬和福利制度是很嚴肅的企業基本制度,隨意變更只會削弱員工的積極性,並導致主雇雙方矛盾的產生。從財務角度來看,大多數餐飲企業為員工提供福利的支出其實並不高,削減福利項目對於緩解成本壓力也不會有立竿見影的效果,而且最關鍵的是這些項目的支出本身並不是導致成本失控的因素,採取減薪措施後餐廳的成本隱患仍然存在,而且挫傷了員工的積極性後更是連扳本的機會都沒有了。

延伸閱讀

小處要小氣,大處要大氣

平心而論,很多餐廳在控制成本時的一些做法都有「本末倒置」之嫌,表現在管理實踐中就是該花的錢不花,該省的錢沒省。

比如說,很多餐廳捨不得在員工培訓上投入,一般是隨便找兩個熟練員工作些簡單示範,並且請兩個廉價的專業教師講幾句就萬

事大吉了。很多經理更是親自上陣，由著自己的理解大談一些什麼「優質服務」或「顧客第一」之類的空話就以為是做了培訓，至於效果如何，只要不出大亂子就可以了。

有很多為節約成本鬧出的笑話：有些餐廳明明有很好的燈光照明設計，但為省錢經常只開有客人坐的那半邊；有些餐廳的餐具已經模糊得連子午線都看不見了，甚至有了缺口也仍然在使用，連洗碗工都邊洗邊搖頭；還有的餐廳老愛請試用期的員工，到試用期快滿的時候除非非常滿意，否則很多員工又得捲鋪蓋走人，因為又有一批新的試用期員工要來了……這些做法，我們都統稱為「在大處小氣」。

但就是這些餐廳，在另一些方面花的冤枉錢卻多得令人難以置信。比如在裝飾店面時花費幾千甚至上萬元弄來一大堆藝術擺設，而不管這些東西是否真地提升了餐廳品位；或者花費大筆資金去更換廚房設備，儘管原來的設備修理一下完全可以繼續使用；更多的時候，經理花費大量的促銷經費去請客，而客人卻並沒有如想像中地回頭……這些做法，我們又稱為「在小處大方」。

兩相比較之下，「在大處小氣」能省下的錢總是少數，而代價卻是服務質量、員工積極性和顧客滿意度這些很關鍵的要素打折扣，而「在小處大方」花出去的錢是數目驚人的冤枉錢，收穫的卻是壓根也靠不住的一些想當然的好處。

餐飲管理正在慢慢地離純粹經驗管理的時代而去，而一些現代管理手段不管你是否願意接受，它終歸是要成為行業主流的，至少在成本管理方面，標準菜單、預算管理和表單管理這些技術就要比光憑著直覺和經驗的「拍腦袋決策」和「口袋會計」可靠得多。

第七節 應收帳款：吞噬餐飲企業經營

利潤和現金流量的「黑洞」

應收帳款是餐飲企業賒銷過程中形成的尚未收回的款項。餐廳透過賒銷這種方式，一方面為客戶提供了結算便利，一方面等於給客戶發放了一筆短期的無息貸款，是向客戶讓利的一種行為，因而能刺激客戶消費，促進餐廳收入增長。然而應收帳款存在到期收不回來的可能性，並且隨著逾期時間越長，壞帳的可能性就越大。怎樣在擴大銷售、留住客戶與減少壞帳之間找尋平衡，是廣大經營者們最關注的實務問題之一。

壞帳自然意味著之前的銷售是無效的，只給企業帶來了漂亮的收入和利潤數字，並沒有給企業帶來實際的現金流，甚至還會導致餐廳現金流的高度不確定。採取賒銷形式的業務越多，應收帳款越大，餐廳面臨的現金流風險就越大。因此，對於餐廳管理人員來說，必須對應收帳款進行主動管理，儘量避免無效銷售，減少收入的水分，從根本上減少現金流風險。

這裡要澄清一個誤區，所謂應收帳款管理並不僅僅是對未收回款項進行催討，而是從應收帳款發生之前到收回這一期間的全程管理。

一、應收帳款癥結形成的原因

除了少數以流動客戶為主要對象的位於車站、碼頭或旅遊景點的餐廳外，大部分餐廳都無法從根本上杜絕應收帳款的發生。如果餐廳傾向於保有一定數量的集團客戶作為業務量保障的話，就必須妥善管理應收帳款，這就要求我們必須認真分析一些有可能成為壞帳的應收帳款的來源。一般說來產生應收帳款的原因主要有以下幾個方面：

（1）重「銷」輕「收」思想嚴重，企業過於追求營銷業績，而將帳款回籠視為相對次要的問題。很多餐廳為了營造生意紅火的就餐氛圍，普遍希望餐廳有足夠的人氣，一來很容易帶動整體銷售，二來也可以直接分流競爭對手的客源流量。儘管這樣的思路無可厚非，但也為資金的安全性埋下了隱患。

（2）不敢得罪客戶，即便客戶出現了明顯違反企業財務慣例的跡象也不願採取果斷措施。

實踐速描

你做過詳細的客戶信譽調查嗎

很多餐廳在經營過程中基本上是「坐而論道」，不願意走出去做些關於客戶信譽程度的調查，自然也無法按照客戶的信譽程度高低準確劃分其信用等級，並為之限定合理的賒銷額度。

很多企業將之歸為客戶單位自身的道德危機，但市場經濟的本質就在於你必須能從多樣化的客戶中進行主動選擇。沒有了對客戶的調查和甄別機制，出現壞帳的機率自然也就高了起來。

甚至從另一個角度來說，我們完全可以將預計可能產生的「壞帳」轉換成對守信客戶的獎勵，這樣在整體上可能會達成更高的銷售額而無須出現壞帳危機。

（3）信用審核制度不健全，造成了部分管理人員權力濫用。必須承認，有些集團客戶本身信用的確很糟糕，但如果餐廳有相應完善的制度加以約束的話，他們也不敢過於亂來。而他們發現，只要稍加壓力如以中止消費為要挾餐廳就會就範，因此壞帳的產生就成了必然結果。與此同時，也有個別管理人員私心太重，濫用權力造成餐廳不必要的應收帳款。

（4）忽視憑證管理，催欠不及時，造成雙方對應收額度的爭

執。很多餐飲企業忽視對相關憑證的管理，加之催欠不及時，時間長了以後可能會對具體消費金額以及參與者等都不太清楚，在催欠時對方為了避免無謂的支出也要求企業出具完整的消費憑證如點菜單以及當事人簽字，這樣很容易造成雙方間的爭執，其結果可能是又一筆新的壞帳。

二、應收帳款的預測與評價

單從銷售的角度來看，應收帳款對促進銷售的功能和減少銷售成品存貨的確有一定效果。它能使客戶以延期付款方式進行消費，而且統一結算的方式也有利於企業控制總支出，但從餐廳的角度來看，應收帳款就相當於給對方發放了一筆高風險的無息貸款。

餐廳的應收帳款作為一種債權，它本身是有成本的。這主要包括：

（1）應收帳款的機會成本，是指餐廳資金如果不投入於應收帳款，而用於其他投資所獲的收益。

（2）應收帳款的管理成本，是指由於應收帳款的存在而發生的各種管理費，主要有調查顧客信用情況的費用、收集各種相關訊息的費用、帳簿的記錄費用和其他有關費用等。

（3）應收帳款的壞帳成本，是指因故不能收回的損失。

為了做好應收帳款的管理和控制，我們必須對應收帳款的幅度及出現頻率等指標進行主動預測，主要做法如下：

根據餐廳的歷史財務資料和對市場變化的分析，預測每日餐廳的賒銷量和賒銷額；然後根據餐廳設置的信用期限，計算應收帳款餘額。

實戰經典

應收帳款餘額多少才是合理的

餐廳賒銷商品的信用期限長短不一，一般來講，在每日賒銷額不變的條件下，信用期限越長，應收帳款餘額越多，其計算公式如下：

應收帳款餘額＝每日賒銷額×信用期限

餐廳若在銷售中實行付現優惠政策，則付現折扣率和折扣期限也影響應收帳款餘額。企業為加快應收帳款的收回，有時實行付現優惠政策。

譬如，信用期限為一個月，但顧客在消費後10天內付款，消費款有10%優惠。企業採取付現優惠政策，將促使應收帳款餘額減少。

對於餐廳來說，儘管存在著很大的壞帳風險，但應收帳款仍是企業流動資產的一個重要組成部分，此時我們應該主動測算餐廳的應收帳款周轉率，這也是分析和評價企業應收帳款流動程度、變現速度、信用政策及管理效率優劣的一個重要財務指標。

正常情況下，應收帳款周轉率高，表明企業應收帳款流動性大，變現速度快，從而可減少壞帳損失，提高資產的流動性，增加短期償債能力和支付能力。

同時，也表明企業對應收帳款的管理與控制富有成效。如果企業應收帳款周轉率過低，則表明企業應收帳款流動性差，變現速度慢，其結果會使壞帳損失增加，影響企業資金的正常周轉，影響企業的短期償債能力和支付能力。

當然，從另一個角度來說，過於主動頻繁的催欠也有可能會傷害企業的客戶關係，個中的分寸把握還需要餐廳依據自身的經營特點制定出合理的管理辦法和財務制度。

三、對策：如何減少應收帳款

首先要從應收帳款的源頭開始，選擇賒銷對象，很多餐廳之所以存在大量的「白條」，就是因為營銷人員為了自己的銷售業績，讓大量不合格的客戶簽單，為之後收回應收帳款埋下隱患。

這裡要明確一個原則：並不是所有客戶都有資格進行賒銷，只有財力雄厚，付款守信的客戶才有資格進行賒帳或簽單，這意味著餐廳應該事先對客戶的財務狀況和信用記錄進行調查，而且要根據客戶的性質、財務狀況和信用記錄，對客戶進行分級，對不同級別的客戶授予不同的賒銷額度，又稱為信用額度、授信額度，這就是信用管理。

實踐速描

國外餐廳的客戶信用管理制度

國外很多餐廳已經設立專門的信用管理部門，指定專門人員對新客戶進行資信調查，收集客戶的信用記錄，並對每個客戶建立信用檔案。然後根據客戶在餐廳的交易付款情況以及客戶其他的信用新記錄，及時更新客戶的信用數據，這已成為餐廳客戶關係管理必不可少的一部分。

當然，信用管理並不是設置了信用額度之後就萬事大吉了。對客戶的每一筆賒帳和簽單交易餐廳都應當進行審查，有資格賒帳或簽單的客戶只有在信用額度尚未用完的情況下才能簽單，並且需要有相應級別的管理（營銷）人員簽字審批。

簽字審批的管理（營銷）人員是這筆賒帳和簽單的責任人，負責這筆帳款的收回，發生壞帳要追究審批人的責任。國外餐廳就是用這樣的辦法促使管理（營銷）人員進行有效審批，而非走過場。

當然，從客戶關係管理角度來講，餐廳應當留住所有高貢獻率

客戶，對這樣的客戶應當適當放寬。客戶有可能當期信用額度用完但由於某種原因又需要簽單，這種情況，應當作為例外事項進行管理，在客戶等待的不長時間裡，提請信用管理部門為該客戶辦理臨時授信手續，但簽單仍然由現場管理（營銷）人員簽字，該管理（營銷）人員為該筆簽單的責任人。做到這一點，需要在客戶關係管理上進行客戶獲利率、客戶保持率等關鍵指標的統計和及時更新，便於信用管理部門及時作出反應。

之後就是對已有應收帳款的管理。即確定應當在什麼時候、以何種方式向客戶收回款項。管理大致可以分為兩類，一是運用現金折扣等方式誘使客戶主動儘早付款。比如，10天內付款只需要付款項的90%，20 天之內付款只需要付款項的95%，30天後付款則應當付全部款項。二是餐廳對應收帳款進行催要。

催帳的時間和方式要視客戶的性質、帳期的長短而定。這裡先簡單探討一下餐廳應收帳款的來源和類型。餐廳應收帳款大致來源於以下幾個方面：第一，旅行社，類似於生產企業的經銷商；第二，協議客戶，與餐廳簽署長期合作協議，定期進行結算的客戶；第三，雖非長期客戶，但屬於規模較大的會議客戶。不同類型的客戶其欠款的性質和頻率是不一樣的，需要確立不同的收帳策略。

對旅行社而言，因為存在著銷售折扣等因素，應收帳款的金額並不確定，可能隨時在變化當中。在這種情況下，應當要求旅行社或訂房公司定期付款，或者運用現金折扣工具誘使其儘早付款，同時可以採取一些輔助性手段使得折扣條件隨著顧客消費次數及金額的累加變得更加優厚，並最終在年底根據總記錄重新核定年度折扣幅度，返還或減免部分款項。還可以年為單位計算旅行社對餐廳的貢獻，根據貢獻度返還或減免款項。對協議客戶來講，通常應收帳款是因為定期結算而產生的，只要結算時間到就能進行結算，這類應收帳款雖然數量巨大，但並無信用上的風險。

還有一類協議客戶的風險主要來自於客戶可能面臨暫時的財務困難，比如現金流暫時短缺。這個時候餐廳就應當隨時關注客戶財務風險增高的諸多信號，盡量防患於未然，提前進行催要。

　　第三類是臨時授信客戶，應當採取較為嚴格的催討方式，定期催要。催要的方式根據逾期時間的長短從付款通知單、電話催討、拜訪催討到訴訟等逐步升級。

　　總之，對餐廳運營來講，應收帳款非常重要。由於餐廳的特性，客戶需求彈性相對較大，應收帳款牽一髮而動全身，與餐廳現金流量管理、信用風險管理以及客戶關係管理等各領域息息相關。餐廳應當在其中進行權衡，選擇對餐廳最為有利的催討政策。

延伸閱讀

應收帳款管理的大思維和小辦法

　　做餐飲的最怕壞帳，白忙活一場不說，還被人擠占了流動資金，嚴重的甚至影響日常經營。到這份上就算是帳面利潤再大也免不了關張大吉的命運。

　　做餐飲遇到最多的麻煩偏偏也就是壞帳，一個中小規模的餐廳如果能有那麼幾個大的簽單客戶，這人氣的確是旺了起來，保底的營業額也不再是大問題，只可惜是這種求穩的經營思路往往求來的不是穩當，恰恰是數不清的麻煩。

　　於是，人們便挖空了心思來想辦法減少自己的應收帳款，即便是非得有，也要想辦法讓這些應收的能真正收得上來。

　　這裡面既有大思路，也有一些小辦法，不妨列舉出來，大家對號入座，能用上哪招都成，總好過束手無策吧。

　　最高明的辦法是徹底改變經營模式，讓簽單消費成為歷史，根本就不需要集團消費來支撐場面，做百分之百的散客生意。有人

問，真有這樣的好事？當然有，遠的不說，麥當勞、肯德基就是一號，先交錢，後消費，店面裡壓根就沒有敢批准你簽單的主。

如果你不想或者做不到徹底放棄集團客戶，那麼也沒關係，你可以學多少算多少。比如很多餐廳近來一改傳統桌席製為經營高檔自助餐，席間給你配上一臺精彩的高質量文藝表演比如舞臺劇或者時裝表演什麼的，價位拉上去了，而且門口統一是買票進場，壓根就不認什麼單位還是個人，有門票就進，沒門票你就是來頭再大也沒用。此時，要是集團客戶想在這里長期消費，好辦，一次性按照集團優惠折扣你直接買一大把票，完了你愛什麼時候來就什麼時候來吧。

還有一些在經營模式上沒做太大改變，但在財務政策上卻發了狠心的，乾脆對所有單位來一個大關門，優惠的可以，打折的好說，簽單的免談，如果硬是要想結算方便不願按次買單，也可以，交押金，一次沖一些，沖完再交押金。當然，有膽量這麼強硬必然是有應對辦法的，那就是全力以赴轉移經營重心，實實在在地在菜品和服務上下工夫，憑實力和口感征服挑剔的散客們。有了這樣的底氣自然可以大膽地對那些信用不良的集團客戶說聲「不」了。換句話說，對集團客戶心存僥倖、在博弈中處於劣勢地位的餐廳在實力上還是很有些欠缺的，寄希望於能用經濟上的妥協（潛在壞帳）來換取市場份額。

羅馬自然不是一日建成的，對於更多暫時甚至永遠都沒有那種超群實力的餐廳來說，集團客戶就是再危險，也好過沒有，壞帳就是再可怕，也只能咬著牙承受。這個時候該怎麼辦呢？最好的辦法就是，加強管理，勤動腦子，將可能產生的壞帳風險降低到最低程度。

信用調查和信用額度設置是最常用的辦法，此外還有一些小辦法值得大家好好思考。比如完善與簽單客戶的正式合約，尤其是關

於簽單金額、結算週期和簽單對象等問題必須在附件中詳細聲明，這樣一來合約本身有了法律效力，對方也會有所收斂，而且直接和客戶最高主管對這些問題細節的商談有助於規避對方內部有人鑽空子，至少這種嚴格管理的風格對對方是一種強力威懾。

再比如完善單據管理，對簽單客戶單獨建立帳戶，連點菜單都用與普通散客不一樣的單據，上面自然會記載很多不同於散客的訊息，最關鍵的是此類單據能長時間保留，且單獨歸檔，日後催討起來至少不存在技術上的爭執。

還有一些方法，比如說設立最高掛帳額度或者定期結算等，這種方法儘管很常用，但效果未必很好，因為執行起來總免不了有些費力。

客戶信用管理是應收帳款管理的基礎，這就好比是一場「敵進我退、敵退我進」的博弈遊戲。如果你著實把客戶的信用情況摸透了，自然就會知道進退取捨了，如果你對客戶的信用一無所知，那麼客戶也自然有蒙你一把的可能性。

所以說，從根子上杜絕壞帳的產生，關鍵不在客戶，還是在於餐廳自己的決斷。

第五章　飯店餐飲研發管理創新

導讀

　　餐飲業具有很強的地域屬性，這不單是指地方風俗、飲食習慣等因素的影響，還意味著顧客在消費決策時會將地理位置的遠近作為重要依據。餐飲業的這種特性無疑造成了行業競爭的高度零散性，也使得在很長一段時期內經營者們對於菜品及服務的研發管理缺乏系統的規劃和投入。

　　進入產業成熟階段後，理論界與實踐界都不約而同地注意到餐飲業的零散屬性或者說地域屬性已經發生了重大改變，不但跨地域的菜系交融越來越活躍，而且人們的消費行為習慣相比過去也有了很多不同之處。表現最為突出的現象自然就是一些有鮮明地方特色的傳統菜系不斷擴展自己的影響範圍，並結合各地飲食文化特點形成了很多新的分支的連鎖經營等。

　　當地域界限變得日益模糊，當顧客消費心理變得日益微妙時，餐飲企業對於研發管理的重視程度自然也相應地提升到了新的高度。反映在實踐中，我們不難發現餐廳經理們泡在廚房裡的時間多了起來，廚房承包的價格高了起來，專業的菜品研發機構也開始出現了……

　　本章分別從幾個角度來闡述飯店餐飲研發管理創新問題，首先是將餐飲企業的研發職能從其他管理職能和經營活動中分離出來，並在第一節中系統地論述了中國飯店餐飲業目前的技術研發管理現狀，探討了如何突破觀念障礙和體制瓶頸來構建企業級別的研發系統。

　　更具體地來說，餐飲企業研發管理的重點在於菜品創新和菜單

規劃。本章第二節對餐廳的產品規劃、菜品研發以及廚師激勵等問題分別進行了專題分析。在過去，這些管理活動一直是以一種低效率的方式開展，這與第一代職業經理人的管理行為模式有很大關係，但當菜品本身的差異性已經直接上升為競爭焦點後，對這種簡單隨意的研發意識的改革已經勢在必行。

就餐飲企業的研發過程本身來說，最大的難點可能在於如何解決新產品知識的來源問題，現階段大多數餐飲企業都是透過外購新知識的手段來更新自身的產品知識儲存，如高價聘請廚師團隊、以分成方式引進特色品牌或者與專業院校組建聯合研究機構等。這些方式單從效果來說，投入大而產出小，本章第三、四節提出了另一種解決思路，那就是充分重視基層員工的智力管理，從營業一線尋找研發的靈感。

從研發系統的實際運行情況來說，存在著突破式創新和漸進式創新兩種基本模式。客觀地說，這兩種模式分別對應於不同規模和等級的餐飲企業，就當前大多數餐飲企業的現狀來說，以模仿改良、持續研發為特徵的漸進式創新無疑更具現實意義。有關漸進式創新的介紹可以參閱本章第五節。本章最後一節討論的是一種近年來日益盛行的產業趨勢，那就是企業級的小型美食節策劃和推廣，這既是一種基本營銷手段，也是對企業自身研發模式的一大改變。

第一節　飯店餐飲研發體系的構建

由於缺乏高水平技術研發體系的支撐，在餐飲企業的增長中技術貢獻所占的比例越來越小，以惡性的價格競爭和簡單的模仿創新為基本特徵的低水平競爭模式使餐飲企業的競爭優勢越來越小。客觀地說，以現有大多數餐飲企業的研發技術水平和管理能力要構建永續經營所必需的持久競爭優勢，難度可能比預想的要大得多。因

此，堅定不移地走技術創新的路子，靠技術進步來帶動產業升級、構建持續競爭優勢，已經刻不容緩。

一、技術創新與研發管理決定企業的持續競爭力

餐飲業的現有競爭優勢是脆弱的，以口號式的「開源節流」、「挖潛創新」為基礎來推動餐飲業的可持續發展只能是忽視經濟規律的一相情願。總體上來說，技術創新機制和能力的缺失是導致餐飲業弱勢低水平競爭的根本原因，也是惡性價格戰的真正源頭。

具體來說，主要反映在以下方面：

（一）大多數餐飲企業沒有建立真正意義上的技術研發機制，沒有鮮明的自主創新意識和明確的產品研發規劃

在製造業領域裡，圍繞著產品和服務建立起來的技術研發機構是整個企業組織的核心部門，尤其是競爭性的行業，面臨著幾乎相同的上下游資源環境，企業的技術研發實力更成為確立持續競爭優勢的核心要素。對於世界級企業的價值鏈分析也雄辯地證明，在最終產品的價值構成中，源自於技術研發部門的貢獻最為突出，其地位甚至超出了市場營銷和成本控制等環節。

儘管餐飲業作為服務性行業，有著與製造業截然不同的組織特徵和產品特性，但在最終產品的價值構成特徵上，二者之間並沒有本質上的差異。

與所有的工業產品一樣，我們只有為顧客不斷奉獻出內涵豐富、成本低廉、形式多樣、日新月異的產品和服務，真正將顧客的需求物化在產品中，才能真正獲得顧客的信任和青睞。在當今的經濟技術條件下，顧客需求變化的速度、深度與廣度都是前所未有的，這也意味著我們所面臨的來自顧客的挑戰比過去有了本質上的

不同。只有更主動、更快速、更深刻地響應來自消費者和競爭對手的變化，才能真正確立並鞏固自身的持續競爭優勢。然而沒有強大技術研發實力的支持，快速響應和敏捷開發是不可能實現的，於是，簡單的價格競爭也就成為了無可奈何的權宜之選了。

實踐速描

從研發角度看跨國飯店的組織模式

就大多數餐飲企業而言，旗幟鮮明地建立專項職能的獨立技術研發部門也許條件還不太成熟，但在假日、希爾頓以及麥當勞這樣的跨國企業裡，其總部的核心職能早已由傳統的控制轉向了集中研發並為各成員企業提供智力支持。

這些企業無一例外地透過創辦大學、建立實驗室、與社會科學研究機構共同研發等綜合性研發手段來鞏固自身的競爭優勢，麥當勞甚至創辦了「漢堡學」。以如此龐大的資源投入來提高產品和服務的技術含量，減少經營管理的盲目性和隨意性，確保為顧客創造其真正需要的價值，其市場效果不難想像。

餐飲業由於大多是單店或者小規模集團化經營，有限的資源幾乎都投入到日常的營運管理和物業維護中了。企業的研發職能則被分散到了各具體部門和具體員工，而成為了居於次要地位的輔助性職能。職能的履行在經費、人員、組織建制、責任督導等各方面都缺乏硬性的制度化保障，其最終效果也就不言而喻了。

不少企業在市場壓力下設立的臨時性的產品開發小組，儘管取得了一定的市場效果，但由於多是橫向組織，而非專門的職能部門，在運轉過程中與現行的組織體系難以協調配合，所以，在矛盾叢生或者市場壓力略有緩解後很快就被取消了。

總的說來，餐飲業在企業層面上的技術創新體系基本上是被動的，具有隨意性強、責任模糊、運轉鬆散等特點，這也從根本上決

定了中國餐飲企業產品和服務的技術含量低，對市場和顧客變化響應遲緩，企業相互之間競爭優勢不明顯——這一切意味著「自殺式」惡性價格競爭還將繼續延續下去，產業資源的大量消耗和浪費短時間內還無法從根本上杜絕。

（二）以簡單模仿為基本創新手段，降低了餐飲企業產品和服務的技術壁壘，使新產品過早進入成熟和淘汰階段，擠壓了企業的利潤空間，削弱了企業自主研發的積極性

無論是製造業還是服務業，任何一種新產品問世後都將經歷研製期、導入期、成長期、成熟期和淘汰期五個基本階段，所不同的是，由於行業特性和產品的具體功效差異，不同類別的產品在歷經各階段時所持續的時間和耗費的成本不同而已。餐飲企業產品和服務也同樣遵循產品生命週期理論。

在餐飲產品生命週期的各個階段，企業的投入產出比是不盡相同的，一般來說，研製期是投入大、零產出，導入期是高投入、產出有可能很低也有可能很高，成長期是平均投入、高產出，成熟期是平均投入、平均產出，而當產品基本步入淘汰期以後，產出也急劇下降。在產品的導入和成長期，餐飲企業獲取的是超額利潤，而進入成熟期以後，則只能是與廣大的競爭對手一起來分享平均利潤。對於具體的產品種類而言，餐飲企業的常規策略應該是儘量壓縮研製和導入期，盡可能地延長成長期，在處於相持階段的成熟期開始考慮將資源轉向新的品種引進和研製，儘量避免陷入產品淘汰期而不能自拔。

透過簡單模仿引進後再加以少許改良即匆匆忙忙推向市場的所謂新產品，從技術的角度而言是沒有任何壁壘可言，競爭對手只需要花費很小的成本就能全盤再造。當大量的企業都掌握了幾乎相同的技術水平後，這樣的新產品實際上已經進入完全的成熟期，此時所有的餐飲企業都只能獲取社會平均利潤了，注意力又轉向尋覓新

的可模仿產品了。這樣的惡性循環既導致了「盲目跟風」和新品種「曇花一現」，也從根本上削弱了企業加大產品研製力度的積極性，從而又為下一輪的「跟風競爭」和「降價比賽」埋下了禍根。

（三）飯店餐飲業缺乏自身的技術研發和再生能力，單純由上游供應商、下游消費者和市場供給技術資源，削弱了企業在整個產業鏈中的砍價地位，導致經營成本呈結構性地上升

餐飲業的效益狀況持續惡化的一個重要原因是企業的產品研發和市場營銷實力的不足，同時也與企業運行成本的結構性上升息息相關。在飯店餐飲企業所處的整個產業鏈中，五種力量的共同作用構成了企業的基本競爭環境，企業和五種力量之間的博弈關係也最終會透過企業運營成本反映出來。按照戰略管理理論的分析框架。這五種力量分別是：來自於上游供應商、下游經銷商（顧客）的壓力，來自於替代競爭對手、潛在競爭對手和直接競爭對手的威脅。

在餐飲業的技術資源系統中，上游供應商和下游經銷商（顧客）以及整個競爭市場都是重要的技術訊息來源，這些外部技術資源透過企業自身的研發後轉化為內部技術資源，並進而透過自身的產品和服務體現出來。當自身的技術轉化和再生能力足夠強大時，企業只需要以較低成本從外部獲取一些初始形態的基本資源。相反，當餐飲企業缺乏足夠能力時，就必須以相對來說高得多的成本來購買外部力量供應的加工後的系統技術資源。比如，當企業自身擁有成熟的人力資源培訓體系時，只需要以較低的工資標準從人力資源市場招聘到具備基本素質的員工並加以系統培訓，就能獲得高水平的從業人員，而當企業自身培訓實力很薄弱時，就必須以高工資標準招聘相同水平的員工。

目前，大多數飯店餐飲在企業技術資源系統的建設上還處於零星、無意識的自發性階段，對重要技術資源的轉化和再生手段簡單原始，技術資源的積累和應用也缺乏計劃性和系統性。當遇到技術

上的困難時，企業的習慣性思維是向外部購買。與購買實體性資源不同的是，這種支付成本的方式有可能更隱蔽，更容易被忽視。比如，請市場調研公司研究市場、重金挖掘有技術特長的專業人員；向專業訂房中介機構獲取客戶訊息；由設備供應商代為設計設備方案等等。在從外部獲得技術資源的過程中，處於劣勢的企業事實上已經完全或部分喪失討價還價的能力，而在這眾多技術難題中，有相當部分應該是企業自身就能以低成本解決的。

（四）高度科層化的組織結構導致了餐飲企業思想和行為的進一步分離，中基層管理人員、技術人員和服務人員未能真正成為技術創新的主體，企業難以及時響應快速的市場變化

餐飲業的產品特點決定了其組織結構必須以強有力的控制和高度專業化的分工協作為原則，「金字塔」式的科層化組織模式似乎是理想選擇。分級分職能的科層化模式透過硬性的制度管理有效地確保了企業穩定，但也造成了管理層和操作層的分離，進而導致了企業創新思想和行為的分離。廣大的中基層管理人員、技術人員和服務人員雖然是企業核心價值的直接創造者，但遠未成為技術創新的真正主體。他們唯一的任務就是在高度硬性的制度約束下不折不扣地執行決策者的管理指令。

當技術創新的重任落到少數遠離服務一線的決策者肩上時，餐飲企業要想切實做到快速響應市場變化就有些不太現實了。一方面，決策者儘管掌握著資源配置的權力，但他們本身並不是技術資源的擁有者，他們可以制定企業的基本技術戰略，但不可能也不必要親自去實施。另一方面，廣大的中基層管理人員、技術人員和服務人員儘管是技術資源的直接擁有者，並在經營一線直接面對顧客和市場，但由於體制的壓力和分工的需要，他們卻沒有主動積累技術資源和進行技術創新的積極性。

二、技術創新和產品研發機制的構建

具體說來，在餐飲企業中建立健全產品研發機制、全面提高技術創新能力，主要有以下途徑：

（一）樹立「技術制勝」的新競爭理念，制定科學系統的企業技術戰略，構建完備高效的技術資源體系，以雄厚的技術實力迎接餐飲業大規模客製時代的到來

在傳統的餐飲競爭模式中，頻繁的硬體投資大比拚和簡單的削價搶奪客源等粗放式措施是主要的競爭手段，技術對於企業的價值和貢獻沒有得到應有的重視。隨著大規模客製時代的全面到來，競爭的中心已經逐步轉向了企業的技術能力，餐飲企業應該及時轉變經營理念，圍繞著技術競爭核心重新調整基本競爭手段，將過去那種粗放式的「資源戰」轉變為更高層次的精細式的「技術戰」。競爭理念的轉變是一項複雜的系統性工程，必須透過組織結構模式的調整、資源的重新部署、決策者思維方式的轉變以及全體員工的共同學習等多種途徑來逐步實施。

由於歷史原因，餐飲企業的技術基礎大都比較薄弱，這也制約了其參與技術競爭的積極性和能力。為了在新一輪的競爭中搶占制高點，餐飲業必須腳踏實地，制定科學系統的企業技術戰略，構建完備高效率的技術資源體系。不同的飯店可以依照自身的具體情況，制定不同的技術戰略。

值得注意的一點是，完備的技術體系除了透過以上途徑獲取技術資源以外，企業內部的技術轉化和應用能力才是將技術優勢充分發揮出來的關鍵，而這一方面需要全體員工的共同參與，更需要科學合理的機制和積極健康的企業文化作為制度和環境保障。

（二）改革餐飲企業高度科層化的傳統組織結構模式，切實提

高中基層員工參與民主管理的程度，賦予員工更大的創新空間，培養思想和行為高度結合的「知識性員工」，使員工真正成為技術創新的源泉，推動餐飲業向學習型組織全面轉變

近些年來的實踐表明，越來越多的飯店已經意識到顧客需求個性化、客製化的發展趨勢，並為此推出了大量的舉措，比如假日酒店重新定位屬下成員酒店的經營方向，分割成為面向不同客源層次的幾大大系列，以及國內很多飯店競相推出的「貴賓卡」、「超值服務」等等。但這些新項目和新措施的推出依然不能完全滿足顧客個性化、客製化的龐大需求，而且由於缺乏來自廣大員工的熱情參與，反而導致了高成本的出現。

一般來說，餐飲業的硬體技術創新資源主要來自於企業外部，它取決於當時的社會整體技術水平，並透過供應商的努力來實現。飯店需要做的就是根據顧客的需求來選擇、購買和應用合適的新技術。由於硬體創新需要耗費較高的成本費用，企業更多也更合理的選擇是軟體技術創新，這主要包括決策技術、管理技術、生產工藝技術和服務技術等。相比之下，軟體技術創新資源的來源主要是企業內部，其載體就是廣大的中基層員工。

實踐速描

飯店的技術創新動力來自哪裡

在傳統的高度科層化組織模式下，技術創新動力主要來自於企業外部，廣大的中基層員工在機制的約束下並未成為技術創新的主體。

在飯店內部，大規模的技術革新往往由高層管理者從上而下地發動，中基層員工的參與具有滯後、被動和片面的特點，同樣由於員工的參與度遠遠不夠，這樣的技術革新往往最後是「雷聲大、雨點小」。

要想切實改變這種效果，就必須從根本上改變傳統的以控制員工為主導的組織結構模式，讓更多的員工更頻繁、更深入地參與到飯店經營管理中。只有賦予了員工更大的創新空間，技術創新才能成為全體員工的共同願景。

餐飲企業技術創新的關鍵還在於新技術的轉化、應用和再生，只有透過廣大員工的共同學習和廣泛參與，新技術才能真正地融入到企業價值鏈的各環節中，並轉化成為最終的成本優勢或者特色優勢，這也對員工素質提出了嶄新的要求。傳統企業強調以任務為核心、以適用為標準的員工素質結構已經落後了，知識型員工已經成為新時期餐飲業的主力軍，整個企業也將以此為基礎而向學習型組織全面轉變。

（三）建立對於技術資源市場的監測體系，擴大技術訊息來源，與上、下游以及市場各種技術資源供給體結成知識聯盟，最低成本共享知識訊息

餐飲業進入大規模客製時代以後，所面臨的競爭形勢更趨複雜，來自顧客、競爭對手和社會經濟技術條件的各種變化共同構成了對企業的強有力挑戰，以餐飲業現有的知識技術儲備的確難以快速全面響應。在未來的競爭條件下，飯店競爭的焦點將由過去的資源質量轉向企業的知識技術訊息存量。

擴大知識技術訊息儲備、建立高水平高效率的知識技術庫已經成為新階段飯店企業參與競爭的核心環節，但目前大多數飯店在擷取外部技術訊息方面尚處於零散、隨意的自發性階段，主動尋求並收集外部技術資源的意識相當淡薄，幾乎完全由上下游的供應商和經銷商有選擇性地供給，所獲訊息的全面性、時效性以及科學性都難以保障，這也造成了實踐中大量的投資不當、重複建設、配套不完善等不經濟現象。

為了及時全面地將當今技術市場上的優秀成果高效率地應用到

飯店行業的實踐中，飯店必須建立起針對專業技術資源市場的科學監測體系，千方百計擴大技術訊息來源，以平等互利的原則與上下游以及市場各種技術資源供給體之間結成知識聯盟，透過全面掌握訊息來增加自身的選擇自由度，從而最終達到低成本共享知識訊息的目的。

顧客需求日趨多樣化、個性化的現實要求飯店必須以經常更新的技術組合來靈活應對，這包括豐富多樣的設備選型、高度人性化的用品設計、不斷更新的產品組合以及靈活機動的市場策略等等。未來的飯店必須有更強大的學習能力，善於透過多種途徑將外部技術資源轉化為自身的技術性能力，最終構築以技術為基礎的持續競爭優勢。

（四）以顧客需求為導向，重構餐飲業基本價值鏈，圍繞著價值增值活動再造企業業務流程和管理流程，進一步突出技術對於飯店各增值環節的影響和貢獻

近些年來的餐飲業規模急速擴容，導致改革開放之初的賣方市場已經完全轉變為買方市場，從而形成了所謂的「顧客主權」。這一變化也引發了餐飲業基本價值鏈的深刻變化，並進而對傳統的流程模式提出了新的挑戰。當今許多飯店面對市場轉變顯得辦法不多、應對無力，原因與其自身的價值鏈結構和流程模式依然停留在賣方市場時代有很大關係。

每一個飯店都是設計、生產、營銷、服務等各種技術的集合體。所有的企業活動和技術過程都可以表現為一定水平的價值鏈，並進一步識別為各種價值增值基本活動和輔助活動。不同飯店的價值鏈水平之間會有明顯差異，這種差異是競爭優勢的關鍵來源。而在絕大多數情況下，技術水平的不同是造成飯店價值鏈水平差異的重要原因，技術的介入不但能優化改善企業的價值增值過程，也能對其他環節產生深遠影響。

實踐速描

顧客主權時代的餐飲企業價值鏈特徵

進入顧客主權時代以後，餐飲業的基本價值鏈轉化為鮮明的顧客主導型價值鏈，買方價值成為衡量價值增值活動水平的重要依據，餐飲業的基本業務流程和管理流程也必須牢牢圍繞著為顧客創造更多價值實施全面再造。

時下很多企業都在反覆強調「顧客至上」，但事實上這一理念只在部分業務流程尤其是直接面對顧客的一些環節上有所體現，在更多更關鍵的流程上買方價值並沒有得到真正的重視，日趨複雜的組織結構和煩瑣的管理程序就是典型的例證。

在實踐中，很多飯店簡單地認為向顧客提供更廉價的產品和更煩瑣的服務就是為顧客創造價值，事實上這是對買方消費心理的錯誤認識。只有透過技術創新，才能真正地優化管理過程，提高流程效率，使更多的資源被準確運用到價值增值活動過程中。從這個角度來說，技術的創新和應用是適應顧客主權時代的最合理選擇。

就餐飲業現狀而言，運用現代訊息技術手段全面再造企業業務和管理流程已勢在必行。現代訊息手段和決策技術的應用可以全面解決飯店的溝通不暢和決策非科學化現象，現代顧客數據庫技術的引入則使低成本實現個性化服務成為可能，現代市場監測技術和產品研發技術的應用確保了飯店對於顧客需求的快速反應和應變能力，現代設備技術和服務流程技術則在進一步提高服務效率的同時也降低了服務難度和服務成本……只有全面的技術創新，才能真正做到為顧客創造更多價值。

（五）以新產品研發為龍頭，透過運用行政、法律等綜合性手段有效保護技術創新成果，形成多系列、多品種的飯店產品儲備，加快產品研發和應用週期，進而鞏固以產品為核心的市場優勢

餐飲業的競爭歸根究柢還是透過產品和服務的競爭來實現的。飯店產品的內容、形式、價格和質量都是競爭的重要指標，但其中最具決定性的還是圍繞著產品內容而展開的技術戰和品種戰。當今行業內一些長時間保持領先地位的飯店，大都擁有「一技之長」和自己的「拳頭產品」。在顧客的消費經歷越來越豐富、需求結構越來越複雜的今天，飯店的新產品研發速度以及產品儲備的厚度已經成為競爭優勢的重要標誌。

妨礙現今大多數飯店熱衷於自行研發新產品的原因主要有兩條——一是源於自身的研發意識淡薄，研發實力欠缺；還有一個很現實的原因，就是飯店新產品的被仿製機率太高、頻率太快，先行研發者往往很難享受到應有的市場先行優勢。解決第一種現象，飯店必須切實轉變觀念，進一步認清技術與競爭優勢之間的內在聯繫，建立起完備的新產品研發機制，在人員、經費、建制以及市場目標等各方面予以制度化的配套和保障；而解決第二種現象，則需要透過專利、商標權、技術合約等行政法律手段的綜合運用。

延伸閱讀

技術制勝，方為競爭之王道

在當今大多數餐飲企業決策者的心目中，似乎已經形成了這樣的思維定式，即普遍認為餐飲行業是技術性要求不高的勞動密集型行業，在日常經營管理中，好的硬體設施和服務態度就意味著成功，技術性的要求主要體現在個別操作環節和技術工種，就整個企業而言，花費大量資源來構建技術研發體系，既是得不償失也是小題大做。

很多餐廳為了應付殘酷的競爭，往往是將手頭已有的產品傾囊而出，這樣即使能取得暫時的市場優勢，但當競爭形勢更趨複雜時，就顯得「江郎才盡」了。為了能應付複雜多變的市場挑戰，餐飲企業必須形成自己的多系列、多品種的產品儲備庫，研發要走在

生產的前面，以確保在新的競爭條件下迅速更新原有的產品組合，補充新的、有競爭力的產品，只有這樣才能真正做到「人無我有，人有我變」。

　　總的說來，餐飲業要想克服眼下競爭手段單調、競爭焦點過於密集的現狀，就必須堅定不移地走技術創新的路子。只有牢固樹立起「技術制勝」的觀念，構建起完備的技術創新機制，將飯店改造成為「學習型組織」，使員工更廣泛地參與管理決策，並以顧客需求為導向重構企業價值鏈，突出技術對於價值增值活動的影響和貢獻，透過各種手段的綜合運用保護企業技術創新的成果，形成深厚的產品儲備，才能徹底擺脫粗放式的低水平競爭模式，真正帶動產業升級。

　　以惡性價格戰和簡單模仿創新為特徵的低水平競爭模式是餐飲業發展進程中不可踰越的歷史階段，其形成有著十分複雜的歷史和文化背景，但隨著大規模客製時代的到來，個性化、多樣化、客製化的市場需求決定了新的競爭特點，低水平的競爭模式將被基於新技術的低成本差異化競爭模式全面取代，技術因素在飯店增長中的地位和價值將達到前所未有的高度。以技術研發體係為基礎，重構餐飲業的競爭優勢將成為新世紀的產業發展主旋律。

第二節　菜單設計：產品規劃、菜品研發與廚師能力管理

　　菜單在餐飲企業的整個經營體系中占據了非同尋常的地位，它就等同於製造型企業的產品目錄兼說明書，任憑你企業有多少硬體或是軟體優勢，最初都得透過菜單反映給顧客，菜單是顧客全面審視餐廳實力的第一道環節。但很多企業的菜單更新緩慢，菜式編排無新意，沒有突出表達餐廳的優勢特長，而在菜單背後更嚴重的問

題是餐廳對於產品種類缺乏系統規劃，對於產品研發沒有時間表約束，這些現象都將導致餐廳核心競爭力的缺失。

一、菜單問題的本質——產品規劃和研發規劃

細心的經營者發現，一些成功的餐飲企業都非常重視菜單的製作，不但花色品種豐富，而且圖文並茂，讓顧客看起來興致勃勃。但人們普遍認為這是餐廳家大業大後，有能力做這些修飾工作，至於在菜單上下的這些功夫到底是大餐廳實力水漲船高後的自然行為還是他們賴以成功的關鍵所在，很少有人去認真思考。

菜單在餐飲企業的整個經營體系中到底起多大作用，或者說菜單問題的本質到底是什麼，這是一個被很多業內人士長期忽略但可能是極其重要的問題，因為在菜單的背後反映的是企業在產品規劃和研發規劃上所做的努力。

花在菜單上的功夫有大有小，有些是顯而易見的表面功夫，如菜單配圖、文字包裝和版式編排，有些是真正體現餐廳能力水平的深層功夫，如菜式品種、宴席組合和新品推薦等。總的來說，做那些美術包裝類的皮毛功夫不是難事，只要餐廳願意在製作上稍加投入，選用好一點的紙張，拍攝精緻一些的圖片，效果都會過得去，但這些對於餐飲競爭的幫助畢竟是有限的。

真正能長久吸引顧客的自然還是菜單所提示的那些菜式品種。菜單設計精美、圖文並茂的本意無非是希望能更直觀、更完整地展示菜品內涵，這裡面就有一個前提——你得有值得推介、拿得出手的菜品。與對手比競爭力，在這個環節上的體現就是比誰的品種齊全，誰的搭配合理，誰的款式新奇以及誰的更新頻率更快，至於菜單印刷是否精美，對於有經驗的顧客來說，並不是關鍵問題。

一線案例

每天都在變化的「魔術菜單」

有一家專營鄉土菜餚的餐廳，幾乎每天菜單都在變化。除了幾道招牌菜以外，每天都會有採購從鄉間物色來一些尋常市場裡不怎麼能見到的菜餚，到底會是些什麼品種，說實話就連餐廳經理和廚師們心裡都沒底。

餐廳規模不算太大，但卻有近10名專職採購在附近農村跑來跑去，不停地尋覓和挖掘真正的鄉土菜餚，每當有所發現時就雇一個小貨車將食材拉到餐廳裡來，有時甚至還連同鄉間廚師一併請過來傳經授藝。

他們的費用可能很大，也可能很小，但這與餐廳都沒有關係，因為餐廳與他們之間的結算方式是早已確定了的，採購們除了每月領取很低的底薪收入外，其餘費用包括採購資金均自理，但菜餚出品售價的40%左右直接歸他們所有。

這種全新的體制對採購是個非常誘人的激勵，因為菜金的40%可不是小數目啊，如果能挖掘到吸引顧客的好品種，售價中上水平加上銷量大的話，採購的腰包可比一般員工的鼓多了。於是，怎麼去尋找這些品種，怎麼去將一些真正隱藏在民間的精品菜餚挖掘出來，就成了這些採購們日思夜想的問題了。

業界普遍都認為餐飲業天經地義地當歸屬服務性行業，但從產品特徵以及運行過程來說，餐飲業應更多地學習製造型企業的一些基本管理理念。

打個比方，即便是規模很小的街道小廠，廠長們也會將大把的時間和精力放在思索推出和改進產品上。他們會有一個規模雖小但功能齊全的實驗室，會將員工工資的一半甚至更多花在幾個主要的產品研發人員身上；他們會定期淘汰點一些明顯沒有銷路的產品並且不斷地改進現有產品。總之，引導他們工作的一條很明顯的主線

就是產品的品種結構和質量。

相反，認真觀察一下大多數餐廳經理們的工作，他們會很在意餐廳的外在形象，隔三差五地將大門口的裝飾變來換去；他們很注重維護客戶關係，每到就餐時間一定會主動地挨個挨個包廂敬酒；他們有時也很關心成本核算或是服務質量，會親自組織倉庫盤存和員工培訓，但在廚房裡花的時間相對就少多了，也許是因為他們認為那都是主廚的工作，不宜過多干涉。

比照生產企業，主廚到底扮演的是現場領班還是總工程師的角色？如果是現場領班，那麼必須有人站出來對餐廳的產品整體規劃和研發規劃負責，而如果是總工程師的話，那麼他就應該將更多的時間和精力放在辦公室和市場裡，至少不必在廚房裡事必躬親。事實上，在大多數餐飲企業裡，主廚是身兼現場領班和總工程師兩個角色，既要動腦還要動手。那麼此時有誰能保證他在產品規劃和研發規劃上真正發揮了全部能力呢？經理們難道對產品規劃毫無責任嗎？

二、菜單編排的「波士頓（BCG）矩陣」

很多餐廳的菜單明顯與他們的實力不相稱，花色品種之多讓人難以置信。首先值得置疑的是他們餐廳的客流量，這麼多品種是不可能都有備料的，有很多菜一點就會有人回答「抱歉，已經賣完了」；其次是這麼多風格特點不一的品種需要一個龐大的廚師團隊，但廚房其實就那麼幾號人，因此很多菜品即便是會做也肯定不太拿手；最不可思議的是很多已經過了時令或已經在市場上無人問津的菜品仍然沒有從菜單上撤下來，有時甚至連服務員都覺得菜單沒有什麼意義，乾脆全盤口頭介紹，用「口頭菜單」代替了「書面菜單」。

擺在管理者面前的難題是，餐廳銷售的菜式品種是越多越好還是短小精悍更合適？如果要裁撤，應該裁撤掉哪些品種？如果要保留，又可以保留哪些品種？如果要大力推廣，最適合推廣什麼菜餚？如果想改進，從哪些品種入手最有價值？這一系列問題的存在意味著我們迫切需要有一個應用於菜品生產規劃和發展佈局的分析框架。

當然，現成的菜單分析框架還沒有出現，或許有些企業借用財務分析的方法對不同菜品的利潤貢獻率進行核算以確定增減規律，但更為簡單的方法還從未得到公開推廣。

實戰經典

餐廳菜單編排的「BCG」矩陣技術

如果我們將每道菜餚看作一個獨立的產品甚至業務項目的話，那麼菜單編排的任務就成了對業務組合的選擇了，為此我們可以借用在公司戰略領域應用非常廣泛的BCG矩陣。

所謂BCG矩陣，是由全球頂尖管理諮詢公司——波士頓諮詢集團首先開發出來，用以進行公司業務組合分析的實用管理工具。它用一個二維的矩陣圖，將組織中的每一個戰略事業單元（SBU）按照其業務的市場占有率及預計的市場增長率等主要指標維度標示在四個方格的不同位置處，如下圖：

	市場份額高	市場份額低
預計增長率高	明星	問號
預計增長率低	現金牛	瘦狗

這樣一來，餐廳現有菜品大致就可以根據其贏利現狀和發展前景分為四大類型——明星、問號、現金牛和瘦狗類菜品。

現金牛（Cash Cows，指低增長、高市場份額）：處在這個領域中的菜品能帶來大量現金，但未來的增長前景是有限的。

明星（Stars，指高增長、高市場份額）：這個領域中的菜品處於快速增長的市場中並且占有支配地位的市場份額，但也許會或不會產生正的現金流量，這取決於固定投資及進一步研發對資金的需求量。

問號（Question Marks，指高增長、低市場份額）：處在這個領域中的是一些投機性菜品，帶有較大的風險，這些產品可能利潤率很高，但占有的市場份額很小。

瘦狗（Dogs，指低增長、低市場份額）：這個剩下的領域中的菜品既不能產生大量現金，也不需要投入大量現金。這些產品沒有希望改進其績效。

面對不同領域裡產品的不同特性，企業應該分別採取什麼樣的產品策略呢？一般來說，企業理想的做法應該是從現金牛業務上擠出盡可能多的「奶」來，把現金牛業務的新投資限制在最必要的水平上。接下來，利用現金牛產生的大量現金投資於明星業務，因為對明星業務的大量投資將獲得高額利潤。當明星產品的市場飽和、增長率停滯時，它們最終會轉變為現金牛。最難作出決策的是關於問號類的投機產品，其中一些應該取消，而另一些有可能上升為明星產品。對於最後一類瘦狗業務，則不存在太複雜的戰略問題，因為這些產品是一定要盡快處理掉的，很少有值得保留或追加投資的必要。

具體到餐飲企業來說，我們可以將BCG矩陣的思想加以變通，使之應用於對餐廳現有菜單上若干品種的整體規劃。

實戰經典

餐廳菜單規劃和調整的若干原則和方法

第一，將菜餚品種總量控制在適當水平。

以餐廳自身的客源流量和廚師實力來說，不應該也沒必要四處開花，應根據顧客的偏好和自身的技術優勢來決定「有所為，有所不為」。一般來說，體現餐廳特色的品種應該占到70%以上，而真正順應本地大眾口味的「大路菜」品種不宜超過30%。特色品種與大眾品種之間維持適當比例是有必要的，因為顧客的需求總的來說是多元化的。

第二，對於菜單上的已有品種應建立逐日統計的點單率分析制度。

對所有的菜品像分析股票走勢一樣地建立相關的指標記錄，只有透過科學的數據分析才能準確地判斷出哪些菜品屬於明星，哪些又屬於現金牛，而哪些又是風險很大的問號品種。比如說，大多數餐廳都有自己的招牌菜系列，但從發展趨勢分析不難看出，到底是屬於現金牛還是明星性質的品種。如果點單率很高但沒有明顯增長趨勢，那麼就是只能繼續「擠奶」，而沒必要進一步研發改進；如果點單率一直在飆升，那麼就還可以加大改進力度，不斷投入研究經費。

第三，菜單上其實還有很多品種，是根據行業慣例或者廚師習慣安排的，其實點的人很少，擺在菜單上頗有點「濫竽充數」的嫌疑。

不妨透過點單率分析制度進行一個大篩選，將那些「食之無味，棄之可惜」的雞肋型品種全部取消掉，即便要保留，也必須進行大幅度的創新，使之上升成為「問號型」品種。

三、菜品研發、廚師激勵與企業成長

用製造型企業的思維看經營餐飲企業，我們會將對產品研發的重視程度提高到一個前所未有的高度，而這很有可能是行業發展的必然趨勢。

很多餐廳經理與廚師之間的關係非常微妙，生意順利時需要提防廚師跳槽或要求漲薪，而生意受阻時又抱怨廚師們缺乏靈感和激情。餐飲企業經營在本質上原本就是資本和技術的結合，經理們是資本的代理者，而廚師們則是技術的持有者，二者之間相依相存，缺一不可，但遺憾的是，實踐中人們往往會習慣性地認為廚師們是一群沒有事業遠見的唯利是圖的技術工人。廚師們儘管拿著憑藉技術優勢談判得來的高工資，但其內心深處的事業心、歸宿感和創造慾望卻並沒有被有效地激發出來。

現實中，很多成功的餐廳都有一些相同的特點，要麼投資者或經理本人就非常熟悉廚房業務而且頗具關於產品創新的整體構思和動手能力，要麼餐廳用股份或期權等特殊激勵措施牢牢地鎖定了一批優秀廚師並使之能忠心耿耿。也就是說，只有從根本上解決了廚師的積極性、主動性和創造性問題，餐飲企業才有可能騰飛，當然，前提是這些廚師本身必須有相當高的業務水平和不斷學習創新的進取精神。

菜品研發的主體應該分為兩部分，負責創意和負責實施的。研發實施者毫無疑問只能是廚師團隊，但創意組織者就未必了，這個道理好比就是生產工廠內部的創意開發與產品定型分屬於不同部門的道理一樣。有些餐飲企業建立起了自己的「廚藝研究中心」，並不直接參與具體菜品生產，專職對產品和工藝進行研究，道理大抵也出於此。

對於很多中小規模的餐飲企業來說，廚師工資已經占去了其固

定成本費用的很大比例，重新成立一個獨立的研發中心既不現實也不經濟，但這並不等於說這部分功能可以被放棄，我們完全可以尋找到新的變通辦法以實現產品研發與常規生產之間的平衡。

比如說，我們可以將廚師的工資由固定支付改為按績效彈性支付，就像很多企業的現行做法一樣。但為了突出產品研發的價值，督促廚師能更多地依靠新品種來獲取利潤，我們可以將流行的按總銷售收入來確定廚師報酬的方式略加改進。

當前很多經理都喜歡談論餐飲企業的核心競爭力，這應該說是管理學教育深入到實踐界後的可喜進步，但很多人對核心競爭力的本質認識仍有不同程度的偏差。從產品角度來說，核心競爭力就是建立一種獨特的研發激勵機制，能源源不斷地誘發出許多新的菜餚品種，從而使自己的企業相對於對手在產品更新上有難以超越的速度優勢，這就叫「以快打慢」「以速度競爭應對模仿競爭」。

延伸閱讀

讓餐廳的優勢一目瞭然

很多餐飲企業成天高喊要營造競爭優勢，培育自己的核心競爭力，使競爭對手望洋興嘆，最終達到不戰而勝的境界。

但競爭優勢到底在哪裡？或者說，有了優勢，又如何能讓顧客們一目瞭然並且高度認同呢？只有循著這樣的思路往下走，餐飲企業的核心競爭力才不至於停留在口頭上，成為一句空話。

菜單作為餐廳主要產品和有形產品的說明書和目錄，其實就是顧客們觀察和評價餐廳實力的一個窗口。隨著時間的推移，顧客們也漸漸成長為高水平的美食家，服務員被顧客問倒的事情越來越常見，而在網路上各種關於餐廳菜餚特色的評論也越來越多。借助於高效率的訊息傳播手段，這些對於產品的評價很快就成了社會對餐廳的共同印象，這對於餐廳的發展可以說是至關重要的環節。

很多業主們對菜單的認識仍然停留在點菜憑證的階段上，對菜單所反映的產品規劃和研發規劃問題沒有引起足夠重視。菜單上品種搭配凌亂、更新緩慢乃至文不對題的現象隨處可見，而每當有廚師變換等重要事件發生時，我們更是看到很多菜單又還原成了幾張手寫的、簡陋無比的樣式。

更新菜單不只是加多幾張精美的菜餚圖片或撰寫一段煽情的文字介紹那麼簡單，因為真正影響顧客們評價的還是花色品種和口味口感，而這些恐怕也是廚師管理和激勵的最終目標，所以一個小小的菜單問題也就延伸到了廚師激勵甚至企業成長這些根本性的話題上了。

看來，「餐飲無小事」這句話完全可以成為餐飲行業的又一名言了，因為它讓我們對行業競爭又有了新的認識和理解。

第三節　創造力管理：基層員工的智力管理

創新是現代企業競爭的主旋律，但在餐飲業競爭中，創新的重任似乎一直是由企業高層管理者在獨立承擔，頻繁的硬體更新、自上而下的產品研發和走馬燈式的廚師團隊更換其目的都是希望能透過經營創新來破解同質化競爭的命門。很遺憾的是，這樣的創新舉措不但成本奇高、風險奇大，而且由於過分密集於管理高層，是一種嚴重忽略廣大中基層員工的片面創新，不但是對企業智力資源的嚴重浪費，也因為中基層員工的被動接受而在推廣過程中步履維艱，效果自然也是不盡如人意了。

一、「積極惰性」的故事

一個由專業協會委託進行的對若干餐飲企業的專項調研活動表明，有些企業的創造力被管理高層無意間抑制了，儘管這種扼殺不是有意識的，甚至很多經理本身就是最堅定的管理創新的支持者，但為了保證對企業資源的有效控制和協調多方關係，這樣的悲劇還是一次次地重複上演著，直至到最後「創新」完全演變為高層耗時耗力的「投資遊戲」。

　　也許這樣的結論肯定會遭到無數業界精英的反對和指責，但是且慢，讓我們一起來看看下面這個關於「積極惰性」的故事。這是一個調研組在很多餐飲企業裡都觀察到的共性現象，相信所有的餐飲管理者們對此都不會陌生。

　　一線案例

　　我們這裡只有勞模，但沒有一個真正動腦的管理者

　　在與一家中等規模的飯店交往過程中，調查者們發現了一個有趣的現象，幾乎所有的中基層管理人員都在透支自己的時間和體力，他們在報酬沒有顯著增加的前提下主動地大量加班，慷慨地犧牲著自己的節假日，少數管理者甚至一年中僅僅休息了12天（含所有週末和節假日）。但管理者們如此忘我的投入卻並不能讓總經理釋懷，他告訴調查組的專家們，「我們這裡只有勞動模範，但沒有一個願意動腦的管理者」。

　　接下來與這些管理者的接觸也證實了總經理的抱怨：他們的確很敬業，但大部分時間裡他們只是在重複地做著一些毫無意義的瑣事，而對一些更深層次的問題不願去觸及。

　　看過他們的會議記錄和工作報告就可以知道，這的確是一群用簡單的體力勞動取代了複雜的腦力勞動的管理者——看起來這種現象絕非偶然，甚至可以說很普遍，「沒有功勞，也有苦勞」嘛，但套用新古典經濟學裡那個著名的「閒暇和勞動選擇」模型分析起來

卻很有些費解。在貨幣收入不會因加班顯著增加的情況下，效用最大化的勞動者應該選擇更多的閒暇時間而不是勞動，畢竟這些管理者的效用函數不會與普通人有太多的差別，而且也沒有面臨很明顯的職位競爭壓力。

如果換個角度，讓我們從知識的角度來考察一下管理者付出的成本和所得，我們也許就很容易理解他們的選擇了。

企業內部有兩類不同知識，即通用性知識和創新性知識。所謂通用性知識是指相當於社會或企業平均水平的既有知識，其使用成本較低。而創新性知識則是指高於社會和企業水平的新增知識，很顯然其使用成本要比前者高很多。在成本最小化情況下，因為創新性知識的使用成本明顯高而且呈邊際遞增趨勢，所以對創新性知識的供給明顯要少很多，而對通用性知識的供給則相應地多了很多，甚至其最適供給量有可能超過了正常工作時間的基本要求，這就導致了自動的加班行為。

中基層管理者們運用早已熟悉的管理知識和技能很輕鬆，成本很低而且邊際遞減，但若需要他們創造出新的管理知識和技能，成本之高會使他們望而卻步，此時即便是加班加點地反覆運用通用性知識也要比偶爾運用創新性知識的成本低得多，我們把這種「勤於勞作，惰於創新」的現象稱為「積極惰性」。

回頭再想想，您所處的企業裡，是否也有這麼一大批「勤於勞作，惰於創新」的管理者呢？

二、「經營創造力」到底在哪裡

我們不禁要問，到底是什麼原因造成了中基層管理者全部蛻化成了「沒有創意」的苦力和勞模呢？是什麼扼殺了他們身上原本應該生機勃勃的創造力呢？

很顯然，在解答這個問題之前，我們必須先弄清楚什麼是經營創造力？

　　傳統意義上，人們談論創造力通常是與藝術聯繫在一起的，但在餐飲企業這樣的追求利益最大化的商業組織裡，創造力意味著更多的內容。

　　哈佛商學院著名教授T. M. 阿馬布勒就曾對企業背景下的創造力進行了專題研究，他說：「在每個個體中，創造力都是由三個部分組成的一種功能。這三個部分是：專業知識、創造性思維技能和動機。」

　　就餐飲企業來說，專業知識包括員工在餐飲業領域中所知道的和能夠做到的所有事情，也就是我們通常所說的行業見聞、專業素質、從業經驗、管理閱歷和流程性知識等等，這並非簡單地可以從員工的個人履歷中就能一目瞭然，因為其中很多知識原本就屬於那種「只可意會，難以言傳」的隱性知識，上級管理者很難準確知曉員工的這種看不見的能力到底有多大，因此就會引發管理過程中對員工既有能力的巨大浪費。

　　某餐廳在做大型酒會活動排練時，新來的餐廳經理出乎意料地發現，很多員工原本就熟悉大型活動的基本服務技術，只不過是以前的經理一直不知道從而小瞧了他們而已。推而廣之，所有餐飲企業的領頭人有機會的話都應該好好盤查一下屬下員工的家底，別看著屬下員工一個個不怎麼起眼，他們中很可能「藏龍臥虎」。

　　富於想像力的思維自然是創造力中最引人注目的一部分了，但具體到餐飲實踐中，我們需要的就不再是堂吉訶德式的美妙幻想，而是實實在在的基於自身實力的處理問題和尋求解決方案的能力了。很多看上去很美的想法之所以不能付諸實踐，原因就在於我們錯誤地認為創造性思維就是單純的創意和點子，而忽略了創造力的核心是創造性地解決難題。

對於管理者來說，員工身上的專業知識和創造性思維能力似乎是難以短時間改變的先設條件，即便投入大量的財力和時間也未必有把握能進行有效管理。但我們換個角度思考，我們真的把蘊藏在員工身上的巨大能量完全挖掘出來了嗎？研究表明，我們真正利用了的員工智力其實只是他們所擁有的很小部分。換句話說，我們一直在無視著埋藏在我們身邊巨大的「智力富礦」，只因為我們從沒認真思考過一個其實很簡單的問題——員工憑什麼向我們貢獻他們的知識、創意和熱情？

很多餐飲企業一直將「群策群力，同舟共濟」作為激勵中基層員工參與管理和創新的信條，但遺憾的是這樣的想法大多只停留在口號上。在企業實務中，我們不得不說有些方法還太過簡單，總是迷信給員工封官晉級和發放獎金就能把他們調動起來。其實，我們對員工創造性工作的動機認識嚴重不足。

必須予以高度重視的是，單純的外在金錢刺激很難真正激發起員工持久的創造慾望。某餐廳曾強行推行過「合理化建議獎勵活動」，規定每週二下午召開全體員工大會，對過去一週內曾經提出過合理化建議的主管以下員工予以表彰，對被採納建議的予以物質獎勵，對沒有提出建議的營業班組進行言辭很激烈的批評……但事實證明，這樣的管理措施很難長時間延續下去，除了開始時員工還曾經激情飽滿地提出過一些有價值的建議外，到後來幾乎就成了形式主義了，員工們總是抱怨他們的很多建議提了沒有回應，提了也是白提，管理者們也抱怨這樣的建議大多數是不顧企業實際的瞎說，簡直就無法操作，更嚴重的是那些被採納的建議因為管理者的牴觸而不了了之。

那麼員工到底有什麼理由來奉獻他們的智力和才華呢？答案是，我們必須真正地調動起他們的熱情和興趣，也就是他們對創造性勞動的內在渴望。當然，這麼做的前提是我們必須在制度設計上

把握好分寸，讓他們能充分自主地拿主意，做決策，簡單說來就是，把功勞算在他們頭上，把責任攬到管理者這邊，不要對他們做事的過程妄加干涉和評論，我們要的只是結果。

三、創造力管理案例賞析

餐廳經理們可以影響、引導和管理員工創造力的三個組成部分是，專業知識、創造性思維技能和動機。但實踐表明，影響和管理專業知識與創造性思維技能的難度遠遠大於影響員工的動機，前兩者可以被看作是員工的天賦至少是短期內難以大幅度改變的，而一旦意識到他們身上還有很多潛力有待挖掘時，管理創造力的重點就應該向深度影響員工動機傾斜了。這個話題看上去很像是對員工話題的老生常談，但別忘了，我們在這裡最終要激發的是員工的創造力。

對於餐飲企業的實踐而言，什麼樣的方法能夠真正影響員工的創造力呢？T. M. 阿馬布勒教授的研究成果為我們提供了六種技術選擇：挑戰、自由、資源、工作團隊特徵、管理層鼓勵以及組織全面支持。現以案例形式，做直觀說明。

（一）高度重視員工的智力資本，摸清真實「家底」，酌情安排有挑戰性的工作目標

一線案例

「善任」須先「知人」

某資深職業餐飲經理在管理營銷部的時候，曾經嘗試過一種簡便有效的管理方法：在充分瞭解員工的市場運作能力的基礎上，將手下的員工分為幾種類型，有擅長市場調研的，有善於與客戶溝通的，還有精於項目策劃的。

除了極少數的特殊情況如大型接待活動外，他一般都是按照自己對員工能力的分類來安排佈置工作的。

每天早上，他會根據前一天的企業各項報表及員工們的工作進展，直接將每個員工當天該做的工作和期望達到的目標明確地寫在一式兩份的任務安排單上，等員工當天下午回報時再根據其表現為其評分，若連續幾天均為滿分，則表示尚有潛力可挖，進一步安排工作時就可適當調大其工作難度，安排更具挑戰性的任務目標給他，反之亦然。

（二）在員工開展具體工作時給予足夠的過程自主權，用業績評價而不是過程監控來約束員工

一線案例

高度放權，論功行賞

王總在自己的餐廳裡大力推行菜品創新工程，但與其他同行不同的是，他並沒有將自己的辦公桌搬進廚房裡，也沒有對主廚進行「人盯人」管理。他的方法其實很簡單，除了規定廚師們每週必須推出至少5個新菜，其中3個入選當期餐廳首推新菜，售價的10%將作為獎金獎勵給廚師們的措施外，另一個關鍵就是「高度放權，論功行賞」。

對於王總來說，自己在烹飪技術上顯然不是專家，因此廚師們如何思索菜品改進思路，如何打聽市場訊息，如何到同行那裡偷師學藝以及如何在廚房裡私下做試驗，他一概不管。他給自己定的原則就是「重結果，輕過程」，菜品創新力度如何、市場前景怎樣他會慎之又慎、精益求精，但廚師們具體的研發過程他則是高度放權，要錢給錢，要人給人，要政策就出政策，全面滿足廚師們的要求。

（三）給予工作團隊或具體項目適度的時間和財力資源，使之

具備必需的資源基礎

一線案例

每月1萬元的「新菜學習基金」

劉師傅在一家大型酒樓擔任主廚已經有三個年頭了，這在當地餐飲界快成奇蹟了。眾所周知，如今餐飲業能在一個店裡從年頭做到年尾就已經很難得了，這麼穩定的廚師團隊還真是很難得，退一步來說，即使投資者很滿意廚師能力，廚師自己也可能會跳槽到條件更好、薪酬更高的餐廳去。

劉師傅與這家酒樓之間確實水乳交融，雙方合作非常愉快，酒樓特別滿意劉師傅與他的團隊的創新能力。劉師傅很喜歡這裡獨特寬鬆的創新環境，比如說，每個月，酒樓董事會規定主廚可以開支1萬元左右出外學習品嚐新菜，至於何時何地帶什麼人去品什麼菜，全由劉師傅自己決定，月底憑單據報銷，本月沒用完的考察費用額度可以累計到下月再計。劉師傅說，單憑這一條，他思索起新菜來就渾身是勁。

（四）組建由具有高度責任感和不同專業知識背景、工作風格的員工合作的工作團隊

一線案例

換個思路組團隊

每年一度的美食節在某酒家可是頭等大事。為了辦好美食節，該酒家採取了嚴格的項目管理制，專門成立了一個美食節特別策劃小組。

小組成員不再是過去的老總加上各部門負責人式的行政團隊，而是由幾大主力廚師班組長（負責菜品研製）、營銷策劃人員（負責活動推廣）、採購主管（負責落實材料）、財務主管（負責落實

資金和預算成本控制）以及服務主管（負責現場設計）等等組成。

這些人都是各自部門裡的業務骨幹，有自己專業上的一技之長。這樣的團隊可謂是各有所長，各顯神通。

（五）高層管理者全程跟蹤項目進展，及時給予讚揚和鼓勵，即便是對不成功的努力也不給予嚴厲的批評

一線案例

容忍失敗，但不許沒有創新

鼓勵創新，就必須容忍失敗，鼓勵創新，就必須停止非議。這是某飯店總經理當眾宣布的新店規。為了樹立「允許改革失敗，不許墨守成規」的企業文化，形成「創新性努力優先考慮」的風氣，飯店高層果斷開除了兩名老愛嘮嘮叨叨，喜歡私底下對創新非長議短的資深主管，並且由總經理親自負責產品創新和管理創新幾大項目的經費審批、進度評估和人員獎懲事宜。

此舉一出，店裡的非議聲頓時平息。很多原本一直在觀望中甚至等著看笑話的員工馬上轉變了態度，廚師們的研發熱情一下子被激發了出來，幾乎每天下午都會有廚師到採購部下試驗材料申請單；每週一次的新品彙報花色品種之多讓總經理都始料未及；顧客們也樂壞了，因為這裡的特別推薦菜單裡的菜餚實在是換得太勤了。

延伸閱讀

創新，貴在堅持

創新就是餐飲企業的生命線，這點已經成為業內人士的共識，沒有成為共識的是為創新到底該付出什麼樣的代價。

產品創新可能會意味著對已經初具規模的老產品體系得不停地被顛覆，依稀有了些輪廓的菜品特色可能會變得模糊，此時的經理

們會不會動搖？

　　管理創新可能意味著更多的職責和壓力，需要管理者們一邊工作一邊更新自己的知識和能力結構，勇於承認自己所擅長的那套東西已經過時，並且花更多的心思和精力來認真鑽研新問題和新技術，此時的主管們會不會牴觸？

　　服務創新則可能意味著員工們需要全面審視自己以前的服務模式，在緊張的工作之餘花更多氣力去掌握新的服務技巧，用更銳利的眼光去觀察研究顧客們的喜怒哀樂，一些原本已經成為權威的老員工也得放下架子來和新員工一起學習陌生的服務新知識，此時的員工們會不會消極應付？

　　……

　　創新就是如此，改革也是如此，有得必然有失，從一種經營模式向另一種模式的轉變就意味著改變，而所有的改變都必須遵循從量變到質變的基本規律，只有耐得了量變過程的煎熬和寂寞，才會收穫質變得來的巨大豐收和喜悅。

第四節　合理化建議：員工知識管理和技術革新的有效途徑

　　餐飲企業的競爭最終都必須落實到員工層面上的競爭，管理過程的優化和技術創新的發起都迫切需要基層員工的深度參與，合理化建議活動已經被很多行業證實為員工知識管理和技術革新的有效途徑。但在具體實施合理化建議活動時，大多數餐飲企業仍然將其視為管理民主化的象徵性措施，缺乏系統的資源投入、績效評價和成果轉化規劃，導致建議質量低劣、參與程度較低、跟蹤實施不到位甚至完全淪落為形式主義，沒能真正調動廣大員工的積極性和創

造力。

一、合理化建議，不只是管理民主化

與很多傳統產業一樣，餐飲企業的運行對中基層員工的倚重都是毋庸置疑的規律性現實。企業的生產服務流程有哪些環節需要改善？客戶的消費心理有哪些細微而又至關重要的變化？不同部門和班組間的協調在哪些地方會頻頻出錯？哪些設備和材料必須及時更新換代……諸如此類的管理細節問題都必須由中基層員工來尋找答案，最終也必須由他們來親自落實。從這個意義上來說，合理化建議活動應該成為一種基本的管理組織手段，而不只是展現管理民主化的象徵性活動。

事實上，在餐飲企業內部，從來就不缺乏這些來自中基層員工的建議或者點子創意，但這些建議能真正轉化為實質性的管理改良或者技術革新行動的很少。員工們的建議經常得不到應有的重視和反饋，高層對員工的建議也未必能做到虛懷若谷、從善如流。在很多企業裡這些愛提建議的員工經常被說成是「眼高手低」、「碎嘴皮子」甚至「惹是生非」。耳朵裡起了繭的管理者甚至有時還警告這些愛動腦的員工「做人要謙虛點，做事要踏實點」。殊不知，言路就此被徹底堵塞，員工們也對所謂的「合理化建議」活動開始漠視，即便管理者們調整心態希望員工們暢所欲言，得到的回應也會寥寥無幾。

作為一項由來已久的管理技術，合理化建議活動幾乎在所有的企業都曾經或多或少地進行過嘗試。管理者們往往對合理化建議活動的本質缺乏全面深刻的認知，對合理化建議活動的管理機制缺乏系統細緻的理解，對合理化建議活動存在的困難和障礙缺乏必要的心理準備，無論是在理論上還是實踐上都沒有將合理化建議活動的

精髓真正吃透。

二、合理化建議，為什麼名存實亡

作為一種已經被反覆證明了的管理技術，合理化建議活動為什麼會在餐飲業長期得不到應有的重視和高水平的實施呢？對於這個問題的探討，我們必須深入到餐飲企業具體開展合理化建議活動的過程中，從微觀層面分析一下是什麼原因致使合理化建議「有名無實」的。

原因之一，對合理化建議活動的管理本質和應用價值認識不足。

知識經濟條件下，競爭的焦點在於企業所擁有的知識資產的多寡，而知識資產的存在方式則遠不同於有形資產，其中的一部分以顯性知識即各種文件、資料或圖表等形式存在，更多的則是以隱性知識即「只可意會，不可言傳」的經驗或直覺存在於所有員工的腦海裡。

身處運營一線的中基層員工擁有大量的關於產品、客戶、流程和質量的隱性知識，但大都只能以經驗或直覺即隱性知識存在，這些也是常規的管理監督手段很難進行有效控制的原因。合理化建議活動作為一種相對成熟的管理活動，在將基層員工的隱性知識顯性化方面可以發揮積極作用。

過去很多企業對合理化建議活動的定位大都是將其作為管理民主化的一個環節，其象徵意義大於實踐意義，活動開展也很容易流於形式化，對實施過程缺乏科學的程序和配套支持手段設計，這充分反映了對知識管理價值的忽視。

原因之二，缺乏可操作的合理化建議管理機制。

具體表現在一些部門和管理人員滿足於一般性的號召，宣傳力度不大，活動目的不明確，階段性較強，熱一陣冷一陣，沒有多想辦法去引導員工積極參與。但問題是，在現有的管理架構下，即便企業有志於透過合理化建議活動來聚集員工智力，其結果也很可能事與願違，紅火一陣後歸於沉寂的可能很大。理由很簡單，作為一種本應納入基本管理流程的常規管理手段，企業還需要建立健全一整套與之相關的管理機制，在建議如何遞交、建議質量如何甄別、建議如何採納以及員工如何參與等方面都必須有可操作的詳細制度，最關鍵的是管理人員作為活動的推動者該如何開展工作又如何評價其工作質量。

一線案例

「合理化建議」活動不了了之

某飯店餐飲部曾經在老總的倡議下轟轟烈烈地開展過一陣合理化建議活動，管理人員定期下到基層召開員工「獻智會議」，員工通道和行政樓裡設置了很多「合理化建議箱」，企業還專門推出了一套獎勵制度，並且示範性地重獎了幾名提出好建議的員工。

員工們的積極性一下子被激發出來了，各類大小建議如潮水一般湧來，管理者們看得頭皮直髮麻。為什麼呢？很簡單，這些建議所反映的都是經營管理中的一些具體問題，多不勝數，你若是全部採納，管理制度就得天天修改，你若是不採納，員工們馬上會集體噤聲。由於對一系列環節的事先考慮不周，這場聲勢浩大的合理化建議活動漸漸地陷入了形式主義的窠臼，最終又成了一個不了了之的改革失敗案例。

原因之三，合理化建議的轉化成功率太低，缺乏內在激勵。

這可能是導致員工們率先退出合理化建議改革的關鍵原因，很多企業將物質激勵作為吸引員工「開金口」的籌碼，其實是沒有看

到知識管理的實質。員工們儘管有一定的物質需求，但能真正激勵他們嚴肅思考管理問題和企業發展的還是工作內容本身，源自工作內容的激勵才是最強大的內在動力。

合理化建議到底能有多少可以轉化為管理行為和具體決策，這不是一個比例或者決心的問題，它取決於建議本身的質量和企業本身的資源基礎。有很多建議從長期來說是有價值的，但可能不適宜馬上採用；還有些建議確實不錯，但採納的同時應該周密部署，畢竟任何實質性的改革都伴隨著高度的不確定性……既不能因為有了建議就必須馬上動手整改，也不能將建議束之高閣，來個「虛心接受，相機而變」，個中的度與分寸還需要好好把握，而這些我們必須依靠健全的知識管理機制來整體把關。

原因之四，中基層員工對合理化建議的質量要求理解不到位。

表現在有些時候為把合理化建議活動造得聲勢浩大，人為規定指標，按員工總數下達任務，要求必須完成多少條建議，而對建議的質量不能嚴格要求。這種不科學的，違反實事求是原則的做法，導致大家只重數量，不求質量，實質上就是形式主義，到頭來只能使活動流於形式，不能發揮作用。

造成建議質量不高的另一原因是員工業務、技術素質較低，對企業生產經營瞭解不多，認識不深，因而也難以提出高質量的合理化建議。但我們應該意識到員工們「只見樹木，不見森林」是與他們所處位置高度相關的，指望中基層員工們在看到問題的同時能提出全局性的解決方案這本身就是不現實的。我們應該將員工建議本身只看作是一個管理整改的訊息源點，從建議出發，開始對一個方面甚至一個系列的管理問題進行全面診斷，建議只是這一系列整改活動的一個導火線而已。

三、合理化建議，到底該怎麼操作

以餐飲企業為例，我們來談談合理化建議活動的具體操作問題。很關鍵的一個改變是，我們不再將合理化建議本身當作一個激勵員工或者管理民主化的姿態象徵，而是將其作為在餐飲行業推行知識管理的一個嶄新的嘗試。

（1）建立健全在企業內部開展「合理化建議活動」的制度體系，將其納入各級管理人員的日常基本工作流程而不是突擊性的臨時活動，並建立相應的績效考核機制來避免「形式主義」的傾向。

在餐飲企業內部，一般應由總經理即一把手來親自主導這項工作，這是由知識管理的重大意義和特殊性質所決定的。企業可以在修訂各級管理人員包括各級經理、主管與領班的日常工作流程時將其納入，如明確每週二下午為班組合理化建議會議，定期反饋一些建議的採納與實施進展，並對員工們如何設計改進方案、規範建議書格式以及思考方向等進行引導，代表管理高層對員工們進行相應的物質獎勵或口頭嘉獎等等。

從建議的實施角度來說，各級管理者本身可能就是潛在的改革反對者，因為任何一條建議可能都意味著他必須做出一定改變甚至會損失一部分既得利益。為此我們應該建立相應的專門針對管理人員的專項考核措施，比如將部門或班組的合理化建議上報數量及採納數量作為對管理人員工作業績的重要考核指標，甚至可以限定底線，即當建議數量和質量都不達標時管理人員將可能面臨「烏紗帽」被摘的風險。

（2）規範合理化建議的申報格式、程序，限定對上報建議的評審、決策和處理答覆時間，同時也應對員工如何規範清晰地表達其建議以及盡可能結合企業與市場實際考慮建議的可行性與完整性進行有針對性的培訓。

真正決定合理化建議活動能否長期堅持的關鍵不是在於制度多麼複雜，也不在於投入多少資金，而在於建議本身的質量水平如

何，能否及時完整地轉化為企業的競爭力。很多中基層員工由於自身文化素質以及表達能力的侷限，普遍缺乏以系統規範的語言及文本來敘述合理化建議的習慣，很多時候想法很好，而一旦說出來就詞不達意、前後矛盾。此時管理者不應批評指責，而必須想辦法幫助基層員工解決這些問題。可行的辦法之一就是製作專門的建議申報表，上面設計有一些欄目以系統整理員工的思路，如建議類別是屬於管理漏洞還是經營創新、建議所涉及的具體部門職位及流程環節、建議的基本內容和閃光點以及建議方法的實施要點和構想等。員工按照表格上的欄目逐行填寫的過程實際上就是系統整理自己思路並修補漏洞的過程。

建議經過慎重的製作提交後，各級部門和管理者必須按照程序進行評審、斟酌和答覆，客觀地說，這是一個枯燥而又充滿矛盾的過程。在管理者的眼中，大部分建議都是不切實際的空想，即便有些借鑑價值，但實施起來難度太大，因此評審結果普遍過於苛刻。斟酌和答覆過程則更有可能滋生官僚主義，必須有針對性地限定處理和答覆時間，並且所有建議最終都必須彙總到總經理信箱中，任何管理人員不得自行扣壓和修改。

（3）定期公開合理化建議活動申報、評審、意見採納及跟蹤實施情況，建議內容和基本要點也應在適當範圍內公開討論，對於重大建議應該有總經理親自過問其實施進展，形成對合理化建議成果轉化的外部監督機制。

如果將合理化建議活動的相關管理工作限定在一個少數管理者完全掌控的小圈子裡的話，合理化建議勢必會收效甚微。要想盡可能地採集廣大員工的智慧和隱性知識，就必須做到訊息公開透明，讓所有參與者都能第一時間得知事情進展情況，並瞭解整個企業的合理化建議活動的開展規模，也只有接受了這種全員監督才能較好地避免因為個別管理人員的惰性或官僚主義導致活動失敗的可能

性。

一線案例

「合理化建議」公示制度

某餐廳在員工通道懸掛了一塊巨大的合理化建議活動公示牌，上面按部門開列了合理化建議在各個時期（一週或是一月）的申報、評審和採納情況，並對一些已經被採納的重大建議的實施進度進行詳細說明，對各個部門參與提建議的人數、重大建議提出者的名字和嘉獎名單定期公佈，對一些消極對待合理化建議活動的部門和班組提出公開點名批評。

此外，每週各部門班組都必須召開一次專題會議，員工們必須按照固定的格式要求公開宣讀自己的建議，管理高層根據會議情況和建議內容組織公開討論。與此同時，所有這些訊息都將在企業自辦的內部報紙上以更詳細的方式進行公佈。

（4）充分運用現代資訊技術手段，有條件的餐飲企業還可以借助內部區域網路來深化合理化建議活動，透過相應的交互式訊息手段，推動員工們更頻繁地提建議或者就總經理佈置的專門問題進行全員討論。

一線案例

「合理化建議」群組討論系統

在一家四星級飯店裡，總經理授意技術人員開發了一個內部群組討論系統，各個部門的幹部員工可以隨時打開飯店內部的區域網路，點擊進入專門的合理化建議頁面，按照規定格式填寫自己的合理化建議，並指定建議回覆部門，訊息一經發出，總經理和相關部門負責人就會看到並立即簽署已經收到。

此時系統會自動列表，將各部門需按時答覆的建議按時間排

序，總經理可以憑藉訊息瀏覽權限對各部門經理進行即時監督，並觀察到所有建議從申報到答覆的全過程，而建議提出者也可以跟蹤自己提出建議的被處理情況。

系統還可以逐日統計整個飯店的合理化建議活動進展情況，並在首頁予以公佈。尤其有意思的是，總經理還可以在首頁上直接發佈批令和指示，所有員工也可以直接看到還有哪些部門的哪些建議沒有及時處理。這樣一來就形成了一個全員監督的機制，有力地保障了合理化建議活動的有序開展。

（5）不同建議的權重即對企業經營管理的影響是不一樣的，企業應該按照建議內容、質量、緊迫性程度和操作難度等指標對建議進行分類，然後針對不同類別的建議採取不同的對策，並考慮由建議的提出者適度跟蹤監督建議的執行進度。

以重大建議為例。一般只有對企業產品結構或營銷策略進行調整、對管理流程進行顯著變更或對績效考核技術進行重大修改的建議才能稱得上重大建議。此類建議一經提出，總經理就必須組織相關部門主要管理人員進行詳細調研，並納入企業重大決策系列中。企業除了需要公開表彰和答覆建議提出者外，還必須在適當範圍內的組織公開討論，並提出可供選擇的多套解決方案供決策。

延伸閱讀

隱性知識決定餐飲企業命運

近些年，餐飲業的薪資水平大有兩極分化的勢頭，一方面基層服務人員的工資不升反降，即便是不怎麼降，也不會比當地的最低工資標準高出多少，而另一方面餐廳經理和高級廚師們的工資在相互哄抬下一路飆升，甚至已經遠遠超出其真實價值水平。

其實，這也是「意料之外，情理之中」的事情，因為在餐飲這個高度倚重實踐經驗的行業裡，骨幹員工們的隱性知識對於企業的

命運可謂是舉足輕重。我們很少能將一個餐廳的成功祕訣用十分清晰的書面語言描述清楚，即便有這樣的書籍如麥當勞、肯德基成功故事等，我們也無法將其複製，甚至有些企業如白天鵝賓館、華天大酒店等將其全部的企業制度公開整理出版，業內人士隨時可以購買，也沒有人能步其後塵。

成功祕訣無法複製的原因很簡單，那就是隱性知識，即那些已經深深嵌入企業所有員工心目中的「只可意會、不可言傳」的企業特有知識在起作用。你可以稱呼這種類別的知識為企業文化，也可以冠之以「核心競爭力」的名號，但就其理論本質而言，它就是一種結構性的知識，一種無法複製、剽竊甚至無法模仿的知識。

這種提法是否有些言過其實？不然，比如某些身懷絕技的手工藝人，他們就無法將自己的獨門手藝寫成文字，甚至用嘴都說不出個所以然，而只能一遍遍地給徒弟示範，到了關鍵處，還得放慢動作，手把手地給徒弟把動作細微之處完全展現出來。

管理過程中的這種隱性知識比之手工藝人有過之而無不及，很多決策就是憑著直覺快速做出，很多想法還未成文就已經動手操作了起來，更多的事情是經理們做完了也說不清為什麼要做和怎麼做好的。

如果放在過去，我們也許該就此作罷，既然說不明白，那就稀裡糊塗地做下去吧。於是有經驗的經理廚師就行情看漲，競爭越激烈，他們身上那些隱性知識就越值錢。但到了今天，當我們在知識管理領域裡取得了巨大突破，對人類知識尤其是隱性知識不再無能為力時，這種撞大運時的經驗管理勢必會要被更有成功率保證的科學管理所取代。

合理化建議活動，如果不再理解為管理民主化的作秀，而用現代資訊技術支持下的知識管理理念來予以操作的話，當真會為我們帶來前所未有的績效。

第五節 產品的持續研發和漸進式創新

　　產品創新是餐飲企業的生命線。但就大多數企業的研發實力而言，大規模的創新投入不太現實，企業的研發熱情很容易被蜂擁而上的簡單模仿、挖牆腳競爭以及盲目跟風逐漸磨滅，經營者們會時不時地陷入自主研發還是模仿他人的迷茫之中。餐飲產品本身相對較低的技術門檻決定了我們不能過分地依賴於產品工藝或原材料的獨特性，而必須走「人無我有、人有我新、常換常新」的持續研發路子，也就是說不追求某些拳頭產品的長久優勢，但加快產品更新節奏，靠不斷推陳出新的產品持續衝擊市場。

一、餐飲企業的產品創新核心流程

　　現時大多數飯店的內部流程基本可以歸納為兩大類，即內部運營管理流程和客戶管理流程。所謂內部運營流程涵蓋了我們幾乎所有的工作流程和服務流程，其最終成果就是我們的產品，可以說絕大多數飯店對核心流程都相當重視。而客戶管理流程也很容易理解，那就是在產品推出後，怎樣不斷地吸引新客戶、留住老客戶，也就是我們通常所說的市場營銷工作，這是我們越來越重視但也一直感覺不如內部運營流程那麼好衡量、好評價和好管理的重要流程。

　　但越來越多的研究者們卻認為，企業光有這兩大基本流程遠遠不夠。平衡計分卡方法的創始人R.卡普蘭教授和D.諾頓博士就主張，企業還應該有一個關鍵流程即創新流程，他們的主張可以用下面的圖來簡單表達：

管理經典

企業三大關鍵管理流程

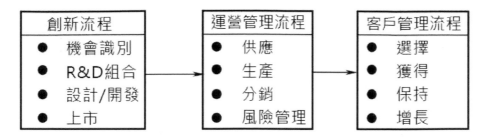

若考察飯店餐飲產品現狀，我們不難發現，現時大多數飯店的注意力基本集中於後兩個流程，產品細節完善其實也只是包含在運營管理流程中。為什麼這麼說呢？因為真正意義上的創新流程不是簡單改善產品和增加幾個創意，而是必須從「機會識別」開始，即從對客戶的消費行為調查開始，實實在在地瞭解客戶的真實消費意圖，再從中識別出可以利用的機會，這與我們習慣的「拍腦袋出點子」是有本質的區別的。識別出可以利用的機會後，再考慮自身的技術儲備（R&D），將自己的技術資源進行多種組合，抓住機會，適時推出新產品，然後才開始進入具體的新產品定型階段。值得注意的是，這樣創新流程是擺在運營管理和客戶管理流程之前的，也就是說產品的持續開發本身就是企業的基本流程（創新—運營—客戶）的一部分，而不是偶爾為之的「應急之策」，更非靈光一閃的「神來之筆」。

一線案例

「謝師宴」、「升學宴」遭遇寒流

一年一度的大學入學考剛剛落下帷幕，A 城的飯店業便緊鑼密鼓地開始張羅起「升學宴」和「謝師宴」業務來，要知道往年每到七八月「謝師宴」的訂單之多足以讓全城大小酒店賺個盆滿鉢滿了，相信今年也不例外。

最早開辦「謝師宴」業務的宏城大酒店剛開始時由總經理親自掛帥，早早地便成立了專門的項目指揮小組，並精心策劃了多個檔次的「升學宴」和「謝師宴」產品，宴席均價從5800至21800元不等。菜品也大都重新命名，如桃李芬芳、師恩難忘等。此外酒店還將配套提供攝影、鮮花禮儀以及請柬代送等服務。

然而，在近10萬名學子趕考的A城，「謝師宴」業務卻出乎意料地遭遇了一場寒流，不但沒有出現意料之中的暴紅場面，而且無論是學生家長還是教師們都不約而同地表達了對「謝師宴」、「升學宴」之類產品的厭倦。

學生家長們普遍認為，辦「謝師宴」讓人覺得庸俗，還不如給老師們選一個比較有意義的禮物，更何況回報師恩還需要孩子們日後細水長流地與老師們交往，而不是吃一餐飯喝一頓酒那麼簡單。

教師們的觀點就更加明朗，他們其實早就膩了每年暑假硬著頭皮到處去趕場，在他們看來，教書育人是分內職責，學生要回報師恩其實也很容易，只要自己好好努力，日後能有所成就，逢年過節地能記得問候一聲，遠遠勝過那些形式重於內容的大吃大喝。

實踐速描

「謝師宴」的替代創新產品

以「謝師宴」為例，我們可以識別出什麼樣的機會呢？

假設記者的報導採訪結論就是我們的消費者行為調查結論（當然，實踐中我們需要更詳細的數據和資料），那麼我們可以發現，最終消費者教師們已經厭倦了公式化的「大吃大喝」模式，既有浪費鋪張之嫌疑，又落入不斷敬酒舉杯的俗套，但這是否意味著「謝師宴」就難以為繼了呢？非也，我們需要做的就是重新設計一款不落俗套，也不至於大吃大喝的新產品。

比如說，我們可以用「某某學校某某班答謝酒會」的形式來迎合新的消費傾向。某個班級的部分學生或者某個單位的升學子弟可以聯合出資來舉辦這樣的酒會或自助餐會，再按照一定的比例分攤酒會費用。這樣的話老師們一來可以一次滿足多位學生及家長的盛情，二來這種集體宴請本身更能體現「尊師重教」的主題，教師們是不會拒絕的。

至於這樣一來，飯店會不會少了很多業務（從總量上來說），倒也不盡然，畢竟「謝師宴」本身是個有嚴格時段限制的產品，單獨宴請模式下業務本身分流也比較嚴重，以集體答謝酒會的方式飯店同樣有利可圖，而且市場份額相對更為集中。

當然，這只是針對消費者行為傾向變化的一種調整應對方式，酒會如何策劃，飯店與客戶如何溝通，過程如何組織，如何昇華酒會主題等等還需要更多的投入和精心策劃。

二、餐飲產品的突破式創新和漸進式創新

如果將「謝師宴」產品的首度問世稱為相對於過去餐飲產品體系的突破式創新的話，那麼接下來我們對於「謝師宴」的具體包裝、策劃和細節設計就是一種相對平穩的漸進式創新。兩者儘管有著不同的市場衝擊力，但僅從最終收益來看的話，漸進式創新的風險更小、成本更低，操作起來難度也要小很多，是一種非常適合有一定技術實力的餐飲企業的戰術選擇。

實踐速描

大陸城市的早茶業態演進

大陸改革開放之初，一些內陸城市飯店率先將粵式早茶引入到當地，這本身就是一種突破式創新，那麼在接下來的市場競爭中，

要想再推出比粵式早茶更系統更經典的早茶品種就非常困難了。

此時競爭者們最好的辦法就是在同樣引進粵式早茶的同時，對其進行一些細節性的改變，比如適當增加一些本地口味的早餐品種，或者像漳州大酒店將早茶與新聞播報等互動活動相結合或者擴大自助品種展臺等等。這些改進的成本不高，效果卻很顯著。

從經營者的角度來看，突破式創新比較容易受到重視，在競爭對手步步緊逼的情況下，誰都希望自己能有一些重磅級的祕密武器，最好能一出手就完全壓制住對手讓其連反抗的機會都沒有。但這些想法大部分是不現實的，且不論餐飲市場裡到底有沒有這樣的不可模仿的創新品種，單就這種創新本身的成功率和投入成本來說，就不是一般企業所能承受的。

相比之下，漸進式創新儘管威力很大、現實可行，但也可能被人們忽視，因為這需要經營者有極大的耐性，能很細緻地去做一些改進工作，並且這樣的改進必須天天做，時時做，不停地微調，不停地檢驗，不管是已經有銷路還是暫時沒有打開市場的產品，都不能指望有「一勞永逸」的時候，或者說，漸進式創新考驗的不是經營者的智商，而是他們的情商。

延伸閱讀

只有百年企業，沒有百年產品

只有百年企業，沒有百年產品。這句話一旦說出口，注定是要挨罵的，因為人們會說全聚德的烤鴨或者東來順的涮羊肉算不算百年產品呢？所以必須趕緊再加上一句註釋，沒有百年不變還能永恆經典的產品。

即便是這麼說了，人們還是會質疑，那可口可樂就是百年不變而且一旦變了消費者立馬就投反對票啊，於是還得再做一次說明，這裡說的產品，它除了產品本身還包括產品的延伸部分，比如對產

品的包裝、文化定位、宣傳策略以及其他一些細節，或者說，產品是一個完整意義上的「大產品」概念，正因為它大，包含的範圍廣，所以可創新的空間也就大了很多。

不可否認，幾乎所有餐飲企業都有自己的「招牌系列」產品，但問題是這些到底是廚師們的招牌產品還是餐廳的招牌產品，如果只是前者的話，那麼留給經營者頭疼的問題一定不少。怎麼去哄著這幫既掌勺又掌握著餐廳命運的大師傅們可能比什麼都重要。在經理與大廚們之間的重複博弈也就決定了突破式的創新是「可遇不可求」，除非經理自己就是名廚背景出身，手下這幫廚師只是幹活而不是出主意的人。如果是後者的話，也就是說換他幾班廚師也沒有什麼大關係的話，那麼經營者的日子當然是好過多了，但也不能算得上是「高枕無憂」，因為這些產品已經成了餐廳最重要的無形資產，不是說變就能變的東西了。萬一哪天消費者們嘴吃厭了，不認這塊老招牌了，麻煩就大了。所以即便是手頭有這樣的招牌武器，也絕不能一味地吃老本，必須要對它進行日積月累的修補和改進，用漸進式的創新來確保招牌產品能有「多年如一日」的吸引力。

餐飲業已經進入一個日新月異的競爭時代，如果有一個企業產品吸引力排行榜的話，我們一定會發現，這個榜單的變化之快令人瞠目結舌。我們要想讓自己的企業能長時間地停留在這個榜的前列的話，唯一的選擇就是不間斷地進行產品開發，用漸進的產品創新來爭取挑剔的顧客的「選票」。

第六節　企業級的小型美食節策劃和市場推廣

透過舉辦企業級的小型美食節來聚集人氣和推廣新品，逐步樹立餐廳的品牌形象，已經成為越來越多的餐飲企業的選擇。但美食

節到底該如何籌備，現場如何佈局，外圍如何推廣，新品如何策劃以及人員如何組織等都需要我們認真研究、精心準備，因為美食節就像一場大閱兵，將餐廳的所有優點缺點都全面展示了出來，企業到底將收穫掌聲還是噓聲還是一個未知數。不過，眼下更迫切的問題是「掛羊頭賣狗肉」，很多餐廳的美食節都是有名無實，只不過是將美食節作為宣傳和炒作的噱頭而已。

一、「美食節」到底是一張什麼牌

　　穿行在城市的大街小巷，時不時地總能看到一些餐廳酒樓張燈結綵，門口或橫或豎地張掛著一個顯眼的大條幅「×　×美食節隆重開幕」。近年來，不只是一些專業協會出面舉辦各式各樣的美食節，餐飲企業也開始自己獨立舉辦小規模的美食節，自主辦節已經漸成行業新風氣，但質量卻下滑得很厲害，很少再有企業花費很長時間和很多精力去精心籌備。如果說以前是用一個月的時間籌備一週左右的美食節，那麼現在就是用一週時間去籌備一個月的美食節，效果如何就不難想像了。於是乎，很多經理們感慨，看來這「美食節」也不是什麼好點子。

　　如果只是將「美食節」當作一個招徠顧客的噱頭或幌子的話，這的確算不上什麼好點子，甚至會讓顧客和對手們從此看低餐廳的技術實力，「瞧瞧，他們連看家的本事都拿出來了，也就這水平」。但如果能將「美食節」看作是對自己實力的全面檢閱，看作是對自己創新作品的集中展示的話，效果一定不會差到哪裡去。兩相比較之下，決定美食節效益的不是美食節這個創意本身的優劣，而是企業對待美食節的態度。

　　有一位餐廳經理非常熱衷於「辦節」，儘管沒什麼效果，但卻是「屢敗屢戰」。用他的話來說，反正「就是掛幾個橫幅，換一兩

張菜單，找一個給顧客打折的藉口，收益不明顯，但成本也不高，兩相抵消，不辦白不辦」。

問題是，既然明明知道按照這樣的思路，「辦了也白辦」，那麼為什麼不改變策略，認認真真地好好籌備，「厚積而薄發」呢？經理們的回答有點出人意料，真正意義上的企業級美食節到底是怎麼回事？到底該如何籌備？該如何推廣？這些問題似乎都是一頭霧水，好端端的一張牌就是不知道該怎麼出，原本是非常重要的營銷手段最後演變成了簡單的噱頭。

看來，我們是真的有必要深入探討一下企業舉辦美食節的一些基本問題了。

二、「美食節」到底該向顧客展示什麼

孔雀開屏，一定會選在自己狀態最好、情緒最飽滿的時候，展示出來的也一定是自己最光彩奪目的一面。同理，美食節也是一個餐廳向顧客們展示自己全部家底的時候。

一個餐廳的廚師實力如何、服務水平怎樣以及各個部門各道環節之間的配合是否默契，這些都會直接影響到顧客的最終評價和消費感受。不管經理們願意與否，美食節期間顧客們的眼光都比平日更挑剔，要求也要高出一大截，因此可以說，一個失敗的美食節可能比不辦美食節的效果更糟糕。道理很簡單，在顧客的心目中，美食節就是對餐廳的一次大考，餐廳此時應該拿出的都是自己的最高水平。

美食節首先應該向顧客展示的是餐廳近期的創新成果。

顧客們會仔細地審視餐廳菜單，看看與平時相比，到底有哪些新品種；與其他餐廳相比，到底增添了哪些特色和亮點。這對於很

多餐廳來說不是一件輕鬆的事，因為真正能征服顧客的創新菜品本身就是非常難得，即便只是一兩道菜品想要讓顧客們心服口服都不太容易，更何況一口氣推出若干個系列的新菜品。

這些菜品的口感到底如何，質量能否穩定，服務員的講解是否準確，都需要較長時間來反覆推敲和不斷磨合，集中在美食節期間一次性地全盤推出，無論是對餐廳的技術實力還是組織協調能力都是巨大的挑戰。

美食節給顧客印象很深的還有員工的精神面貌和服務素質。

顧客們會認真觀察員工們的服務是否比平時更加主動，服務動作是否更加熟練，服務用語是否更加到位，表情和語言是否更加親切。

很多餐廳之所以舉辦美食節，動機很有可能是想力挽狂瀾，扭轉之前比較被動的競爭局面。但此時潛在的隱患很可能是員工們在連續的經營低潮面前顯得信心不足或積極性不高，陡然之間增大服務強度和拔高服務標準，員工們一時間很難完全適應，尤其是很多餐廳的美食節動輒就拉上幾週甚至一兩個月，員工的表現能否有重大改觀實在是難以預測。一家餐廳舉辦美食節員工的服務質量卻不斷下降，問及原因，他們都說實在是太累了，一下子比平時多了很多活，而且臨時取消了休假，主管每天都給他們不停地安排培訓，他們都在一心一意地盼望著這個該死的美食節能早點結束——當員工有了這樣的思想苗頭後，這個美食節還能走多遠呢？

美食節對餐廳最大的考驗還是在於餐廳各部門各工種之間的組織協調水平如何。

很多餐廳平時就存在一些部門間溝通不暢的問題，經常需要經理出面協調才能勉強維持運轉，美食節工作強度陡然增大、部門溝通越發頻繁，這些原本尚能維持或遮掩的小問題就都被放大了，一

不小心就釀成了顧客眼中的重大事故。

比如，由於餐廳的廚房平時習慣於缺甚麼要甚麼，申購時沒有提前量和計劃性，採購經常是才從市場返回馬上又得下市場，對廚房一直抱怨不斷。這在平時業務量少還不太要緊，經理會強行要求採購多辛苦一些，但到了美食節期間，採購實在是無法繼續承受，因為不只是廚房，幾乎所有部門的臨時採購單都會雪花般地飛來，在申購環節上長期存在的流程不合理的問題在最需要採購滿負荷工作時終於爆發了。

美食節對於餐廳的市場推廣能力同樣是個重大的考驗。

一般來說，顧客會以人氣多少來判斷餐廳的市場運作能力，同時也會根據人氣多少來驗證自己的選擇是否正確。很多人都有「從眾心理」，當大家都趨之若鶩時，可能會很容易成為一種時尚，此時甚至餐廳還有一些不盡如人意的瑕疵也變得無關緊要。從餐廳的角度來說，營造這樣的氛圍本身也就是舉辦美食節的目的，但這裡面有個非常重要的「因果關係」問題——到底是企業先有了足夠的市場運作能力，才有了美食節顧客如雲的壯觀場景？還是因為舉辦了美食節，企業才獲得前所未有的市場運作能力呢？對這個問題的不同理解，在實踐中完全有可能導致截然相反的兩種結果。

三、「美食節」到底該如何籌備

很多餐廳的美食節還沒正式開鑼就已經注定了無法達到預期的「一炮而紅」的目的。單從其籌備過程來看，無論是菜品創新、服務培訓、內部組織還是市場推廣都遠遠沒有達到應有的水準，倉促出手很可能得不償失。近年來，這樣的例子在業界實在是多不勝舉，直至最後「美食節」在很多企業被演繹成了純粹的營銷噱頭。

美食節的籌備是一個多部門配合的系統工程，它需要企業以比

平時更高的效率和質量標準來安排工作任務，絕非出幾個新菜和掛幾個橫幅那麼簡單。更進一步地說，企業需要在一定程度上打破原有的組織結構，以更適合創新的矩陣結構模式來適應這些臨時任務，並在整個籌備和舉辦過程中實施嚴格的項目管理制度。

在做決策之前，我們需要對市場行情和自身實力做一個全面科學的評估，從而明確應該從哪些地方入手去捕捉市場的興奮點。

實踐速描

辦節之前先考察

有遠見的經理們會經常放下手頭繁雜的工作，帶著幾個業務幹部前往餐飲業競爭很激烈的城市，系統考察一下當前業界的流行趨勢。

比如出現了什麼新的經營手法如某集團的某某廚房，或者最近開始流行什麼新鮮吃法和新創品種，而且幾乎每次出門老闆們都會備足資金，一旦覺得可以借鑑引進，自己有能力仿製的話，馬上就會採取措施，作出相關因應。

真正困難的環節是在產品試驗和口感調試上，因為有時即便非常準確地捕捉到了市場的潛在熱點，真正實現起來難度仍然很大，最大的障礙就是技術力量可能存在不足，很多仿製的菜式徒有其表，但口味卻總是有所不及。

業界很多人都認為這些菜品之所以能轟動市場，可能是在用料和配方上有什麼獨到之處別人難以模仿的，而這一點恰恰不是最關鍵的問題。只要能有效地解決好原材料的質量和來源，給有經驗的廚師們足夠的信任和時間，不但有可能複製出同樣的菜品，而且完全可以根據本地口味進行有價值的創新和改良，所以關鍵是我們有沒有這樣的一個實驗機制，能不能給廚師們研究這些流行菜式提供條件和時間，能不能讓廚師們真正有竭盡全力去鑽研這些菜式的

動力和幹勁。

如果菜品問題能得到完滿解決，那麼美食節的把握就多了好幾成，但此時還有一個非常重要的問題急需解決，那就是在美食節期間各部門之間的協調配合。

我們必須意識到，在這種特殊時候，傳統的「各負其責、各司其職」的科層式組織結構很可能不適合訊息溝通和即時決策的要求。

比如說，一些全新的菜餚品種怎麼定價，很可能不是經理召開會議就能決定的，這必須要由廚師提供標準菜單，採購提供材料價格行情，會計核算損耗率和原始成本，營銷員瞭解市場同類產品的銷路和價格後才能大致確定售價，而且只有這些不同專業的技術人員間緊密合作才能準確測算出來。

在平時，如果沒有經理從中協調，要想讓這些部門的員工能同步合作是相當困難的，但在美食節期間這又成為一個必須實現的先決條件，我們絕對不能事事都留待經理來最後開會解決，很多瞬間出現的問題必須在瞬間就給予解決。

為此，我們可以成立一個專門的美食節工作小組，由上述一些部門抽調業務骨幹組成。小組可以由經理或者副手親自掛帥，但這個機構並非常設機構，美食節活動結束後各回各位。這樣的橫向聯繫的小組可以大量節省不同部門之間的訊息傳遞量，一個原來可能需要花費幾天才能拍板的事情現在可能一個小時不到就可以完成，這就是時下在高新技術行業中非常流行的項目管理模式，也非常適合用於美食節的籌備和現場管理。

採用項目管理模式還有一個好處，那就是籌備工作的計劃性、條理性以及處理問題的及時靈敏性比較過去有了質的飛躍。跨部門和跨工種之間的橫向合作使得很多原來相當煩瑣的程序能在一個辦

公室裡就全部完成，而原來最讓經理們頭疼的部門間合作的進度控制現在也簡單了，因為所有骨幹們在同一個辦公室裡工作，面對的是同一份進度表，任何人都無法再用所謂的「部門情況特殊」作為理由來解釋自己的拖沓了。

在市場、產品和管理問題都得到較為妥善的解決後，還應該關注一下美食節的市場推廣，如果不能讓更多的人得知有關美食節的訊息並產生「躍躍欲試」的衝動的話，那麼所有的努力就可能都白費了。

很多餐飲企業在營銷推廣上是捨得下本錢的，鋪天蓋地的廣告到處轟炸消費者的視野，但到頭來效果卻未必很好，一些媒體的朋友經常抱怨說餐飲業的廣告單子不好接，因為經常是廣告沒達到預期目標，餐廳便在支付廣告費時耍起了賴皮，開始用所謂的「消費款」抵廣告費。

之所以出現這種情況，與餐飲業慣常的粗放式推廣模式有很大關係。這些價值不菲的廣告打出去後到底是什麼人在看，看了後又會有多少消費衝動，這些問題很多經理們都沒有進行客觀的數據分析，而只是隨大流跟著對手一起做廣告或者抱著「不妨一試」的心態。事實上，美食節的推廣完全不必如此大費周章，即便是需要在傳統媒體上做廣告，也應該講究廣告效益，確保廣告經費用的是地方。

一線案例

「美食節」的推廣費用到底花到了誰身上

美食節的目標對象大體可以分為三類，老顧客、附近待開發的新顧客以及可能會對餐廳所倡導的時尚感興趣的潛在顧客。這三類顧客與餐廳的親疏關係不一，餐廳採用的推廣方法也肯定會有所區別。

對於以前在本店消費過而且留有消費記錄的顧客，美食節應該予以高度重視。不只是因為餐廳80%以上的業務都是來自自己常客名單中的20%，而且還因為這些老顧客可能因為多種原因正在慢慢地與我們疏遠，舉辦美食節的首要目標就是要重新請回這些原本就有一定忠誠度的老顧客。

由於這些顧客大都留有消費記錄和聯繫方式，因此無須太多廣告，只需要按照顧客資料庫裡的聯繫方式，派人主動上門或電話邀請，並設計適當的答謝方式，這些客人的回歸還是很有把握的，這在整個推廣中投入最小，而收益卻可能是最大的。

對於附近待開發的新顧客，因為有地緣優勢，他們比較容易被轉化為老顧客，而且也很容易注意到餐廳的新動態。

方法除了在餐廳外圍設置顯眼的橫幅以及燈箱廣告外，還可以抓緊對周邊市場進行地毯式推銷。如果附近以居民為主，可以透過居委會對客戶進行全面滲透。如果附近有很多機關單位，則重點進攻這些單位有消費簽單權的管理人員。而如果附近是商業區，則可以透過深入瞭解在這些商圈裡的一些非正式組織如業主同鄉會來建立新的營銷網絡。美食節對於餐廳來說，是一個絕佳的建立營銷網絡的契機，但前提是對這些網絡的社會結構必須要摸得清清楚楚。

此時，餐廳主要是依靠產品特色或所倡導的新營銷理念來吸引這些潛在顧客，這樣的工作本身就有很大的不確定性，而且也只能依靠媒體廣告來進行。但近年來，很多消費者因為各自的興趣愛好組成了一些民間團體如車友會、攝影迷會或者美食俱樂部等，他們人數眾多，且主要透過網絡形式進行聯繫。如果能將其與相應的主題美食節聯繫起來，可能會收到意想不到的推廣效果。

延伸閱讀

企業辦美食節，應該實至名歸

最早認識美食節，是在一次大型的商品交易會上，當時由市政府主管部門——觀光局出面，招集了當地十多家大型的餐飲企業，聯合推出了為時一個月的大型美食節，聲勢之浩大，顧客之踴躍，令我記憶猶新。據說當時為了辦好這個美食節，當地觀光局專門成立了一個專案小組，這些餐飲企業的老總幾乎天天要向專案小組彙報籌備進程，期間還舉辦了一系列的研討會和員工技能大賽，當地媒體更是連篇累牘地持續跟蹤報導，那陣勢就連很多前來參加商品交易會的客商都驚嘆不已。

　　這之後，美食節就漸次多了起來，終至於有些泛濫成災，大街小巷穿過，張燈結綵掛橫幅的企業越來越多。正像老百姓們說的，這「節」多了就跟沒有「節」時效果一樣，不管企業如何宣傳，老百姓們是越來越麻木，對美食節的興趣也快要降至冰點了。企業花錢連吃喝也賺不來的一個很重要的原因就是現在的美食節大多已經淪為企業營銷推廣時的一個噱頭，在沒有練好「內功」時就倉促出手，隨便學幾道新菜，臨時換換菜單，再掛上幾條橫幅幾個燈箱，一個粗製濫造的美食節就出爐了。至於顧客是什麼感受，說實話，籌辦者們誰心裡都沒底。

　　經理們的想法出人意料地高度一致，那就是不管三七二十一，要在市場裡製造點聲音，有些動靜總比一動不動的要好，反正花費不大，就算沒有什麼收益也無妨，畢竟曾經努力過了，足可以告慰投資者——我們已經盡力了。

　　其實，換個思路，就將美食節當作一臺大戲來唱，當作對自身實力的一次大考，也當作磨合部門和員工間協作的一次演習，效果可能會好很多，最關鍵的是如果方法得當，一個好的美食節花費不會太大，甚至能有可觀的盈餘。

　　唱好這臺戲的關鍵不在於所謂的點子和創意，也不是什麼策劃和人脈，而是準備時間是否充分，準備工作是否得當，或者說願不

願意忍受「臺下十年功」的煎熬去唱這「臺上一分鐘」的戲。

　　轉換思路，還美食節以本來面目，讓美食節即便是在企業層次上也能實至名歸的話，我深信，企業將收穫更多。

第六章　飯店餐飲營銷管理創新

導讀

　　接近白熱化的競爭足以使所有星級飯店放下架子，並將大部分精力投入到市場推廣和營銷管理上來。但單純從市場效果來看，飯店餐飲在應對社會餐飲的強勢競爭時仍然處於下風，除了一些短期內難以解決的體制層面的因素外，在營銷模式選擇和營銷體系的構建上也存在著很多值得改進的地方。

　　考慮到市場上關於餐飲業營銷的論述已經汗牛充棟，本章並沒有按照常規結構來一一論述一些基礎性的營銷知識。從節次編排上來看，還是關注那些已經被反覆實踐卻收效甚微的營銷環節。

　　本章第一節非常明確地指出飯店餐飲營銷最關鍵的問題就是如何將企業已有的內在優勢充分外在化。這個說法包含了兩層基本意思，首先，企業得先練好「內功」，透過各種組織管理和資源配置技巧來營造出自身難以替代的競爭優勢，這些優勢可以是烹飪或服務技術，也可以是品牌影響力或員工忠誠度；其次，企業應該苦練「外功」，也就是千方百計將這些固有的優勢直接嵌入到最終產品之中，這個環節也就是大家都非常關注的產品策劃和市場推廣。但很顯然，後者必須以前者為基礎和方向指導，先有「優勢」然後再尋求「外在化」將成為構建營銷體系和選擇營銷模式的重要準則。

　　在優勢不太明顯或者受制於飯店整體經營需要而無法在差異化即特色化道路上走得更遠時，飯店還可以選擇特定市場進行針對性營銷，這也符合波特三大競爭戰略之一的「目標集聚」戰略。本章第二節側重從市場細分和客戶定位等方面探討了飯店進行營銷資源整合的問題，應該說這對於飯店餐飲經營者來說具有一定的現實意

義。

　　從市場實踐來看，在客戶目標群體基本明確的情況下，如何進行精細化深耕和有效的深度開發是當前很多餐飲管理者所嚴重欠缺的基本功，儘管他們日復一日地在這些環節上花費了大量的時間和精力。本章第三節透過餐飲營銷專家與餐廳經理的深度對話，形象地闡述了客戶開發的概念，並進一步提出了若干具體的方法建議。當然，客戶開發戰略還可以有更多的研究角度，本章只是探討了具體操作過程中的一些技術性細節。

　　作為客戶開發戰略的最主要工具，顧客資料庫的建立和應用對於飯店餐飲營銷有著不可替代的作用。本章第四節結合實踐重點分析了為什麼在餐飲企業中顧客資料庫技術的應用沒有達到預期的效果，這裡面除了資訊技術手段和員工服務意識等原因外，還包含了流程設計不合理和評價體系不科學等因素。比方說，在有大量關於顧客的消費記錄後，如何能提高資料調用速度，如何能快速形成即時的服務方案，這就需要管理人員動動腦筋了。

　　本章最後一節將視線轉向了很多現在並未成熟的新興市場，比如在延伸閱讀部分我們濃墨重彩地介紹了「集團飲食供應市場」。但值得注意的是，這些新興市場本身並不是我們的關注重點，我們更關心的是如何規律性地去尋找並主動開發這些新興市場。對於高度同質化的飯店餐飲業來說，誰能在一片嶄新的市場上獲得先機，誰就有可能成為真正的勝利者。本節在一定程度上借鑑了「藍海戰略」理論中關於價值創新的若干觀點，結合餐飲業的市場實踐來看，這些新的價值形式都有成為新的利潤來源的巨大潛力。

第一節　飯店餐飲營銷體系和營銷模式

　　「酒香不怕巷子深」的時代已經過去，餐飲企業相互之間的特

色差異正在不斷被抹平，顧客們也終於「挑花了眼」。如何摸清對手和顧客底牌，揚長避短，將自己特有的內在優勢淋漓盡致地展現出來，讓整個市場都知道自己擅長什麼，這才是真正的營銷之道。成功的營銷往往樸實無華，以小投入博大產出，是一連串包括競爭情報蒐集、內外優劣分析及產品定型設計等若干環節在內的系統運作，而絕不是什麼絕妙的點子或驚人的創意。

一、餐飲營銷告別「點子大王」時代

營業一線的很多餐廳經理們在對餐飲營銷的理解上總是或多或少地存在一些誤區，他們似乎並未意識到餐飲營銷其實是一個很龐大的系統工程。有很多不可缺少的基礎工作如蒐集訊息、分析市場和設計產品都必須按照一定章法來操作。相比之下經理們更希望能得到一些所謂的「金點子」或「絕妙創意」，希望這些主意能幫助他們迅速走出困境並給對手迎頭一擊。

營銷學者從來就反對用「點子」救企業的荒唐思路，但現實中我們不難發現，經理們很少能有耐性去腳踏實地地建設自己的營銷體系，人們都希望選擇最省力氣的做法，那些艱苦而又略顯沉悶的基礎工作沒人願意真正去嘗試。

實踐速描

餐飲營銷真的需要「點子大王」嗎

「點子制勝」其實是一種非常低級的營銷觀，應該說僅僅適應早些年大家營銷意識都非常淡薄的時代。

那時的餐飲企業一律都是悶頭幹活，眼睛從不往市場裡多看幾眼，如果有一家餐廳能率先站出來，多做些廣告，多弄些活動，多吸引些眼球，就勢必會比競爭對手多些機會和勝算。「點子大王」

也就是在那個時代一下子流行了起來，因為他們是第一批懂得要在市場裡製造些聲音的人。

但「點子大王」們的策劃畢竟只是一些皮毛功夫，在對手們都沒有覺醒時還能有些效果，而當競爭再往深處發展時，企業間比拚的就不是這些簡單的皮毛功夫了，此時決定競爭勝負的是企業的「內功」，也就是企業全方位的實力了。

其實這個道理並不深奧，誰的顧客資料庫建得好，誰的營銷網絡在真正起作用，誰對對手的競爭動態進行了不間斷的即時監控，誰的產品設計不是「拍腦袋」而是在大量客戶數據資料的基礎上形成的，誰就能比對手走得更遠。

然而，時至今日，仍有很多同行們非常熱衷於給餐飲企業出「點子」、出「創意」，很多專業諮詢公司也以此為營生之道，但企業如果能更理性一點地思考問題的話，就會主動降低對所謂「點子」的期望值。因為幾句話就能說清楚的簡單創意，誰都可以很輕易地得到，你與對手同時都想到了或者說聽到了這些招數，那麼指望「出奇制勝」的可能性就已經沒有了，到頭來就算這個「點子」，真有價值，雙方在同時擁有「點子」的情況下真正打起來的話，比的還是前面反覆提及的那些「內功」。

不必再迷信什麼「點子大王」，餐飲營銷從來就沒有一蹴而就的靈丹妙藥，任何成功的背後都是一系列的基礎性工作在支撐，同樣的創意用在不同的企業裡就會有不同的效果。

二、餐飲營銷的本質：內在優勢外在化

在營銷領域裡經常會出現很多時髦的新鮮術語，如「彈性營銷」、「二八定律」和「網絡推廣」等，讓人應接不暇，真有「一不小心就落伍於時代」的感受。

事實上，營銷作為餐飲企業經營管理過程中的一項基礎性工作，是由許多常規職能組合在一起的一項綜合性業務，外人看到的可能是最耀眼的一個亮點或側面，但管理者會懂得真正的關鍵在幕後。

營銷的本質就是「內在優勢外在化」，這句話包含兩層基本含義：

首先，餐飲企業必須擁有值得炫耀、值得宣傳和值得反覆利用的優勢，這種優勢實際上也就決定了企業接下來的競爭方式。

其次，當餐飲企業確認自己擁有相比對手而言較為明顯的某種優勢時，要以盡可能多、盡可能快和盡可能有效的方法將有關這個優勢的訊息傳達給目標客戶，並在客戶心目中留下深刻印象。比方說，某餐廳在裝飾佈局上下了很大功夫，就餐環境非常舒適，那麼光是自己和幾個曾經來過的客人知道還不夠，還必須想辦法讓更多人知道並產生「試一試」的慾望。怎麼辦呢？簡單的方法就是圖片和視頻廣告，讓客人透過當地電視或其他媒體得知這一訊息。高明一點的做法就是透過一些宣傳室內裝飾文化的專題欄目，報紙或者電視都可以，以裝飾專業人士的口氣來介紹點評餐廳在裝飾上的獨特之處，將那些精巧構思的內涵完整地表達出來，從而真正調動起顧客的興趣。

簡單說來，餐飲企業的營銷工作分為兩大基本步驟：第一，千方百計營造自己的優勢項目；第二，千方百計地將自己的優勢推廣開來。

實踐速描

餐飲企業怎樣圍繞自身優勢構建營銷戰略

「知己知彼，方能百戰百勝」。這裡的「知己」除了指對自身的優劣長短非常瞭解外，還應該包括如何有效利用這些特有優勢，

將這些優勢用好用足，最終直接轉化為有競爭力的實際產品。

比如說，某餐廳的獨特優勢是資金實力雄厚，現金流豐富，可以在虧損的狀態下支撐很長時間，那麼餐廳可以發動大規模的成本戰和價格戰，如推出平價海鮮或是「一元基圍蝦」等項目；如果餐廳的優勢是廚師們擅長於某個類別的菜餚製作，那麼可以舉辦相應的專題美食活動，如舉辦「美食節」；如果餐廳的優勢是員工相互配合默契，內部關係融洽，那麼餐廳可以在服務質量上下足功夫，透過推行個性化和客製化服務來逐步提高顧客的忠誠度。

三、餐飲企業的競爭情報系統

那麼，餐廳到底有沒有優勢？有的話，優勢又主要體現在哪些環節呢？這個問題在整個營銷過程中是個不能迴避的關鍵，但能真正弄清楚的企業卻不在多數，大部分的管理人員對於自身優勢的認識都是憑印象、靠直覺甚至是想當然。

比如說，對於這些一線的經理們來說，他們的優勢到底是什麼？你能得到的回答無外乎地理位置好、老闆人脈廣、廚師水平高或者店堂環境一流等，但如果深入一層再問下去，你們的這些優勢相對主要的直接競爭對手來說明顯嗎？恐怕很多人就說不太清楚了。

問題往往就出在這裡，人們總結自身優勢的時候通常是眼睛往裡拐，只看自己的家底，但沒有與市場與對手做進一步的比較。這些所謂的優勢其實是經不起仔細推敲的，而如果圍繞這些「優勢」來做營銷的話，很可能會泥牛入海，錢花了，廣告打了，促銷做了，卻遠沒有達到預期效果，因為力氣沒有用在關鍵點上。

要想準確地辨識自身以及對手的優勢和劣勢，就必須建立起一個高效運轉的競爭情報系統，對一些主要對手以及主要客戶的一舉

一動都能及時作出反應。這樣的訊息系統其實一直都存在，比如在開會討論餐廳工作時也經常會分析對手的近況，但必須指出的是，僅僅做到這一點還遠遠不夠。

餐廳必須指定專門的人員負責蒐集市場情報訊息，並為主要的競爭對手和標竿企業建立相應的檔案資料，所有蒐集來的資料將第一時間被記錄在對手企業的名頭下，供高層管理者調閱。

在大量數據資料的幫助下，企業還可以將自己與對手之間建立一個「標竿對應評分表」，將餐廳的競爭力因素具體分成若干個指標，並為自己和對手企業逐項進行打分比較，誰優誰劣，強在哪裡又弱在哪裡，一看就知道了。

當然，這些指標項目的設置合不合理，項目評分準不準確，對手資料詳細與否，那是由各企業自己的努力程度和重視程度決定的。至於說這樣的標竿比較有沒有意義，這個問題應該很好回答，「知己知彼，百戰不殆」就是最好的闡釋了。

具體一點來說，這個競爭情報系統儘管看上去是個好東西，但在實踐中該怎麼操作呢？很多經理都問過同樣的問題，而且每個人對情報系統所應該包含的內容都有明顯不同的理解。

實戰經典

某餐廳的競爭情報系統建立步驟

第一步，應該確定主要競爭對手和標竿企業的名單。

這主要是指地理位置相鄰、菜式風格接近、檔次規模相當的一些餐飲企業，大型餐飲企業的對手名單相對要長一些。這些企業大致分為兩類，一類是可能會直接與自己搶奪市場份額的對手，另一類是引導競爭走勢的「風向標」式的領頭企業。對於這兩類企業的監控有助於餐廳全面瞭解市場動態，並及時分析出自己所處的地位

以及潛在機會和威脅。

第二步，應該確定擬蒐集情報訊息的種類。

因為可以用來反映對手動態的訊息實在是太多，所以企業應該盡量關注一些最能反映對手競爭力的指標項目。比如，對手最近推出了哪些促銷活動？效果如何？對手的菜品更新頻率如何？近期銷售最好的是哪些品種？標竿企業最近新推了哪些服務項目？本企業有無必要借鑑等等。

第三步，應該確定由誰來蒐集並彙總這些訊息。

很多餐廳事實上一直在做蒐集市場訊息的相關工作，但這些工作大都是自發進行的，沒有明確地指定專人負責，因此蒐集到的訊息很不全面，數據也很不準確，這在很大程度上妨礙了決策者對競爭形勢的判斷。如果能指定專人比如營銷部經理及其手下員工進行定期監測，並按規定格式填寫相關分析報告，將一些能反映對手動作的相關資料如宣傳單或現場照片附在報告後面，累積起來就能對所有主要對手的大致舉動非常清楚了。

第四步，應該建立健全完善的資料存檔和定期統計系統。

很多訊息單獨看起來，並不能說明什麼問題，而一旦按照時間順序累加到一塊，情況就不一樣了。有了對某個對手的長期追蹤和即時分析，我們完全可以判斷出這些對手的基本經營風格，他們的長處短處也就一目瞭然了，企業該如何發起攻勢，從什麼地方入手，也就有了一個可信的依據。

四、餐飲產品推廣與揚長避短

營銷的重點或者說目的自然是推廣產品。比較低級一些的方式是將整個餐廳的產品與服務一起打包向外推廣，這樣一來就沒有了

重點，在顧客心目中也很難形成強烈的視覺衝擊。餐飲企業應該
「有所為，有所不為」，在選擇推廣品種時要牢記自己與對手之間
的優劣勢對比，做到揚長避短，爭取能一舉擊中對手要害。

實踐速描

如何策動淡季「美食節」攻勢

某餐廳最近準備辦一個較有規模的美食節，動機很明確，就是
想在淡季為餐廳聚集一些人氣，同時扭轉過去餐廳在顧客心目中菜
品樣式單一、口味平庸的印象。那麼這個美食節能否成功呢？除了
餐廳自身投入能否到位之外，還有一個對手如何反應的問題。

如果這個餐廳一直以來的弱項就是廚師水平和菜餚款式，而對
手在這方面是強項的話，那麼美食節的主題可能就要做一定調整。
因為廚師水平在短時間內無法有根本性的提高，此時盲目推出的
話，倒是把自己的短處暴露得乾乾淨淨。相反如果餐廳能夠把美食
節的主題定位為一種新的就餐模式或餐飲文化的話，比如藉機推出
自助餐或者席間文藝表演等項目的話，顧客們眼前一亮，人氣指數
不但能上升而且還能穩住。

因為企業單獨舉辦的美食節普遍規模不大，操辦起來也比較簡
單，所以如果按照比較簡單的方式辦節的話，對手很快就能作出反
應，也掛出橫幅辦一個類似的客戶答謝活動，加上對手的後廚實力
更強，這個美食節的預期效果可能就無法實現。但按照後一種複雜
一點的方式（自助餐或席間文藝表演），對手並不占優勢，而且短
時間可能也難以籌辦成功，所以對手馬上就進行回擊的可能性很
小，美食節的預期效果就有較大的實現把握。

無論選擇什麼樣的營銷手法，是相對簡單的廣告促銷、人員推
銷還是複雜一些的網路營銷或主題營銷，原則上都必須堅持「揚長
避短」，以最合理的方式去盡可能地展示自身的優勢項目。

按照這個原則來評價很多餐飲企業所做的文字廣告、平面廣告或聲像廣告的話，我們一定能發現有很多錢可能是真的白花了。

比如，很多餐廳在報紙廣告上介紹自己「交通便利、環境雅緻、服務一流」，還有些餐廳的在電視廣告裡反覆播放餐廳的內外場景，這些廣告除了能適當提升一下知名度以外，對於餐廳營銷來說毫無意義，因為並沒有達到展示自己強於對手的目的。

相反有些餐廳的廣告花費不多，效果卻非常顯著。比如在電臺裡做廣告時，因為聽眾可能不太專心，所以必須特別集中地反覆強調一個點才能達到效果，所以餐廳大多絞盡腦汁將自己最能吸引人的某一個優點突出出來，如「全城最便宜的佛跳牆」、「全班廚師從東南亞引進」或「本市首家透明廚房，你可以親眼目睹廚師烹飪的每一個細節」等等。

還有一個餐飲企業經理們非常關注的話題，那就是餐飲企業的營銷部該如何組建、如何管理和如何計算薪酬。

真正建立了營銷部門的餐飲企業現在看來還是少數，主要是一些規模很大或者位置很偏的餐廳，他們的目標客源結構中會議和旅遊團隊客人仍然是主流，或者餐位數量實在是太大，等客上門的話沒有太高勝算。大部分的餐飲企業即便有專職的營銷部，也只有兩三個人，基本上是拿很低的底薪再加業務提成，餐廳實際投資在營銷上的經費其實是很少的。

之所以出現這種現狀，原因是餐廳大多還停留在寄希望於營銷業務員個人的市場運作能力上，並沒有真正動用餐廳自身的整體營銷能力，事實證明這種營銷模式對於餐廳來說並沒有多大實際意義，拉來的業務也只是杯水車薪，原因很簡單，有能力操控大批客源的能人完全可以以自己的客戶資源為資本成立自己的企業。

事實上，以餐廳的財力和技術實力來說完全可以走整體營銷的

路子，換句話說就是可以建立一個真正意義上的營銷部，功能囊括市場調研、客戶開發、產品設計和主題活動策劃等，真正上門拉客只是這一系列工作中的一道具體環節，企業也完全可以在上述這些系列功能上進行相應的投資，使自己的營銷部貨真價實。

採用這種規範的整體營銷的餐飲企業現在漸漸多了起來，比如一些大型的餐飲連鎖企業如麥當勞、小肥羊之類，他們真正用來進行人員推銷的時間很少，大都是透過產品策劃、品牌推廣和整體廣告來獲取客源，這樣的方式才有可能使企業擺脫對一些所謂「營銷能人」的依賴，真正靠自身實力來吸引最大範圍的潛在顧客。

延伸閱讀

餐飲促銷，並非活動越多就越好

每當生意下滑時，經理們的第一反應就是要思索出一些促銷活動，弄點新鮮方法來打破眼下暮氣沉沉的僵局，但遺憾的是，即便真舉辦了這些促銷活動，情況也未必能有多大好轉。此時經理們都不覺得是自己的營銷思路出了錯，相反他們認為還是這些點子不夠新穎或者對市場的影響不夠強烈，解決問題的辦法就是繼續冥思苦想，直到找到那個能「立竿見影」的金點子為止。

事實上，餐飲營銷是包含市場研究、客戶開發、產品創新和整體推廣等在內的一系列工作，從來就不會有那種能「一舉定乾坤」式的超級創意，而指望透過花樣百出的促銷活動就能搞活市場、招徠人氣的想法則更是違背了餐飲經營的基本規律。應該說，餐飲業發展到今天，那種僅僅因為多折騰幾下就能吸引眼球的時代已經過去。

現時餐廳的促銷活動大都沒有什麼計劃含量，拋開那些半文半白的廣告語言後，這些促銷的本質概括起來無非就是幾種模式——價格讓利、新品上市或換了人馬要亮個招牌。

讓利能對顧客有多大吸引力就無須過多分析了，最起碼這種「殺敵一百，自損三千」的招數不能老玩，而且一旦停止讓利後那些貪便宜的顧客肯定不幹了。那麼，不貪便宜但重質量的顧客對讓利期間的服務質量和菜品質量能特別滿意嗎？答案是很懸，因為降低售價的同時壓縮成本進而降低質量標準的事情在餐飲業實在是太正常不過了，畢竟質量是需要一定的投入來支撐的。

新品上市，尤其是大規模的上市當然值得大肆渲染一番了，舉辦什麼樣的促銷活動都不為過，但問題是這些新品的成色到底有多少？是本餐廳的新菜品還是本地市場裡首先推出的新品種呢？如果只是前者的話，可能促銷活動也不會有多少效果。

餐廳易主，或是更新了廚師團隊，舉辦一個促銷活動是必要的，但同時也應該看到既然是新團隊上馬，餐廳內部的磨合是否已經到位？產品的質量控制是否已經穩定？對本地市場的特點是否已經瞭如指掌？如果這些暫時還沒有就緒的話，只是為了亮亮字號就忙著做促銷，很可能會是得不償失。

餐廳舉辦促銷活動，是很典型的「花錢費力掙吆喝」，同時也把自己的優點缺點一股腦兒地全暴露在了顧客和對手面前。那麼此時促銷也就成了一把雙刃劍，既有可能殺傷了對手，也有可能傷及了自己。

總之，促銷活動必須慎重全盤策劃，絕非越多越好。

第二節　市場細分、客戶定位與營銷資源整合

對於餐飲營銷經理來說，市場是一個既抽象又具體的概念。說它具體，是因為市場最終都將落實為前來消費就餐的一個個生龍活

虎的具體的人；說它抽象，是因為在這些人的背後都存在著一些規律性的共同點。如何找到這些消費者的共性，分析其規律及本質，是進一步擴大市場份額的重要前提，這需要我們對客戶進行準確的市場細分和定位，而不是簡單的碰運氣、拉關係或策劃幾個點子。

一、三種基本營銷模式

簡單來說，現時飯店餐飲的營銷模式可以大致歸為三大類——大規模營銷、多樣化營銷和目標集聚營銷。這三種模式基本對應於麥可波特提出的三種基本競爭戰略：總成本領先、差異化和目標集聚戰略。現代營銷學之父科特勒也曾有過類似歸納。

所謂大規模營銷，就是指飯店有一定的產能規模，從而能取得單位產品上的相對成本優勢，此時銷售部門會竭盡所能將手頭的產品向所有顧客銷售。

因為有價格上的巨大優勢，所以無論客戶有多麼複雜的消費心理，「一俊便能遮了百醜」，大多數對價格敏感的客人是願意接受這些廉價而質量一般的產品的，麥當勞和早期的假日飯店採取的便是這樣的戰略。

所謂多樣化營銷，應該是我們絕大多數飯店經理最熟悉的模式了。此時的飯店大多能提供較多種類的產品供顧客選擇，隨著消費者的口味不斷變換，飯店也必須保持產品的不斷更新以適應來自客戶的日新月異的新口味。

但這裡有個問題，提供多樣化產品和服務的飯店並不完全是根據客戶的需求來調整自己的產品計劃，而更多地是依據自己的開發能力，或者說此時的產品創新還是一種高度封閉的內部創新，依據的是自身的能力而並非客戶的真實細緻的需要。

最高層次的營銷應該是完全從客戶出發，真正能按客戶的要求來提供客製化服務。

在歷史上，早期歐洲的若干知名飯店如里茲—卡爾頓、薩伏依等便是這樣的典範。當然，現在的飯店規模遠非豪華飯店時代的企業可比擬，那種不計成本的奢華顯然不足取。

但這也提示我們，營銷應該是「從外往裡看」，即從客戶的變化出發來規劃自身的產品設計和能力開發，而不應是我們已經做了很多年的「從裡往外看」，我們不能再以自身的能力侷限和資源制約為理由來一味地「閉門造車」和「孤芳自賞」，正確的做法應該是，能力不足就開發能力，資源不足就補充資源，營銷的目標只有一個，那就是客戶開發。

值得我們注意的是，在我們很多飯店的營銷藍圖中，對客戶的分類都是相當粗略的，分類依據也比較混亂而且難以進行精確衡量，很少有飯店能以更細緻的人口特徵如年齡、收入和職業等進行可以逐日統計的跟蹤分析，在此基礎上對市場形勢作出的判斷自然無法做到精確和深刻了。

二、如何進行市場細分

對於餐飲業來說，消費者市場細分標準大致可歸納為四大類：地理環境因素、人口因素、消費心理因素和消費行為因素。

（一）地理環境因素

地理環境因素，主要指客戶距離餐廳遠近以及所處區域類型等。

實戰經典

緊密層、半緊密層與鬆散層客戶

一般來說，我們將距離餐廳步行10分鐘以內的客戶稱為緊密層客戶，車行15—20分鐘以內的客戶稱為半緊密層客戶，而車行20分鐘以上的客戶則由於距離太遠、出行不便可以列為不常光顧的鬆散層客戶。

同時，根據客戶所處區域是居民區、商務區或流動聚散區也可以對客戶消費類型進行預測，同一個客戶由於所處環境的變換也可能會成為不同類別的消費者。

（二）人口因素

人口因素即各種人口統計變量，主要包括年齡、婚姻、職業、性別、收入、受教育程度、國籍、種族、宗教、社會階層等。比如，不同年齡、受教育程度不同的消費者在價值觀念、生活情趣、審美觀念和消費方式等方面會有很大的差異。

對於餐飲業來說，按照年齡、職業以及收入水準來劃分客源類型可能是最常用的方法，比如麥當勞等快餐以年輕人和少兒為主要銷售目標，一些高檔西餐廳主要面向受過良好教育的高級白領，而很多特色餐廳的客源定位則更加細緻，比如以地名命名的餐廳專做某個地域來源的老鄉生意或者專做有特殊宗教習俗的民族餐廳等。

（三）消費心理因素

消費心理因素，即按照消費者的心理特徵細分市場。所謂心理因素主要包括個性、購買動機、價值觀念以及生活格調等變量。比如，近年來興起的「簡餐熱」就是為一些追求「鬧中取靜」的商務人士設立。現代商業社會的快節奏使得越來越多的人渴望在緊張的商務生活中能有片刻的寧靜，能靜心交談，很愜意地驅逐渾身的疲勞，對於食物本身的要求並不高，可口、精緻的隨意小點，就著醇香的咖啡，慢品細咽，這種對生活格調的追求本身就是新的市場細

分要素之一。

（四）消費行為因素

消費行為因素，即按照消費者的購買行為細分市場，包括消費者進入市場的程度、使用頻率、偏好程度等變量。

按消費者進入市場程度，通常可以劃分為常規消費者、初次消費者和潛在消費者。而在常規消費者中，不同消費者對產品的使用頻率也很懸殊，又可以進一步細分為「大量使用戶」和「少量使用戶」。

消費者對產品的偏好程度是指消費者對某品牌的喜愛程度，據此可以把消費者市場劃分為四個群體，即絕對品牌忠誠者、多種品牌忠誠者、變換型忠誠者和非忠誠者。

現在很多餐廳都開始採用客史檔案和點菜單分析技術來進行消費者分類。比如透過個人消費記錄可以分辨顧客的忠誠度，尤其是透過顧客消費頻率的變化可以及時判斷其忠誠度的波動情況，以便於企業及時採取對策來挽回將流失的潛在顧客。

三、如何選擇目標市場戰略

在初步確定了餐廳的目標市場後，經營者應根據自身資源和實力選擇合適的市場營銷戰略，一般來說，可供企業選擇的目標市場戰略大致有以下幾種：

（一）無差異營銷戰略

實行無差異營銷戰略的企業把整體市場看作一個大的目標市場，不進行細分，用一種產品、統一的市場營銷組合對待整體市場。實行此戰略的企業基於兩種不同的指導思想。第一種是從傳統的產品觀念出發，強調需求的共性，漠視需求的差異。因此，企業

為整體市場生產標準化產品，並實行無差異的市場營銷戰略。

但是，無差異營銷戰略對於大多數餐飲企業來說並不太適用，因為消費者的需求偏好具有極其複雜的原因，單一產品或品牌能夠受到市場的普遍歡迎的情況是很少的。

實踐速描

「自助火鍋」也開始非標準化了

近年來非常流行的自助火鍋，較大程度上實現了標準化生產，火鍋底料和很多調味品都採取集中調配和配送，即便是有很多連鎖分店，也能做到口味一致。這也是連鎖餐飲企業中有很多以火鍋類食品為主打品種的主要原因，而且產品線越簡單，標準化程度越高，連鎖所能擴展的範圍也就越大。

但時間久了以後，顧客光顧頻率很容易下降，且不同地域和不同季節的火鍋在用料和配菜上都必須盡可能地變換花樣，過分強求標準化將導致顧客的逐步流失，所以眼下很多火鍋店也開始根據實際情況進行口味調整了，即便是在同一個品牌名下，標準化的痕跡也明顯淡了許多。

（二）差異化營銷戰略

差異化市場營銷戰略是把整體市場劃分為若干需求與願望大致相同的細分市場，然後根據企業的資源及營銷實力選擇部分細分市場作為目標市場，並為各目標市場制定不同的市場營銷組合策略。

採用差異化市場營銷戰略的最大優點是可以有針對性地滿足具有不同特徵的顧客群的需求，提高產品的競爭能力。但是，由於產品品種、銷售渠道、廣告宣傳的擴大化與多樣化，市場營銷費用也會大幅度增加。所以，無差異營銷戰略的優勢基本上成為差異化市場戰略的劣勢。同時，該戰略在推動成本和銷售額上升時，市場效

益並不具有保證。

實踐速描

為什麼高檔飯店的餐廳生意會一直紅火

在很多城市，儘管社會餐飲業非常紅火，但銷售額最大的一般還是當地最大的幾家高星級飯店，這一點在行業內部的統計數據報表上非常明顯。

究其原因，就在於這些高星級飯店通常都有非常完整的餐飲產品系列。中西餐種齊全，從最低檔的食街到最高檔的餐廳，從本地菜餚到異域風味，從宴會到甜品，應有盡有，能夠適合幾乎所有層次的客人，一舉囊括大量細分市場。

相比規模較小的飯店來說，餐種齊全的高檔飯店除了能有規模經濟優勢外，還可以在其較長的產品系列內部形成局部的差異化優勢。比如，它們可以根據市場需要單建風味餐廳，風味餐廳無須承接宴會，也無須照顧大多數客人口味，只需針對特定的客源群體即可。

（三）密集型市場戰略

密集型市場戰略是在將整體市場分割為若干細分市場後，只選擇其中某一細分市場作為目標市場。其指導思想是把企業的人、財、物集中用於某一個或幾個小型市場，不求在較多的細分市場上都獲得較小的市場份額，只求在少數較小的市場上得到較大的市場份額。

這種戰略也稱為「利基」戰略，即彌補市場空隙的意思，適合資源稀少的小餐飲企業。比如說一些專門居民區飲食小店，規模小，技術一般，廚師擅長的菜餚品種較少，無法與大餐廳抗衡，但他們專盯一小片市場，主要客戶屈指可數，而且有什麼特點都一目

瞭然，下起功夫來能做到「有的放矢」。這種「術業有專攻」的小餐廳往往能賺得鉢滿盆滿，但每當他們想做大做強時，也大都會規律性地虧損，因為此時他們所依託的市場基礎已經發生了質的變化。

延伸閱讀

餐飲營銷應做到「有的放矢」

每當正午就餐時間快到時，餐廳經理們的神經都會唰地一下繃了起來，直到看見一些情理之中但卻是意料之外的客人陸陸續續走了進來，填滿了大廳包廂，這緊懸著的心才能真正放回到肚子裡去。

要想擺脫這種煎熬無助的滋味就只有一個選擇，主動走出店門，主動接觸客戶，想辦法引客進門。這道理很簡單，幾乎所有人都懂，但操作起來就不是每個人都能得心應手，很多餐廳促銷活動辦了一大堆，優惠券發了幾千張，但生意還是那麼清淡，彷彿顧客們任誰的面子都給就是不買他的帳。

事情其實並不複雜，檢討起來所有這些失敗的營銷策劃和實施都有一個共同點，那就是沒有把客戶這本經真正念透，沒有搞清楚客人到底是誰，客人到底在哪，客人到底為什麼選擇我們而不是對門的餐廳，客人為什麼來過一次後就不再出現⋯⋯當這些關鍵問題都沒有弄清楚時，匆忙出招的結果只能是一相情願的「自娛自樂」，因為所有的營銷舉動都根本沒有觸及客戶所關心的實質性利益，就其效果而言都只是些不實用的花拳繡腿。

有效率且有效果的餐飲營銷絕不意味著大筆大筆的廣告投入，也不是大幅度的分成讓利或者白條壞帳。最關鍵也最重要的就是必須切準客戶的脈，弄明白顧客真正需要的是什麼，如果能把顧客的需求以非常形象直觀的語言描述出來並灌輸到所有員工的頭腦中

去，再加以強化，成功也就不再那麼遙遠。

研究顧客是餐飲企業永恆的必修課，而且研究應該越來越細化，越來越深入，越來越具體，只有到我們能非常理性、客觀而又完整地描述有關客戶的一切特質時才能說營銷能有多大勝算，否則，活動策劃得再精美，承諾吹嘘得再高調都是自欺欺人。

餐飲營銷應做到「有的放矢」，這是擺脫等客上門的痛苦滋味的唯一辦法。

第三節 對客戶進行精細化深耕和針對性開發

80%的業務來自20%的老客戶，著名的「二八」定律在餐飲業已經深入人心。幾乎所有的餐廳都推出了不同形式的貴賓卡、優惠卡或者消費積分措施來招徠自己的常客，但到底自己的餐廳有多少老客戶？這些老客戶的忠誠度有多高？這些問題恐怕很多經營者一時半會兒都說不出個準確答案。於是我們一面勤勤懇懇地在開發新客戶，又一面在看著老客戶在不斷流失。解決這些問題的方法很多，但對於客戶開發工作本身進行量化管理和績效評價是最重要的基本功。

一、一次真實的對話

讓我們先來看一段真實的對話。需要說明的是每天增加三個客戶本身並不是真正的解決方法，將客戶開發工作單立出來並進行量化管理才是建議的核心本質。

一線案例

每天增加三個重點聯絡客戶

周總坐在賓館大堂裡，看著從千里之外風塵僕僕趕來為他提供諮詢的餐飲營銷專家，內心很是感動。周總是一位很愛學習、喜歡思索問題的老闆，儘管過去一直從事商業貿易和建築工程，不太瞭解餐飲業，但在承包了當地一家餐廳店後很快就能扭虧為盈，開始探索起如何做大做強了。

在周總喝水的間歇，專家問了一個問題，「作為一個外行，你如何會想到要開餐廳？」儘管專家前面已經大致瞭解他轉行的由來，但還是想再次提醒他，做餐廳除了比拚管理上基本功之外，還得有些與眾不同的優勢，真正的市場機會往往不是來自你日復一日的按部就班式的辛勤操勞，而就是這些優勢決定了你的企業能走多遠。

周總仔細想了片刻，然後答道：「可能我最大的優勢就是我的社交面廣，人頭熟，客戶比較多吧，畢竟我在當地商界摸爬滾打了二十多年，關係還是蠻多的，商譽也一直不錯……」

這個答案在專家意料之中，甚至可以說，專家10次問這些中小型餐廳的老總們這個問題，至少有八九次的回答是這樣的，大家都一致認為自己進入餐飲業的一大資本就是手頭的客戶資源優勢。

專家沒有馬上發表意見，而是繼續幫助他理順一下他最迫切的問題如何解決的思路，那就是如何開發出更多的新客戶。

於是一場關於如何增加新客戶的對話就此展開。

專家：既然你認為你有很多老客戶，那麼到底有多少，你有作過統計嗎？是記在專門的顧客資料卡和統計表格上，還是在你的電話本或者腦海裡？

周總：嘿嘿，還真沒作過什麼統計。怎麼說呢，一般都是些以前做生意時結識的朋友，大部分在電話本上，還有些沒記下來的，

也會經常在各種聚會啊什麼場合的碰得到，反正會經常拜託他們來捧場，他們大多也會給面子的……

專家：都差不多，一般中小型餐廳都是這麼回事，但問題是，你每天的營業報表上的數字都是實實在在的，你的保本收入點（盈虧平衡點）也是很客觀的，你覺得你那些說不清到底是多少的客戶資源與這些數字之間有多大的關係呢？

周總：沒聽明白，什麼意思？

專家：簡單地說，就是你必須做一個逐日的客戶貢獻率分析。你把每天的營業報表作個詳細的分析，看看每天的收入中有多少來自你以前的老客戶，剩下多少來自你的新客戶？這些老客戶中，多少是經常光顧的，多少是偶爾光顧的？這些你都必須做到心中有數，絕對不能算糊塗帳。

周總：這麼做有必要嗎？我可是一見到那些什麼報表啊什麼的就頭大。

專家：當然重要，不能衡量就不能真正進行管理，你光知道客戶重要，但你連客戶到底有多少，分佈在哪裡，光顧你店的頻率和動機這些都不能做到瞭如指掌，而只是有個囫圇吞棗的大致印象的話，你又能怎麼真正做到有效管理客戶呢？

周總：……（若有所思狀）

專家：管理任何東西都必須建立在真正瞭解它的前提之上，只有經過了精確的統計和分析，你才能有效地及時調整你的客戶策略。換句話說，只有你知道你已有多少客戶，有準確數據，那麼你才能知道你採取一些辦法後取得了哪些效果。比如一個促銷到底為你帶來了多少新客戶，是51個還是72個？要有準確的數據，否則你一直都是模模糊糊地憑著感覺來管理的話，你的促銷決心是不會堅定的。

周總：有道理，我回去馬上叫人弄這麼一套表格。

專家：表格不是關鍵，也不是萬能的。這裡真正重要的是你如何借助表格等工具建立起一套可操作的績效衡量和評價機制。你得很具體地、一件一件地去記錄和評價每樣措施為你帶來的客戶數量的實質性改變。

周總：說詳細點，具體怎麼操作？

專家：好吧，就你的餐廳來說，你分這麼幾步走：第一步，回去先建這麼一套表格，具體內容我們回頭再說。第二步，把你現在所有有把握的老客戶都填到你的表格上，連同他們的電話、單位職務、來店消費次數等等，這樣你起碼知道了你現在的業務到底有多少人和哪些人在撐著。第三步，把現有的老客戶單獨建個資料庫（周總問，什麼資料庫？），就是大家都在說的顧客資料庫，怎麼建我以後再教你，總之你以後要每天研究這個資料庫，這些比什麼都重要，要知道80%的業務來自20%的老客戶，這就是著名的二八定律。第四步，光有老客戶還不夠，你的餐廳不是個小酒館，光靠你以前的生意客戶量其實太小，因為他們中真正能頻繁光顧你的只是少數。作為有實力的消費者，所有對手都在爭取他們。你的市場份額到底有多大？不知道，當然你以後可以作個客戶貢獻率統計，方法很簡單，在每個客戶名下建個戶頭，每週分析一次，按消費次數和金額給他們排個等級⋯⋯

周總：有道理，你一說我還真覺得過去是做法有點簡單，光知道熟人多，到底有多少還真不清楚，每天到了餐廳營業時站在門口心裡就打鼓，不知道今天到底會有多少人來捧場。

專家：對，你這感覺大家都有，我以前管餐廳時也是這個心態。好了，我們繼續。第五步，開發新客戶。你得再弄套表格，一是統計每天你新增了多少以前名單上沒有的，二是提醒自己如何去鞏固這些新客戶。光來個一兩次其實還不能算是你的客戶，因為他

還談不上什麼忠誠度，你得想辦法吸引他來多幾次後才能添加進你的老客戶名單，這個過程叫「客戶獲得」。你能從每天新增的客戶中成功轉化出多少老客戶的比例，就叫「客戶獲得率」。你做管理的就必須知道自己餐廳的這些數據到底是多少。

周總：有點複雜，你能說更直接一點嗎？

專家：好的，考慮到你現在餐廳規模不大，以餐飲為例，可能每天會有很多新面孔走進你餐廳，你都得以某種辦法弄清資料，然後進入你的預備名單，然後給自己定個指標，那就是如果每天能有你過去一兩個月預備名單內的3個以上對象再度光臨你店3次以上的話，你就等於每天成功獲得了3個有培養為忠誠顧客潛力的老客戶了。

周總：每天3個？這麼少啊，應該沒問題的。

專家：那我不好評價，但3個也很厲害了，一年下來就有1000多人了，這還是指至少在一兩個月內光臨3次以上的，對你餐廳比較認同的，你試試，不是那麼簡單的。你這個餐廳規模不大，估計你能有幾百個穩定散客支撐的話，日子會很好過的，你現在生意不穩定，就表明你的忠誠客戶總量太少了。當然，到底是多少，我估計你現在也說不清。

周總：以前的確沒這麼想過，光想著服務質量要提高、菜品要更新，才會有生意，還真沒這麼去算計過客人的。

專家：這不是算計，是計算。一句話，你一定要想辦法，搞清楚自己的客戶獲得率、保持率、貢獻率以及各類客戶的數量及變化。這本帳就是你的作戰形勢分析圖。當然，你說的其他工作如產品創新研發啊，員工精神面貌啊，服務流程和質量啊，都很重要，這些都是成功的要素，缺什麼都不行。

……

接下來，專家一口氣給周總開列了需要重新設計和製作並在實踐中真正使用的各類客戶資料統計報表清單，並簡單地勾勒了這些表格的大致結構和項目列表。

客戶開發過程中的績效衡量和評價乃至整個營銷過程中的績效衡量都是我們餐飲管理實踐的難點，那種「不問過程只管結果」的簡單營銷觀點在業界很是盛行，靠「能人」、「點子」做營銷的想法還很有市場，人們還沒有真正領略到科學的營銷過程和客戶開發技術的本質。

二、客戶開發從經驗管理走向量化管理

傳統的餐飲管理看重經驗管理，經營者們凡事都事必躬親，不停地參與，不停地思考，不停地發出現場指令，在開發客戶時也是親自出馬，舉杯把盞，應酬不斷，互換名片，每天不停地往外撥電話，面對通訊錄不停地評估著自己的關係網，日復一日，樂此不疲。

問題是，這種純粹靠經營者頭腦進行記錄和管理的客戶開發模式能適應企業日益擴張的規模經營需要嗎？且不論經理們每天的情緒狀態有起伏，單說一個人的記性能有多好，在餐飲業這種高強度快節奏的經營環境下，這些零零星星的記憶能支撐龐大的企業運作嗎？

客戶開發是一個系統工程，獲取客戶的基本訊息只是其中最起碼的步驟，接下來我們還需要為客戶建立基本的消費檔案，並隨著客戶的累積消費逐步完善其資料細節，定期進行客戶消費習慣和偏好分析，條件許可的情況下還可以以此為依據加大對重點客戶的菜品客製化程度，或者定期進行客戶回訪並舉辦一些答謝活動等等。

所有這些工作的開展都必須以一個記錄完整、清晰可查的客戶

名單為依據，這也是使客戶開發從傳統的經驗管理走向更科學的量化管理的第一步工作。餐飲企業的客戶爭奪戰焦點其實不在於優惠幅度的大小，而在於對具體客戶的客製化程度高低和相互間聯繫的緊密程度。如果手頭有一份非常完整的客戶名單，那麼經理們每天要做的事情就非常明確，因為這些客戶的存在本身就指引了他的工作方向。如果這份名單每天還在不斷的加長，那麼經理們的工作可能還需要進行分工，讓更多的管理者參與到客戶管理中來，或者還可以將客戶們進行分級管理。

實踐速描

用電話本記錄客戶訊息的弊端

很多有敬業精神的經營者們都有一個厚厚的電話號碼本，上面記載了大量客戶資訊，這也是經理們最看中的人脈資源。

但我們必須意識到這種流行的做法並不可靠，一來電話本上客戶資訊和經理們的其他社會關係混雜在一起，這不利於專項管理，二來電話本上能記錄的訊息量遠遠不夠，僅僅只能是一些基本的聯繫方式而已，更談不上對客戶進行分級管理和貢獻率分析了。

而且，這些隨身攜帶的東西一旦遺失，很可能連個備份都沒有，企業因此就損失了一筆重要的無形資產。

很顯然，有了這麼一份名單之後，企業實際上擁有多少客戶，每天新增了多少客戶，甚至有哪些客戶已經多長時間沒有光臨，正處於流失邊緣等等都一目瞭然，管理者該採取什麼樣的對策，也就可以「有的放矢」了。

三、如何對客戶進行精細化深耕

一個優秀的餐飲管理人員心中應該隨時有三本明明白白的

「帳」。一本是成本費用與營收帳目，這有利於企業有效管理其財務資源；一本是廚師技能、員工素質與產品行情帳目，這對企業有效管理其技術資源至關重要；還有一本就是客戶的數量、分佈及消費心理帳目，這是企業有效管理其市場資源。

對客戶進行精細化深耕，就是餐飲企業主動進行客戶管理，這不單是指對各類客戶進行精確記錄和系統分析，用數字評價技術來取代傳統的人情交往，還意味著主動進行客戶分類，並制定嚴密的客戶關係管理和維護計劃。在企業達到了一定經營規模和市場份額後，還可以進行全面的客戶變化趨勢分析和預測，比如雅典奧運會前期主動開設中文網站的希臘酒店，就提前捕捉到了新的市場機遇。

上文提到的每天增加三名重點客戶的辦法其實是一個非常粗糙的客戶開發方案，只適用於規模很小且短時間內無法完全擺脫經驗管理模式的飯店。但這個方法的實質是指企業應該引入量化的記錄和分析機制，將已擁有的客戶數量和忠誠程度以近似精確的方式表達出來。一般情況下，餐飲企業可以利用「顧客資料庫」也就是「客史檔案」技術來解決這個問題，透過建立「顧客資料庫」尤其是對顧客進行分類和編號的索引工作，我們可以很全面地獲知企業所擁有的客戶資源狀況。

一線案例

重點顧客（VIP）每週消費及客戶聯絡情況彙總表樣式

日期:	本週主要促銷活動:
本週餐廳營業收入總額:	VIP顧客消費總額及比例:
本週VIP累計光臨人次數:	占VIP總人數比例:
VIP折扣及贈品金額總計:	客戶專員主動回訪人次數:
本周新開發VIP客戶人數:	值班經理:
VIP客戶主要反饋訊息	1.菜品品質及新品建議: 2.服務: 3.價格: 4.其他:
客戶回頭率分析及下週工作建議	1.回頭率: 2.流失率: 3.存在問題: 4.改進建議:

但「顧客資料庫」技術本質上來說仍然是一種靜態技術，只能為進一步的客戶關係管理提供一些基本層面的訊息。對於客戶來說，無論出現在你的名單上與否，都不會對他的消費決策有直接影響。因此，要想進一步介入客戶消費決策過程，我們還必須充分利用手中的客戶訊息，進行一系列的客戶關係維護活動。

一線案例

出乎意料的生日禮物

由於公務關係，馬先生經常宴請南來北往的客商們，本地但凡有些特色的飯店餐廳他幾乎都涉足過。日子長了，這些飯店的餐廳經理們也都知道馬先生的公司是個消費大戶，都忙不迭地往他口袋裡塞名片或貴賓卡。馬先生每次接到這些卡片後都隨手往抽屜裡一放，並沒太放在心上。

這天，馬先生正在辦公室翻閱文件時，忽然收到一個禮儀公司送來的鮮花和禮品。他納悶起來，這是怎麼回事？打開看過後才恍

然大悟，原來今天是自己38歲生日，鮮花和禮品是以前他消費過的一家飯店送來的。

打開禮品盒，馬先生更加感動了，那是一個製作得十分精美的生日蛋糕，上面赫然寫著「祝馬××先生生日快樂，萬事如意。××飯店全體員工敬賀」。還有一個飯店專用的信封，打開一看，是一封飯店總經理親筆簽名的賀信和幾張面值不菲的自助餐券。

原來，馬先生在這家飯店消費時曾經填寫過一份貴賓資料卡，並獲贈了一張印製精美的貴賓卡，只不過馬先生手頭這樣的卡片實在是太多，所以日子久了後，連馬先生自己都忘記了這回事，看到總經理的賀信他才回想起來。

二話不說，原本今天準備一直待在辦公室的馬先生馬上拿起電話，向這家飯店訂餐並邀好了幾個朋友，大家今晚再來個一醉方休。

手頭掌握了大量的客戶資料後，餐飲企業首先要做的是制定出一整套客戶聯絡制度。這裡面包括對客戶訊息的詳細登記和核實，也包括對客戶進行主動分類。客戶分類的標準很多，最重要的是消費額度和消費次數，而其他訊息如客戶職業、單位等則是輔助訊息。簡單來說，客戶曾經消費的金額大小反映的是客戶消費實力，而消費次數則反映了客戶對企業的忠誠度。對於企業來說，這兩類顧客都是最應該也最有可能爭取的長期客戶。

針對不同類別的客戶，餐飲企業可以採取不同的客戶聯絡辦法。對於最高級別的客戶，其聯絡回訪工作及優惠權限由企業最高級別的管理人員負責，依次往下，所有重點客戶都應由專人專責，長期跟蹤。

除了常見的節日問候、重大活動通知、生日優惠等措施外，客戶累積優惠制度也是客戶聯絡制度的重要組成部分。

一線案例

消費越多，獎勵越多

某餐廳近來推出了「賓客消費獎勵制度」，回頭客一下子多了起來。

具體的促銷辦法是將賓客的消費金額直接記作分數，消費一百元就是一百分，憑顧客出示的貴賓卡作為記分憑證。與其他餐廳不同的是，這家餐廳並沒有對持卡人是否為本人作嚴格限定，按照餐廳經理的解釋，就是消費積分只認戶頭，多人共用一張卡畢竟也促進了飯店消費總量的上升。

當消費積分達到1000分時，顧客將獲贈餐廳價值2000元的自助餐券；當消費積分達到2000分時，顧客將獲贈最新款的手機一部或其他等值禮品；當消費積分達到5000分時，顧客將獲贈iPhone一部；而當消費積分達到10000分時，企業將贊助他們到港澳旅遊。

更高層次的客戶開發技術是根據客戶變動趨勢，提前設計相應產品。一般來說，客戶消費心理的變化要經歷一個潛移默化的緩慢過程，而一旦發生就很難逆轉。以單個餐飲企業的力量自然很難改變甚至影響這種趨勢的變化，但只要密切與客戶交流的話，就會有助於企業盡快察覺這種趨勢的變化，如果能根據一些細節及時設計出新產品，還有可能掌握市場先機。希臘酒店開設中文網站的舉動就是最好的例子。

延伸閱讀

明明白白做生意，學會盤算「客戶帳」

餐飲管理之所以難，就難在我們一直習慣用口頭管理、經驗管理或現場管理這些傳統管理方法，而在高強度快節奏的工作環境裡，一味地使用這些方法，管理者們很難保證自己能自始至終都會

有清醒的頭腦和最佳的狀態。

　　一旦管理者的最佳狀態得不到保持時，餐廳的運營就變得有些難以捉摸了，很多原本不是問題的問題全部浮現出來，讓管理者們應接不暇。此時還有幾個人能說自己是真正在「明明白白」地做生意呢？現實中我們已經見過太多的失敗案例，管理者們始終都找不出自己到底在哪個環節上犯下了不可挽回的大錯，失敗的結局總是來得那麼稀里糊塗。

　　餐飲企業要學會「明明白白」地做生意，這就勢必要盡可能地減少無謂的重複勞動和體力消耗，一些在管理實踐中規律性重現的問題應該精心研究並開發出相應的流程，而不能任由它泛濫，更不能出現一次，對付一次。

　　在客戶開發問題上，很多企業一直都在算這樣的糊塗帳，他們總是認為自己有一些社會關係，有一定的客源基礎，但到底這些關係有多少，有多可靠，又分佈在哪裡，他們與餐廳之間的聯繫如何，經理們從來就給不出完整的答案。因為此時他們頭腦裡所浮現出來的一定是那幾張熟悉的面孔，他們對客源基礎的理解從來都是那麼粗淺，那麼感性。這樣的企業，即便是成功了，那成功中也多少有一些運氣的成分，因為他們從來就沒有學會怎麼像計算現金流量和菜品毛利一樣地去盤算一下「客戶帳」。

　　明明白白地做生意，要從學會盤算「客戶帳」開始。

第四節　顧客資料庫技術的實踐價值和應用悖論

　　對於顧客資料庫的實踐價值和潛在效用，很多餐飲企業的管理者們都已高度認可，但在營運實踐中卻很少有企業能真正從中獲取

實質性的收益。訊息難以採集、資料存而不用以及流程環節間協調不暢等原因，導致了很多企業建立顧客資料庫的嘗試虎頭蛇尾、有名無實。但這並不等於宣告顧客資料庫技術是個中看不中用的「花瓶」，相反我們更應該從解決這些技術難題入手，使顧客資料庫能真正融入餐飲企業日常營運流程中。

一、顧客資料庫為何知易行難

建立顧客資料庫幾乎已經成為大多數餐飲企業經營者的共識，顧客資料庫實際上就是餐廳最重要的無形資產——客戶資源的目錄索引，你要想盡可能高效率地使用這些資產，那麼這份目錄索引的重要性是無論怎麼強調都不過分的。事實上，顧客資料庫作為一種基本的客戶關係管理手段在很多行業都早已運用得非常廣泛，並深深地嵌入他們的日常管理流程中。

比如，保險公司會有非常詳盡的顧客個人資料檔案卡，並有專門的客戶專員負責聯繫這些老顧客。又比如，醫院為每一個前來就診的病人提供病歷，醫生診斷時會首先研究病人的既往病歷記錄，如果沒有這些病歷，病人每次都要費很多口舌來描述自己的病情發展過程，甚至還必須重複地做很多價格昂貴的檢查項目。

最接近餐飲業的例子是一些大型跨國飯店聯號集團，比如假日集團早在幾十年前就借助衛星系統建立起了自己的顧客資料庫，供全球成員飯店共享，這也使得假日相對於其競爭對手在很長時間裡都有來自客戶資源的巨大優勢。

儘管在餐飲業實施顧客資料庫的難度更大，但這絕不等於說這些顧客資料庫技術是可有可無的花架子，也不是只能錦上添花的擺設，實踐中透過對老顧客的精細化深耕從而幫助企業擺脫困境的例子實在是舉不勝舉。

對於成功地建立了顧客資料庫的餐飲企業來說，他們可以很從容地按圖索驥，建立自己的常客群體，這對於餐廳的業務量保障很有必要，要知道很可能80%的業務就來自這份名單上20%的老客戶（二八定律）。你的這份名單越長，你和名單上客戶的聯絡越密切，你的餐廳也就越有贏利的把握。此外，在提高服務質量、產品創新設計以及企業形象建設等方面，顧客資料庫的作用也非常顯著。

一線案例

曼谷東方飯店員工的特異功能

有一次，一位香港客人到曼谷，行前已經預訂了擁有世界最佳飯店稱號的東方飯店。剛下飛機，飯店機場代表前來迎接。一見面，機場代表就說：董先生，您好！要是我沒記錯的話，您有一年多沒來我們飯店住了，是不是我們服務不好，什麼地方得罪您了？客人趕緊回答：不，不，飯店很好，主要是這段時間在泰國沒有業務，來泰國肯定住你們飯店！……

到達飯店以後，從門僮到總臺接待員，再到餐廳服務員，見到他都像見到老朋友一樣，第一句話就是「董先生，您好！」這一切都令這位香港客人好驚奇又好感動，他想：他們怎麼都知道我的姓名呢？我多長時間沒來飯店他們都知道。但不管怎麼說，這一點令人感到高興，就像回到家裡一樣。

一線案例

胡蘿蔔汁的故事

有一位客人講述了他在麗晶酒店的奇妙經歷：幾年前，我和香港麗晶酒店的總經理一起用餐時，他問我最喜歡什麼飲料，我說最喜歡胡蘿蔔汁。大約6個月以後，我又一次在麗晶酒店做客。在房間的冰箱裡，我發現了一大杯胡蘿蔔汁。以後的幾年中，不管什麼

時候住進麗晶酒店，他們都為我準備胡蘿蔔汁。

最近一次旅行中，飛機還沒在機場降落，我就想到了飯店裡等著我的那杯胡蘿蔔汁，頓時滿嘴口水。幾年來，儘管飯店的房價漲了3倍多，我還是住這家飯店，就是因為他們為我準備了胡蘿蔔汁。

沒有人會刻意去否認顧客資料庫的價值，但人們更關心的是如何有效地在自己的企業裡建立起顧客資料庫並確保這些資料數據能為實際經營造成應有的作用，為此我們不妨先分析一下顧客資料庫技術為什麼會「好說卻不好做」。

問題往往首先出在對顧客訊息的識別和採集上，這也是很多類似嘗試不了了之的關鍵。很多餐廳無論是在表格的製作、交談的方式還是事後的訊息登記上都存在很大問題，顧客的不配合也使很多餐廳感到納悶。一般來說，餐廳獲取顧客詳細訊息的方式主要有兩種，效果較好也相對容易實施的是由經理或資深主管親自出馬，透過與顧客攀談、答謝和互換名片，大多數情況下是可以有所收穫的。但問題是經理們精力有限，當餐廳規模大到一定程度後，他們實際能深度接觸的新客戶數量很少，加之很多經理主管都有口頭管理的老毛病，寒暄過後將名片往口袋一放，也就懶得再去登記顧客卡片了，極端情況下甚至還有一些外聘的經理熱衷於將客戶發展成為個人的業務資源，不願及時填報資料。

另一種方式是由服務員拿著預先設計好的一些資料表格去請顧客填寫，這些表格不但要求顧客填寫真實姓名、多種聯繫方式，甚至還要求填寫工作單位、家庭住址這些敏感訊息。顧客們自然不願配合，但這些員工大都沒有接受過專業溝通訓練，無法打消顧客的顧慮，所填報的訊息有效度很值得懷疑，而且往往會引起顧客的反感。

更關鍵的問題還在於，這些訊息資料反映的只是一些很表面的

基本訊息，對於顧客的消費偏好、消費習慣等關鍵訊息基本無法反映，落實到最終的登記本上，訊息總量少之又少，根本無法建立什麼個人檔案，一個簡單的通訊錄就可以全部囊括了。

問題往往是相互關聯的，訊息採集的不到位必然導致員工無法有效調用這些訊息來改善對客服務質量。

打個比方，有些餐廳將收集到的訊息直接輸入到收銀臺的電腦裡，只有經理等少數人可以調閱這些數據。還有些餐廳的做法相對簡單一些，他們將顧客資料表格裝訂成冊並擺放在收銀臺供員工們隨意查閱，但這麼做到底有多大意義呢？員工們到底該如何使用這些顧客訊息呢？是每次開餐前先來背誦一下顧客訊息，還是在客人到來時再臨時學習呢？那些電話號碼、顧客姓名之類的簡單數據對於提供高水平的個性化服務到底有多大用處呢？既然無法將基層員工真正調動起來，那麼與這些老顧客的交流重任還是會落到少數幾個經理或主管身上，這與傳統的老辦法又有多大區別呢？……就實踐來看，幾乎所有嘗試建立顧客資料庫的餐廳都會遇到這些問題，而管理層也大多拿不出真正有效的辦法來使顧客資料庫真正發揮作用。

實戰經典

某餐廳個性化服務提示單

基本訊息：			
顧客姓名或稱謂		貴賓卡號碼	
台號或包廂號			
上次在店消費時間		累積消費次數及金額	
需否經理陪同			
顧客以往主要消費菜品清單	按點單次數順序排列：		
顧客偏好與忌諱提示			
時間	餐次	制單人	點菜/值台
經理提示：80%的利潤來自20%的老顧客			

訊息採集不合理，加之無法在服務過程中有效調用，轟轟烈烈的顧客資料庫自然也就無以為繼了。這其中除了對顧客資料庫技術的理解太過簡單和粗糙之外，我們還必須意識到這並不是一個簡單的管理改進，更不是一個單純的好點子，它需要我們制定一整套的制度文檔，開發一個完整的從採集、整體分析、維護到調用的流程，並明確我們在這個過程中的需要採用的一些技術手段和操作規範。一句話，顧客資料庫的建設是一個全面的系統工程。

二、幾個關鍵問題的解決思路

有難度並不等於非得放棄不可，相反，只有「知難而進」，企業才有可能鑄就對手無法超越的競爭優勢。妥善地解決好顧客資料庫建設中的一些關鍵問題，不但能為企業培養大批高度忠誠的老顧客，使餐廳面對激烈競爭時更有底氣，而且能一點一點地瓦解對手的客源優勢，因為客戶在更個性化的服務面前將信任票投給了對他們能體貼入微的餐廳。

首先我們探討一下如何做好顧客訊息的採集和整理工作。這也是接下來一系列工作的基礎。只有盡可能多、盡可能完整地掌握了目標客戶的消費偏好和消費經歷，才有可能設計出「投其所好」的

產品和服務。

　　需要採集的顧客訊息大致分為兩類——顧客個人訊息和消費訊息，需要說明的是，前者需要透過與顧客交談才能獲取，而後者則主要靠餐廳自己進行記錄和統計。顧客個人訊息主要包括客人的姓名稱謂，大部分時候只需要知道姓氏就可以了，但為了與其他同姓的顧客有所區別，我們可以透過他們的單位職務或貴賓卡號碼來進一步確認。此外，客人的性別、年齡等參數由員工目測即可。相對麻煩一點的是客人的聯絡方式，一般情況下我們至少需要獲取客人的聯繫電話。如果可能的話再爭取獲知客人的通訊地址和電子郵件地址，這些在與客人保持密切聯繫、通告餐廳新菜品訊息以及舉辦答謝活動時都能派上用場。

　　獲取顧客個人訊息的理想方式是由管理人員出面，進行深度溝通，一般來說對於初次光臨的顧客透過打折或贈送水果等方式不難獲取顧客的初步信任，有時可以達到交換名片的目的，最低限度也能大致掌握前面所提到的基本訊息。如果餐廳規模偏大，管理人員不太可能全部溝通的話，還可以採取一些特殊的辦法。比如，餐廳可以推出一項請客人填寫顧客滿意度調查的服務，在顧客按照表格格式填寫了個人基本訊息並對菜品和服務進行打分評價後，餐廳作為感謝可以對當次消費進行打折優惠。由於這項調查是以程序化方式進行，只有在按要求填寫了調查表後收銀臺才能提供折扣優惠，因此大部分顧客都會據實填寫。

　　真正重要而又被大多數餐廳所忽視了的是關於顧客消費資料的收集和整理，簡單說來就是客人歷次消費過的點菜單存檔，尤其是顧客臨時要求增加的一些菜品和調味品等訊息都非常關鍵。

　　一線案例

　　某餐廳收集整理顧客資料的辦法

某家餐廳的做法是：

第一步，將顧客的點菜單及時輸入電腦，並按照餐廳為該客人開設的資料戶頭入檔，入檔時的訊息包括就餐人數、所坐餐臺位置、點菜品種及份量、特殊要求和臨時加點的品種等。

第二步，對輸入訊息進行分析，分析的指標主要為客人平均每月前來消費的次數、多次就餐時重複點單的菜品排序及口感偏好、酒水消費的重複點單記錄以及歷次對菜品烹製提出的特殊要求等。

第三步，將上述分析結論以顯而易見的方式歸納為對顧客偏好的基本判斷並添加進顧客戶頭的主頁面。這幾個步驟聽起來似乎有些煩瑣，但只有這樣我們才能真正做到對顧客「知己知彼」。在餐廳規模小客人總量少而集中時，這些工作基本上是由經理們在大腦裡以模糊記憶和印象分析的辦法進行的，但當規模擴大客人增多時，這套系統顯然比經理們成天身心疲憊的印象記憶更可靠。

接下來要解決的問題是如何運用這些訊息，這才是顧客資料庫真正大顯身手的時候，也只有在實踐中真正發揮了作用，經理們才有信心、有動力去堅持並進一步完善顧客資料庫。

我們先檢討一下前面曾經提到過的運用顧客資料庫的例子。他們或是將資料存在電腦裡只有少數人可以調閱，或是將一些簡單訊息裝訂成冊擺在收銀臺，至於誰來使用、如何使用以及什麼時候使用等都沒有說法，換句話說就是，你記你的流水帳，我做我的長工活，這些千辛萬苦得來的資料從來就沒有嵌入到日常服務和管理流程中。

順便說一句，眼下很多餐廳時興的各類「優惠卡」或「貴賓卡」，也同樣只是個招徠顧客的噱頭，沒有真正物盡其用。

使顧客資料庫裡的訊息能方便調閱，並能真正與基本的日常流程結合起來，才是解決問題的根本出路。我們不妨參考一下醫院對

於病歷的管理辦法：病人進門後首先就被問有沒有病歷本，有就只掛號，沒有還得補一份，醫生接診後首先看病歷，那上面詳細記錄了病人過去的病情和治療情況，還有不同時間段做的各種體檢結果。有了這些，醫生接下來的診斷過程就方向明確了。要是沒有以前的老病歷的話，醫生肯定得開一堆的檢查化驗單讓你去查個底朝天再來。不難看出，病歷本已經成為醫院服務流程中的一個極其重要的環節。

實踐速描

改進服務流程以提高資料處理能力

如果餐廳的顧客資料庫達到了一定的數據處理能力要求的話，一些基本的服務流程的確有全面改進的必要。比方說，當餐廳營業部接到顧客訂餐電話時，可以第一時間進入該顧客的資料戶頭，並根據顧客以往的消費記錄分析結果給客人提出最適合他的建議菜單，同時可以根據顧客過去消費的一些特殊要求主動提出為顧客做些安排並徵求客人同意，比如「還是給您訂靠窗的那個大包間嗎」、「要不要我們先把湯煲好，您一來就可以先上湯」。客人一般都會很驚訝，同時也會為自己受到如此重視和細緻關懷而非常欣喜。

再比如，當沒有預訂的散客進入餐廳時，迎賓員可以在引座時直接判斷或詢問顧客以前有沒有來消費過，如果有的話，可以想辦法詢問顧客姓名或貴賓卡號，然後通知前臺盡快調出顧客資料，並影印一小張「點菜提示單」即顧客消費記錄分析結論，將「提示單」派送給相應臺號的領班或服務員，服務員在點菜時再根據「提示單」進行菜品推薦，同時徵詢客人的其他要求。

當然，訊息採集和調用並不是顧客資料庫建設的全部工作，以上僅僅是針對日常管理中一些典型問題的探索。

三、顧客資料庫的更新、維護和全面建設

絕大部分餐廳的顧客資料庫都相當簡陋，或者是通訊錄一樣的幾張表格，或者是在電腦前臺管理系統裡附掛的一個子模組。至於如何使顧客資料庫能系統地運行，如何內化為管理人員的基本職責和服務人員的基本流程，如何從組織層面保障顧客資料庫能及時更新和維護，大部分餐飲企業都沒有做更深入的探討。

顧客資料庫的建設絕不應該是心血來潮，也不應該淺嘗輒止。我們可以在餐廳內部的幾臺電腦間建立一個內部的區域網路，然後建立一個小型資料庫來儲存顧客資料。每一個顧客的資料除了個人基本訊息外，還應該包括歷次消費記錄、交流記錄以及即時更新的顧客偏好分析結果。這些消費記錄由於是以原始的憑單為準直接輸入的，從總量上來說每個顧客名下的資料內容是非常翔實的，因此每天值班經理都應該對當日有過消費記錄的顧客進行即時分析，並及時將分析結論在顧客戶頭的主頁面上進行更新。

每天甚至每餐都會有大量的老客戶光臨，因此餐廳的數據更新可能會非常頻繁，因此必須指定專人負責這些技術工作並及時將每天老顧客們光臨的總體統計數據單獨影印出來，呈交相關管理人員。

經典案例

臺灣晶華酒店的客戶資料庫

對於晶華酒店來說，做生意的對象並不是一般大眾消費者，在客戶層比較穩定與忠誠的情況下，將客戶數據管理導向訊息化就變成一件有意義的事情。所謂的有意義，代表著這樣的投資可以在未來產生效應，建在客戶資料庫中的數據，三五年後都可以是有效的。晶華酒店的客戶數據約從兩年前開始建立，建立的方式主要是

由飯店裡面各餐廳提供，在一個月當中，每個餐廳約可以增加10到20個名單。

此外，晶華酒店也透過網路舉辦活動、或是與名店街的名店合作、或是以網路訂房等方式來收集有效的客戶E-mail數據，建立起目前的會員資料庫。酒店高管指出，今年將會刪除資料庫中無效的名單，重新建立起一份完整的名單，並繼續收集資料。有了完整的資料庫與有效的客戶名單，並朝向ec（e-commerce，電子商務）邁進。

電子商務主要針對飯店裡面的住房以及餐廳用餐訂位等相關的產品而建立，會視客戶的反應以及整體市場的狀況來發展適合的商品；而晶華酒店名店街由於與飯店客層重疊性高，也會有一些互相配合的活動。

當然，這些數據對於企業來說非常寶貴，因此保密工作也特別重要，這在紙筆時代是很難做到的，要麼就將資料嚴加看管，但無法使用，要麼允許員工隨意查閱，但那樣一來資料失密的可能性實在是太大了。用電腦系統進行處理的話，情況就不再是「魚與熊掌不可兼得」。我們可以為顧客資料庫設置很多種權限，不同級別的員工用自己的密碼只能進行相應等級的操作：總經理擁有所有權限，技術維護員擁有數據輸入權但不能拷貝資料，經理主管可以進行顧客分析並提交結論但同樣不能拷貝和影印全部資料，普通員工可以搜索瀏覽訊息並影印顧客分析結論，但不能查看底層數據，而且所有輸出的顧客分析結論在顧客買單時必須由值臺服務員同步交還收銀臺，清點完畢後當場銷毀。

延伸閱讀

競爭之道，在於摸清顧客底牌

餐廳與顧客之間的交往就像是一場博弈，博弈的結果要想雙贏

的話，就只有一種可能——餐廳非常瞭解顧客，而顧客也同樣瞭解餐廳。從餐廳的角度來說，要充分認識到顧客的消費偏好，越具體越詳細就越有勝算，最高水平的表現就是能預先估計到顧客尚未說出口的要求，真正能想人所想，急人所急；而從顧客的角度來說，他也希望能完全熟悉餐廳的一切，包括幾個大廚師各自擅長什麼，哪些服務員最靈光活泛等等，一個電話過來就能點好一滿桌菜，來了就有的吃。

要想做到這兩點是既難又不難，對於傳統的口頭管理和經驗管理來說，的確有些為難，因為那必須要求經理能一個人就承擔起顧客資料獲取、儲存和調用的全部工作，以成天忙碌的疲勞之軀來應對這些細活，的確不輕鬆；但對於現代計算機支持的顧客資料庫系統來說，實在是很稀鬆平常的一件小事。

顧客資料庫技術的本質其實還是希望我們能更多地用現代管理方法來記載、統計和分析一些重要的業務訊息，考慮到企業規模終究要擴大，而顧客要求又越來越精細，業務訊息無論是從複雜程度還是總容量上來說都已經不是經理們的腦瓜子所能承載的。

時下很多餐飲管理軟體中都集合了顧客資料庫（或稱客史檔案）模組，這為企業存儲和調用顧客訊息提供了極大的方便，但很多類似軟體都是採用的通用設計理念，企業應該在客製軟體時更多地考慮如何使之納入日常營運流程中。為此，企業應該根據自己的實際情況重新開發出相應的服務流程和管理制度，並反覆培訓員工，使他們能主動地在實踐中有效地利用這些得來不易的寶貴資料。

真正的挑戰並不是來自我們的對手，也不是來自我們的顧客，而是來自我們自己。願不願意承認自己知識結構的落後和管理方法的陳舊，願不願意放下架子騰出時間來學習那些看上去不太容易的管理新技術，這是對整整一代餐飲管理者們的嚴峻考驗。

第五節 價值創新：尋找餐飲業的空白市場和藍海戰略

餐飲企業間的競爭從來都是異常殘酷的，人們高呼的共贏局面似乎從未真正出現過。幾乎所有企業都擁擠在狹窄的市場裡，奉行以價格為導向、以競爭為中心的「紅海」戰略，獲勝者從來都是把勝利建立在對手的失敗甚至破產之上。更理想的選擇應該是率先跳出白熱化競爭的已有市場，主動開闢嶄新的空白市場，透過價值創新尋找到新的營利模式，以速度競爭來取代惡性的資源消耗戰。這就是餐飲企業的「藍海」戰略。

一、什麼是餐飲企業的「紅海」和「藍海」

當某一市場已經陷入白熱化爭奪的僵局中時，最明智的選擇應該是跳出層層圍堵的包圍圈，不與現有的競爭者們打消耗戰，而是透過戰略大轉移，在一片從未開墾過的新市場裡另起爐灶，正所謂「退一步海闊天空」。

管理暢銷書《藍海策略》所表露出的基本思想，也與許多企業領袖的主張相吻合，但要能從瑣碎的日常事務中直起腰桿來，用大手筆大思維的方式找到新的戰略空間，的確不是一件想辦就能辦到的事。

管理經典

「紅海策略」與同質化競爭

在《藍海策略》中，作者金和莫格伯尼將現在大多數企業的競爭模式比喻為「紅海」戰略，認為他們一直在奉行以價格為導向、以競爭為中心的傳統戰略，只能在現有市場空間裡展開「血腥」的

競爭。

這點倒是很像餐飲業的現狀。大家賣的幾乎是完全一樣的產品，請的是在市場上跑來跑去的員工，而盯的也都是同一群顧客，既然大家走的路子都大同小異，自然也很難見出個高下。

在紅海戰略的背景下，幾乎人人都知道必須走特色競爭的路子，但又似乎誰都沒有辦法真正做到突破性的創新，因為經營者似乎已經陷入了一種思維定式，追求特色就必然會抬高成本，而成本高了價格貴了又留不住客戶，於是所謂的創新頂多只能是在花色品種上增增減減，在營銷活動上多點噱頭而已。

問題的關鍵不在於營造這種特色是否真的高成本，而在於這種所謂的特色是否能真的為企業帶來全新的市場空間，或者說創新的焦點不在於產品如何變換花樣，而是如何培育出與對手完全不同的目標市場。

藍海策略就是這樣一種重新圈定競爭範圍的新戰略，它以創新為中心，強調的是尋找或開創無人競爭的、全新的市場空間和全新的商機，即透過開發新的思維來創造新的改變。

對於餐飲企業來說，這就意味著要在「紅海」當中拓展現有產業的邊界，開發出還沒有被開發的「藍海」，形成沒有人競爭的全新市場，這才是最有效的策略。

比方說，100年前的人們肯定想不到航空業、石化業或唱片業這樣的產業會出現，50年前的人們肯定不會知道有生物科技、電腦和網路的存在，當時代在高速前進的時候，我們就有機會去創造和引領新的市場。

管理經典

「紅海」與「藍海」戰略的巨大差距

在《藍海策略》一書中，兩位作者在分析了大量的企業數據後，對「紅海」與「藍海」戰略的獲利和成長空間作了全面對比，下面的圖表揭示了二者之間的巨大差距：

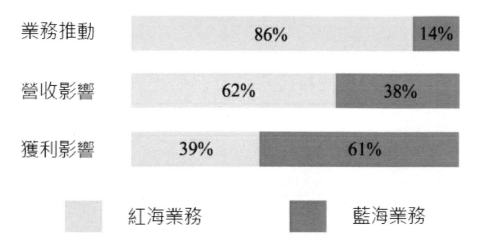

業務推動	86%	14%
營收影響	62%	38%
獲利影響	39%	61%

紅海業務　　　藍海業務

圖中顯示，在新開創的市場中企業獲利都非常高。單從資源投入來說，有86%的業務推動屬於擴大既有產品的系列，就是在現有市場空間形成的紅海中改善，這些業務占了公司整體營收的62%，對整體獲利的貢獻卻只占39%。剩下的14%的新業務旨在創造新的藍海戰略，但是這14%的業務卻可以為公司創造38%的整體營收，並且實際的獲利貢獻率高達61%。也就是說藍海戰略用14%的投入就可以創造61%的收益，開發藍海的效益的確驚人。

在餐飲業的發展史上，我們可以找到很多透過藍海戰略來獲取驚人利潤的成功典範，遠有麥當勞、星巴克咖啡和哈根達斯冰品，近有平價燕翅鮑、真功夫蒸菜館和集團供餐業的興起。這些企業的成功都有一個共同的特點，那就是他們並非簡單的產品創新，而是從顧客角度出發重新塑造出一片市場，對顧客的特徵重新進行定義，一句話，做的是前所未有的一門新生意。

世界著名的萬豪酒店集團在起步時曾經從餐飲業裡獲取了巨大

的利潤，他們的做法並不是傳統的開餐館，而是為美國海軍部、福特汽車公司的生產工廠以及一些航空公司提供送餐服務，既不需要支付昂貴的店面租金，也無須為業務的起伏波動操心，很快就完成了資本積累，為其日後成長為世界頂級酒店連鎖集團奠定了堅實的基礎。

二、創造新的市場空間的六大法則

大多數餐飲企業都把精力放在與直接對手的纏鬥上了，他們整天在思索如何與對手周旋並打敗他們。長期競爭的結果使得大部分企業都有著幾乎完全一致的對市場的理解，比如他們的顧客到底是些什麼人，他們應該提供什麼樣的產品和服務以及在日常管理中哪些環節是最重要的等等，這些幾乎雷同的理念自然也就導致了白熱化的同質競爭。

創造新的市場空間需要從根本上擺脫這種高度雷同的戰略思維模式，管理者應該意識到繼續在原來的市場範圍尋找機會已經是一件成本越來越高的事情，比如說很多餐廳都高度強調服務質量，事實上大部分餐廳的服務質量都已經達到了基本夠用的水平，至少說單就服務質量這個環節來說已經沒有更大的挖潛空間和投資必要了。管理者們真正應該著手的是有計劃地突破這個怪圈，大家完全可以大聲地質問——這些競爭規則到底是誰定的？難道就一定不能改變嗎？

以下是根據作者金和莫格伯尼在出版《藍海策略》一書前在《哈佛商業評論》上發表的《創造新的市場空間》一文整理出來的六個尋找市場空白的基本方法，不難看出這些方法後來也成了《藍海策略》一書的主要內容。

法則一，分析替代品行業，從替代競爭行業中尋找新的市場趨

勢。

從廣義上來說，一個餐飲企業的對手其實遠不止經理口中每日念叨的幾個冤家對頭那麼少，幾乎所有可能會使原本計劃來就餐的客人臨時改變主意的消費活動都稱得上是競爭對手。比如說，一個原本會下樓吃飯的顧客一時懶惰，吃了泡麵，就意味著泡麵廠家成為了樓下餐館的競爭對手。再比如說，一所學校的畢業聚餐活動臨時改成了畢業舞會，那麼舞廳就取代了宴會廳拿走了這張價值不菲的支票。所有這些看上去並非直接交鋒，但事實卻能替代自己的競爭對手，這就是替代競爭行業。

按照同樣的邏輯，既然泡麵廠家和舞廳可以替代快餐和畢業宴會，那麼反過來快餐和畢業宴會在適當的情況下也有機會替代泡麵和歌舞廳，這個互逆的過程對於雙方都能成立，如果能使更多的替代選擇傾向於我們的企業和產品，自然也就獲得很多前所未有的市場機會，而如果能使這種選擇成為一種穩定的趨勢，那麼新的市場空間也就被創造出來了。

實踐速描

飯店餐廳也可以涉足送餐市場

很多辦公大樓裡的白領一族們的午餐都吃得非常隨意潦草，儘管他們的收入水平足以支付更高水平的營養美食，但要麼是沒有時間要麼是不願跑太遠去排隊就餐，他們填肚子的方式基本上是麵包、泡麵或者外賣叫餐。

仔細分析一下白領們的消費選擇，不難發現他們對午餐消費的定義是——快速、無須排長隊、價格適中且能就近消費。外賣通常是一些小規模餐館在經營，質量不穩定、送達不及時且口味難以保證，而正規的大型餐飲企業一般都在坐等這些白領們上門消費，不管他們有沒有時間、願意與否，至少主觀上企業老闆們並沒真正看

到這裡面的巨大商機。

有趣的是，當很多餐廳老闆們嘗試開發這片市場時，他們的擔憂竟然是驚人的相似：送餐業務總量太小，不值得經營；送餐過程中經常會遇到人手緊缺、業務時段過於集中以及菜品經過打包外運後質量嚴重下降；送餐業務會對現有業務造成衝擊，因為廚房人手調配不過來，尤其是在業務高峰時段……

這些擔憂不無道理，事實上這些老闆也大都做過類似的嘗試，但問題在於他們依然沉浸在傳統的「紅海」戰略思維中，依然用傳統的經營手法在裁剪嶄新的市場。

解決方法是：以本部為中心廚房，與各主要辦公大樓的物業部門合作建立現場加工點，條件允許時還可以在加工點旁設立臨時就餐區。中心廚房負責將材料加工成半成品，只將最後環節留給加工廚房（如果條件不允許，甚至可以直接運送成品），白領們無須走出辦公大樓，就可以享受由正牌大餐廳名廚烹製的精美菜餚，而且顧客和加工點之間可以形成互動，就菜式品種等進行交流，餐廳也因此布下了一張能通達多個實力企業的營銷網絡。

法則二，分析行業中的戰略集團，從多種戰略行為的分歧中尋找新的市場熱點。

在餐飲業中存在若干個奉行不同類型戰略的企業類別，也就是我們通常說的戰略集團。比如，按照產品的檔次、價格和硬體投入水平的差異，我們可以將餐飲企業依次分為高、中、低檔餐飲戰略集團，它們分別遵循優質優價或者薄利多銷的不同宗旨。

不同戰略集團間的戰略差異即經營風格差異是十分明顯的，但在同一戰略集團內部企業的做法則是大同小異，這就造成了一種很獨特的景觀——不同檔次的飯店相互間井水不犯河水，在經營手法上都高度默認了那些約定俗成的差異，儘管根本就沒有規定什麼法

則。比如經營高檔海鮮酒樓的經理不會聘請一些家常菜廚師,而低檔的街頭餐館也不會要求服務員穿統一制服並佩戴工號牌等等。

實踐速描

「燕翅鮑」是高檔餐廳的專利嗎

其實,在不同戰略集團的邊界之間還存在著巨大的市場空間,關鍵是要理解什麼因素才是消費者真正關注的。比如,在高檔海鮮酒樓的保留傳統項目「燕翅鮑」系列,它吸引顧客的地方到底是口味還是不菲的價格所帶來的奢侈感受呢?如果是後者,可能這真的只能是由高檔餐飲企業來經營,但如果是前者呢?

事實上,很多人消費「燕翅鮑」是兩者兼而有之,但這至少說明中低檔餐廳也完全可以染指這片看上去「高不可攀」的市場,因為有大量的喜歡其口味但又畏懼其高價格的顧客存在。「平價燕翅鮑」產品的推出正好順應了這些食客們的願望,市場反應非常火暴。這個產品的策劃正好兼具兩大戰略集團的基本特徵——高檔集團的「燕翅鮑」產品和低檔集團的平民定價。

法則三,分析顧客鏈尤其是實際消費者、購買者和影響者之間的微妙關係,尋找新的市場切入點。

在餐廳裡,我們經常發現買單的顧客和實際消費的顧客往往不是同一個人,或者換句話說,實際購買者並沒有真正意義上的決策購買權,他們是在實際消費者的要求或影響者的慫恿下才不得已為之。

比如說,當我們走進麥當勞,買單的可能是父母,實際消費的卻是小孩子,單從這些家長們的本意來說他們可能並不情願消費麥當勞,但只要小孩們提出強烈要求的話,家長們通常無法拒絕。這便是一個非常經典的透過顧客鏈分析成功開闢新市場的例子,企業沒有將功夫下在如何去吸引這些家長們,而是透過贈送玩具、提供

室內遊戲區等手法來直接影響小孩子，從而迂迴達到促進消費的作用。

法則四，分析相關的配套產品和服務，透過延伸產品鏈來開闢新的利潤增長點。

很多餐飲企業近來注意了產品的延伸拓展，將一些與餐飲消費有關的項目引進來，極大地激發了消費者的熱情。

一線案例

某酒樓的「歌舞晚宴」

在很多城市，晚餐只是夜生活的開始，很多顧客就餐後還會繼續尋找新的娛樂，這就意味著商機的存在。有一家酒樓的做法就是在晚宴後為顧客們提供一臺高質量的歌舞劇表演。

席間文藝表演在餐飲界很常見，多屬於助興性質，無論是演員陣容還是節目編排都相當業餘。但這家酒樓的做法卻反其道而行之，因為他們的目標不是為顧客提供簡單的助興娛樂，而是直接定位為晚餐後的正式娛樂。他們在舞臺建設、演員陣容以及節目編排上都是絕對的專業水準。在專業的幫助下他們成立了一個相當高規格的大型藝術團，並嚴格按照藝術團的標準進行管理，節目設計和編排也全部請著名專業人士參與。

歌舞表演開始後，全場燈光完全按照劇場模式進行調節，此時幾乎所有人都已經停止就餐，全神貫注地欣賞表演。表演持續時長近兩小時，顧客們在飽食了物質大餐後再欣賞一頓精神大餐。儘管自助餐價格不菲，但幾乎晚晚爆滿，座無虛席。

法則五，分析產品和服務對顧客的功能與情感的吸引力，為尋常產品注入新的生命力。

絕大部分餐飲產品儘管非常可口，但遠談不上感情層面的吸引

力,這是我們在經營時過於就事論事並緊盯著成本利潤的自然結果。但如果能仔細分析顧客對於產品功能與情感的實際感受,並勇於挑戰大部分企業對於同類產品的情感定位,我們就有可能找到新的市場。

在西方國家,咖啡一直被認為是一種日用消費品,與香煙、茶葉等一樣是一種典型的功能產品。但星巴克不這麼認為,他們決定將咖啡塑造為一種情感體驗。在星巴克咖啡廳裡,他們提供了一個集地位、身分、休閒、聊天和享受咖啡於一體的時尚之地,他們讓人們在這裡學會鑑賞咖啡,學會與人交往,學會品味時尚,這一切都使得本來並不合理的5 美元一杯的咖啡看起來似乎也非常合理了。

法則六,分析時間,從行業外影響業務形態的趨勢入手,提前使企業進入創新狀態。

餐飲行業的基本形態一直在不斷的變遷中,但有時光從行業內部是看不到其中變化趨勢的,等到企業意識到這一點時很可能已經錯過了市場機會。

舉例來說,現代互聯網技術使得遠程通訊成為一件非常簡單的事情,人們利用網路所做的事情已經越來越多,甚至連購物、管理家務等都用上了網路遠程服務。那麼這樣的時代技術趨勢對於餐飲業意味著什麼呢?可能很多人仍不以為然,因為在大部分人的觀念裡,無論世界怎麼變化,餐飲還是離不開「服務員點菜、廚師炒菜」這樣的基本模式。

不妨設想一下,開通網上訂餐業務,將為顧客帶來多大便利,並最終為企業帶來多少收益。顧客們在家裡就可以點開某餐廳的網站,詳細瀏覽各類菜品的介紹,自然也包括廚師的資歷說明、菜品烹製過程演示以及可供選擇的包廂環境等。在選好菜單並得到餐廳在線的即時確認後,透過網上銀行劃入訂餐保證金,並註明到達時

間、人數以及其他事宜，預訂也就完成了。因為這樣的預訂過程雙方互動溝通效率很高，所以顧客到店後不用等待多長時間就能開始上菜，而且因為顧客對菜式已經事先作了反覆研究，所以投訴可能也很小。最關鍵的是，餐廳在顧客到來前較長時間就已經開始排單生產，能充分地利用廚房現有生產能力，最大限度地減少浪費，並且不會出現業務高峰期整個廚房手忙腳亂、頻繁出錯的現象。

延伸閱讀

集團飲食供應業：面向集團客戶的新興餐飲業態

在歐美發達國家，集團飲食供應一直就是眾多大型餐飲企業極力追逐的市場熱點。

全球最大的跨國飯店集團之一——萬豪集團就曾是美國最大的航空食品供應公司，而在其集團飲食供應事業部的客戶名單上先後留下了福特汽車製造廠、大眾汽車製造廠、海軍通訊部和里沃德爾工程研究公司等許多響噹噹的名字。

質量上乘的食品、專業精良的服務使萬豪迅速成為集團飲食供應領域裡最具號召力的品牌，服務範圍不斷延伸到一些工廠、醫院、大學、政府部門、軍隊和各種社會團體機構。憑藉著在集團飲食領域裡的優異業績，萬豪在很短的時間內完成了資本積累，一舉奠定了其日後成長為世界級企業的實力基礎。

傳統的單位食堂事實上還只是集團飲食供應業的「冰山一角」。發達國家的成功經驗表明，交通運輸飲食供應、公共辦公大樓飲食供應以及會展飲食供應等也是集團飲食供應業的重要組成部分。

這些市場都有一個共同特點，即其客戶消費是以團體形式為主，餐飲企業在食品的製作和銷售上也都以批量形式進行，透過競標和談判獲得某一單位或區域的飲食專營權以後，企業事實上已經

處於壟斷經營地位，極易形成規模經濟。

　　與傳統意義上的快餐相比，集團飲食供應的專營權是其核心特徵，而快餐業儘管也能實現批量產銷卻難以對市場形成強大的吸附和控制力。比如，近年來，麥當勞等快餐企業加大了向大學周邊滲透的力度，但學校食堂仍然是廣大學生就餐的首選。

　　制約傳統餐飲業發展的最大障礙就是其產業所固有的零散性、需求多樣性和進出壁壘過低等產業特性，而在紛繁複雜的零散客源市場上要構建規模經濟則顯然不是現階段餐飲企業力所能及的，來自資金、管理、人才和物流網絡等方面的壓力都是當前絕大多數餐飲企業難以踰越的壁壘。

　　從某種意義上來說，以整合產品、整合管理的「麥當勞模式」來加速餐飲業發展時機還不太成熟，但以集團飲食供應為突破口，透過直接整合市場的方式來快速形成規模經濟，倒是切實可行的現實選擇。

第七章　飯店餐飲管理創新的未來趨勢

導讀

「無房不穩，無餐不富，無娛不活」。這句話生動鮮明地揭示了飯店三大主要業務板塊在整個經營體系中的作用和地位。一般來說，客房業務能為飯店帶來穩定的現金流量，但無法創造超額利潤，而且其競爭格局也相對比較穩定；娛樂業務相對來說有其自身獨特的經營規律，主要承擔為飯店招徠人氣的功能，視其類型不同，既有可能成為飯店利潤支柱，也有可能貢獻寥寥。相比之下，餐飲業務因為其自身無窮盡的潛力，也因為其技術含量和產品附加值較高，極有可能成為飯店利潤最主要的組成部分。

問題是飯店餐飲的利潤到底來自於什麼地方？是經營者自身廣泛深厚的人脈資源，廚師們出神入化、巧奪天工的獨門手藝，還是投資者用雄厚資本實力搭建起來的硬體優勢呢？弄清楚這些問題，對於一個志在做大做強的飯店企業來說遠比確定一個新的投資項目來得有意義得多。

本章整體來說擺脫了過去業內人士習慣於從技術細節或硬體條件來尋找餐飲部門競爭優勢的思維定式，這對於我們從系統高度來理解餐飲業管理創新的路徑非常必要。出於閱讀上的便利，本章第一節依然沿襲了很多同行們從技術與流程入手來考察餐飲業競爭的習慣，並將這些競爭要素融入到一個全新的概念——商務模式之中。

商務模式作為近年來在工商企業領域最時興的概念，將我們所

熟知的贏利模式、收益模式和業務模式等概念整合在一個概括力更強的新框架體系之中。所謂的贏利模式，其核心含義在於透過系統的價值創新來贏得更多的消費者認同，並將飯店自身在某方面已有的特殊稟賦直接凸顯成為關鍵的利潤來源，本章中先後列舉了麥當勞等案例以證明價值創新在管理創新體系中不同尋常的地位和經濟價值。

與過去類似文獻略有不同的是，我們除了強調價值創新的意義之外，還極力主張進行科學的收益流和資源流設計，這有利於我們系統地開發和辨認飯店本身的核心競爭力。本章第二節系統地介紹了核心競爭力概念，並結合飯店餐飲企業的實際情況來解釋和澄清我們過去對於核心競爭力概念存在的種種誤解。

本章第三節所談到的知識型餐飲企業對於大多數業內人士來說尚屬於一個很少接觸的全新概念。一般來說，人們都認為餐飲企業是非常典型的傳統型企業，知識創新在整個企業運行中所占的比重很低，但越來越多的事實卻表明，知識創新對於餐飲企業增長的貢獻比來自於資本增長、人脈積累以及硬體改造等要素的作用更為深遠和顯著，或者說，這是進入知識經濟時代以來餐飲企業面貌改變的最強音。

關於如何創建知識型餐飲企業，或者說如何使得餐飲企業一舉跨越傳統的粗放式增長模式並最終轉變到以知識作為企業價值增長和利潤增長的主旋律上來，對於現實中的絕大多數飯店和餐飲企業來說，可能是比觀念更新難度更大的挑戰。第三節中儘管提出了一些相關建議，但只能說是初步嘗試，距離餐飲企業的系統轉型要求來說還有些距離。

第一節 技術變革、流程優化與商務模

式創新

　　失敗的企業可能會有無數種用以形容其決策偏差的理由，而成功的企業遵循的路徑卻是驚人的一致，那就是他們很好地將價值創新、收益流設計以及資源組合三者有機地融為了一體，這就是管理學家們通常所謂的商務模式。即便是在完全相同的產業內部，即便面臨高度類似的經營環境，不同的餐飲企業所具體選擇的項目在形式上也很有可能千差萬別。比如同樣是經營海鮮產品，可以是傳統的桌席點菜制，可以是自助餐，還可以是客人自己動手的加工廚房模式，這些看似難以把握的戰略差異，在本質上來說都屬於商務模式的創新。

一、麥當勞為什麼成功

　　儘管我們無數次地考察過麥當勞的「標準化」、「工業化」，也不遺餘力地推出了各種中式版本的「QSVC」（Quality，品質；Service，服務；Value，價值；Clean，整潔），甚至連麥當勞的企業標誌、裝飾佈局、餐具用品乃至一招一式都曾被全盤仿製，但仍然只能是「照虎畫貓」，「形似而神非」，經營業績自然也不盡如人意，差距不但未能縮小，反而越來越大。於是，我們不禁要問，我們到底該向麥當勞學什麼？

　　作為全球第一快餐企業，麥當勞在國際市場上的成功很大程度上應歸功於其巨大的品牌號召力，同時它在美國國內經過多年的市場洗禮，已經基本步入產業的成熟階段，擁有豐富的市場經驗，轉戰於民族快餐業尚未成型的外國市場，巧妙地運用了產業成熟度的差異，在資本、技術、品牌等多方面均構築了很高的壁壘。但更關鍵的是，它在競爭戰略的運用上明顯要比民族快餐企業高明許多。

（一）窄產品線戰略

窄產品線戰略即產品類型專門化戰略，有利於獲得在少量產品基礎上的規模經濟性，擴大主要原材料的採購數量，提高對於供應商的砍價能力，方便實施部分的後向整合戰略，從而最終取得在主要產品項目上的低成本地位。這樣一來既可以保證一定的利潤空間，也可以加強對於買方的相對實力，這種優勢將透過價格、質量、供應速度和宣傳的集中性有效地表現出來。因此麥當勞自創辦以來一直堅持食譜要簡單，品種要精練，絕對不搞中藥鋪式的「琳瑯滿目」。

（二）高度集權與適當分權相結合戰略

連鎖經營的目的不是單純數量的簡單擴張，而是更大範圍內的規模經濟性和學習成本的分攤。體系的成功來源於個體的成功，然而眾多零散性單店的經營勢必在利潤壓力驅使下呈現出價值觀的多向性，當一定數量的單店聯合起來對整個體系的基本價值觀形成威脅時，再嚴密的組織也有可能瓦解。所以麥當勞嚴格規避區域特許，從不出賣地區連鎖權，從而保持總部相對於單店的強大實力，保證了企業基本價值觀的全面貫徹。

（三）巧妙的初期利潤源戰略

綜觀麥當勞的發展史，大多數快餐企業發展過程中的資金瓶頸問題也曾一度使其受到困擾。迫於現實壓力，許多企業紛紛採取出售地區連鎖權或者透過內部整合即充當加盟企業的上游供應商等方式予以彌補，其實質是透過損失下游企業的利益換取自身的成功，這樣的策略在企業成長初期勢必會造成連鎖體系內部的多重矛盾。只有當下游加盟企業認為從體系內部購買的資源價格合理並大於自身購買的機會成本時，這樣的方式才能成為連鎖企業的主要利潤來源。麥當勞之所以一舉戰勝包括「白色城堡」、「伯格廚師」等在內的眾多大型快餐企業，巧妙的初期利潤源選擇戰略是關鍵。麥當

勞公司以20年的合約向土地所有者租用店面後，再把店面加價後轉租給連鎖加盟店，賺取其中的差價，在20　世紀50—70年代，麥當勞居然成為了美國收益最好的房地產公司。當前的中式快餐企業也許不能簡單模仿麥當勞當年的戰略，但開闢快餐業的新經濟屬性應該成為極重要的思路。比如資本屬性——透過在創業板上市；零售屬性——以產品形式直接進入零售環節；批量屬性——直接進入集團伙食供應業；租賃屬性——降低加盟者的資金門檻，透過設施設備的租賃金來保證利潤等均是有價值的努力方向。

（四）核心價值觀的顯性物化戰略

麥當勞的「QSVC」、特色鮮明、主題明確的宣傳、麥當勞大學的建立和卓越運作，均是圍繞著麥當勞的基本客戶選擇戰略展開。為了能建立在特定客源市場上的強勢砍價地位，麥當勞始終圍繞著產品的價格性能比努力，在已經建立起巨大的競爭優勢後，全心致力於品牌的建設和推廣，以品牌的實力為核心構築起對於對手的移動壁壘，將利潤的來源建立在核心價值觀的不斷深化和推廣基礎上，其對於帕累托規則的運用達到了極致。麥當勞長期堅持穩定的客戶戰略客觀上降低了自身變換客戶的轉換成本。

（五）系統而準確的客戶選擇戰略

在麥當勞的經營理念中，目標客戶的挑選是十分重要的戰略變量，對於客戶素質的評估取決於以下因素：相對購買需求、增長潛力、顧客砍價實力和價格敏感性、服務成本。就當前社會人口因素來衡量，青年和兒童是屬於綜合素質最高的顧客群體，麥當勞透過核心價值的顯性物化戰略和系統的市場推廣活動建立起了其對於產品的高轉換成本。麥當勞簡單直觀的產品線構成和快捷穩定的服務與出品質量降低了該類客戶的購買風險和選擇成本，同時麥當勞還透過提供兒童遊樂設施、兒童玩具等增值手段使單調的快餐產品增加了新的功能，從而上升為差異化更加顯著的特色產品。

（六）相對穩定的價格戰略

麥當勞在長期的實踐中摸索出一套獨特的價格戰略，即根據社會經濟狀況、通貨膨脹率調整價格的路子，這是對傳統的按市場供求關係制定價格的思路的重大挑戰，其核心依然是維持自己的基本價值觀，是產品的核心價值真正與顧客的相對購買能力相匹配。為了進一步獲得顧客的支持，麥當勞將所有產品價格以最直接的方式予以明示，充分展示出自身的誠意。

（七）外鬆內緊的人力資源開發戰略

麥當勞在員工的僱傭方式上堅持開放自由的用人觀，允許兼職、跳槽等多種鬆散型的僱傭形式大量並存，既避免了企業相對重要員工的轉換成本的存在，也順應了零散性服務的行業基本特點。但在多元化的人力資源基礎上，麥當勞對於員工的行為能力和思維原則的把握卻異常嚴格，大量持續的教育投入和「漢堡學」的誕生從不同側面證實了麥當勞對於控制員工自發性行為的基本出發點，在某種程度上企業可以被看作是由具有諸多潛在服務效用的不同性質的資源的集合體，資源發揮效用的範圍和程度由企業現有的知識水平所決定。

（八）公共決策機制

規模龐大的麥當勞體系內部最重要的基本關係就是總部與各分店之間的關係。整體利益與個體利益之間的矛盾是零散性企業上升成為大產業的核心矛盾，麥當勞透過引進集體決策機制來解決這個矛盾——在總部確定整體營運戰略的基礎上由各分店集體表決的方式確定戰略的具體實施和資源分配的方案。

（九）本地化內核的國際化戰略

當美國國內快餐產業步入成熟階段後，麥當勞沒有將富餘資源投入到多元化戰略中，而是透過開拓尚處於新興產業階段的海外市

場，利用地區間的產業成熟度的差異開始實施其獨特的全球化戰略：一方面致力於保持產品本身的「純美式」特點，以保持在異國市場上的差異性和對產品核心價值觀的弘揚，另一方面在具體的經營手段上充分採取本地化戰略，避免以跨國企業的身分出現，最大限度地融入當地文化背景中，避免了來自不同國別間的文化衝突，也避免了當地競爭對手的惡意報復。

（十）科學準確的競爭戰術

麥肯之爭中的「雞」「堡」大戰充分反映了兩個成熟的跨國企業間的競爭技巧，對於「交叉迴避」和「戰鬥品牌」的靈活運用使雙方得以在市場競爭中保持均衡地位，雙方透過對市場信號的運用有效地嘗試了一輪新的戰略攻防而沒有耗費太多的資源，進一步明確各自在市場上的相對實力，避免各種冒險的進攻性行為的使用。

二、商務模式與技術創新

所有曾經試圖模仿或超越麥當勞的餐飲企業都發現，即便能做到上述十大戰略要點，或者說就算他們能全盤複製麥當勞管理流程的所有細節，也仍然無法做到「形」、「神」皆似。這中間的差距除了品牌效應、知識積累和資本實力之外，更重要的因素就是商務模式的差異，或者說是透過不間斷的技術創新和流程優化來進行商務模式變革的能力。

麥當勞的成功既可以體現在技術層面，如先進的連鎖管理體系和首創的特許經營制度；也可以體現在流程層面，如嚴格的質量標準和近乎刻板的操作步驟，但更多地還是體現在它不斷創新的商務模式即贏利模式上。

所謂商務模式，簡而言之就是企業的基本贏利模式或業務模式，它是企業創新的焦點和企業為自己、供應商、合作夥伴及客戶

創造價值的決定性來源。從內容上來說，商務模式是對企業至關重要的三種流——價值流、收益流和物流的混合體，具體可以表現為企業為了對價值進行創造、營銷和提供所形成的企業結構及其合作夥伴網絡以及創造和維持收益流的客戶關係資本。從形式上來說，商務模式是開辦一項有利可圖的業務所涉及流程、客戶、供應商、渠道、資源和能力的總體構造，它可以被看作是企業運作的秩序，企業依據它建立，依據它使用其資源、超越競爭者和向客戶提供更大的價值，依據它獲利。

隨著資本的相對充裕、競爭的日益激烈、技術進步的不斷加快以及消費需求日益多樣化和個性化，商務模式創新變得越來越重要，餐飲業日新月異的業態更替就足以說明這一點。

在過去，當某個餐飲企業取得一項重要的技術創新之後，往往可以借此獲得壟斷性的支配能力而持續地贏利。比如，北京「金三元」酒家在創始人沈青先生的努力下開發出了「金牌扒豬臉」等專利菜品，並申請了法律保護，從而取得了一定的技術領先優勢。然而現在，這些已獲得的技術領先優勢隨時可能會被更新的技術所替代，消費流行期的縮短以及資本的充裕對進入門檻的削弱使得依靠技術創新推出的產品和服務所能獲取的價值不論數額還是持續期都受到明顯擠壓，因而，僅僅依靠或強調技術創新所能獲得的贏利變得很有限，常常不足以補償技術研發的巨額費用。

從麥當勞的成功過程來考察，我們不難發現，在強調高度「標準化」、「工業化」的前提下，其實際技術創新幅度和更新頻率並沒有人們想像的那麼大，所謂的「窄產品戰略」就是最好的證明。

但從麥當勞不斷變換的利潤源戰略即商務模式來看，它總是能順應市場形勢找到最合理的贏利渠道，比如在一開始時將自己定位為單純的餐飲服務商。創始人克羅克先生以麥當勞兄弟的獨門技術為基礎開發出適合美國人口味的快餐食品，經濟、實惠且快捷、衛

生，尤其是他在很多加油站配套推出的「pass and buy」，即無須下車就能消費的一站式服務更是令快節奏的工薪一族受益無窮。

　　到了1960～70年代，隨著美國經濟發展速度放慢，麥當勞的很多成員店都不同程度地出現了虧損，此時克羅克先生果斷採取措施，大力發展特許加盟，透過變革治理結構來削減連鎖經營成本，尤其是將長期租約與特許經營權捆綁授讓的創意，更是使得麥當勞成為這一時期最成功的房地產經營商。

　　而當麥當勞擺脫了傳統「總部─分部」經營模式的資源分割瓶頸並迅速成長為全球性企業後，它的商務模式又發生了新的質變，即從餐飲服務商、房地產經營商徹底轉變為知識供應商。此時麥當勞與其數萬家加盟企業之間已經由傳統的以資本為紐帶的總部─分店關係轉變為新型的以知識為紐帶的服務與被服務關係。這些加盟企業不再是麥當勞的分公司或子公司，而是麥當勞所創造的系列專業知識的直接消費者。麥當勞出售給這些成員企業的是在特定的資本規模下風險最小的、系統的贏利方案及各類技術問題的解決之道。

　　儘管從表面上來看，麥當勞自創立以來在產品結構和技術形態上並未有太多實質性的改進，在「窄產品線戰略」的前提下幾乎所有的產品創新都給人一種「換湯不換藥」的感覺，但這似乎並沒有阻礙它一步步地成長為世界快餐業的霸主，這就是商務模式的魅力。麥當勞大量的研發經費都投入到了對各種複雜情況下的競爭技術和市場技巧的研究中，這些同樣也是其贏利方案的核心部分。我們完全可以說，對於麥當勞來說，它真正出售的商品並非漢堡，而是為全世界中小業主們量身定做的贏利方案。麥當勞的強大不在於食品的美味和工藝的精湛，而在於它能及時根據市場形勢調整競爭策略，並且將複雜的決策過程簡化為簡便易行的操作流程，最大限度地降低了加盟者的經營風險。從某種意義上來說，麥當勞的真正

客戶並非最終前來就餐的消費者，而是這些加盟者。

三、商務模式與價值創新

商務模式的創新在本質上是價值流的創新。很多餐飲企業之所以成功，是因為它們為消費者帶來前所未有的某種價值，而這些新增的價值透過適當的資源配置、流程設計尤其是財務處理後就上升為商務模式。

在當前的技術經濟條件下，單純的技術優勢已不足以確保企業的競爭優勢，商務模式創新幾乎變成了與技術創新一樣重要和頻繁的任務，企業家的首要作用中心也由傳統的混亂駕馭和流程管理向商務模式的大範圍創新轉移，我們甚至可以說，未來企業家的主要使命就是商務模式創新。

表7-1引自中國當前商務模式創新研究權威翁君奕教授的著作，我們可以從中梳理出商務模式的核心環節。

表7-1 價值流創新的基本思路

要素	客戶界面	內部構造	伙伴界面
價值對象	市場細分 目標市場選擇 市場定位 其他	企業使命 利益相關者理念 其他	分拆 購併 外包 供應商選擇 其他
價值內容	產品本身品質和性能 價格 服務 體驗 接觸距離 其他	客戶價值 伙伴價值 職業經理和員工薪酬以及非金錢需要的滿足 其他	建立供應合作關係 整合供應網 為供應商提供指導 利用供應商創新 發展全球供應基地 戰略聯盟 行業標準 其他

續表

要素	客戶界面	內部構造	伙伴界面
價值提交	銷售管道 品牌設計 營銷傳播 廣告促銷 銷售 售後服務 客戶關係管理 其他	治理結構 資本結構 決策和領導方式 業績評價和監督體系 組織結構 產品或服務組合 工藝流程 業務流程 品質管理 訊息管理 知識管理 研發管理 價值鏈管理 企業邊界設定與調整 其他	品質控制 採購管理 物流管理 合作夥伴關係管理 其他
價值回收	收費方式 應收款管理 其他	股利分配 股東價值管理 其他	付款方式 應付款管理 其他

　　按照翁教授的歸納，商務模式的價值創新可以分別發生在價值對象、價值內容、價值提交和價值回收等四個基本環節，每一個環節中又有很多可以引致商務模式變革的價值要素。正如前文所反覆提及的原則，這些價值要素的任何變革只要配套以相應的財務處理和流程設計，就可以直接演繹為前所未有的新贏利模式。

　　以價值對象為例，透過新的市場劃分標準對原有的市場重新進行細分，辨識出新的客戶群體，有可能創造出新的市場機遇，而針對這部分新客戶所設計的產品形式和業務內容也就成了新的商務模式。如近年來非常流行的將中式茶餐廳和西式咖啡廳結合在一起的簡餐經營模式就是針對那些喜歡優雅、靜謐的消費環境和輕鬆愜意的就餐過程的顧客。這部分顧客在很長一段時間內並未引起經營者的高度重視，只是隨著工作節奏的不斷加快和人們的心理壓力不斷增大，一些精明的商家逐漸意識到這個特殊群體的存在，並根據其

心理特點設計出相應的產品形式。

以價值內容為例，整合供應商網絡可能會使企業找到獲取新材料或降低運營成本的好辦法，而這些最終也可以轉化為讓渡給顧客的價值並構建一定的競爭優勢，儘管供應商對於其他企業來說也會成為相同機會的提供者，但企業與供應商之間的聯盟關係可以制約和延緩這個過程，從而為企業贏得市場先機。比如，近年來很多餐飲企業紛紛實行前向整合戰略，直接投資參股或控股食品原材料供應企業，迫使其成為獨家供應商，在一定程度上壟斷材料來源就是一種新的商務模式。

以價值提交為例，對關鍵工藝流程的特殊處理技術可以使得企業找到低成本高質量的產品技術，這在產品結構差異不同的情況下為企業的價格戰和質量戰提供了可能性。

以價值回收為例，透過對消費款項結算方式的變革也可以找到新的經營模式。比如很多餐廳，尤其是一些風味餐廳為了刺激消費慾望，紛紛改革了傳統的點菜買單制度，要求顧客進門先買卡儲值，上不封頂，出門時再一次性得返還餘額。這樣一來，顧客的注意力就不再停留在帳單上，而更多地關注那些花樣百出的新菜品，既不用擔心菜價裡面有多少花樣，也無須在乎菜品份量的多少，因為每一次的購買決策都是直接面對實物做出的。

延伸閱讀

小生意裡的大學問

完整的餐飲產業體系包括飯店餐飲、社會餐飲和集團餐飲三種基本形式，三者之間不但形成了相互替代的競爭關係，也提供了很多可以相互借鑑的經營技巧。

以集團餐飲業裡最常見的自助餐經營模式為例，近年來很多在商務模式上的創新變革就完全可以應用到飯店餐飲或社會餐飲中

來。事實上我們也已經看到越來越多的地處鬧市的酒店和餐廳正在積極地模仿美食街經營模式，實實在在地走上了「薄利多銷」的道路。

原本被很多業內人士認為技術含量偏低的自助餐經營，恰恰是近年來進步最快的行業，不但擺脫了人們習慣性認識中的微利形象，而且在出品質量、就餐環境等方面也有了長足的進步，正所謂小生意裡也有大學問，更何況這原本就不是什麼「小生意」。

傳統的自助餐經營模式，是獨家經營、統一生產、價格壟斷和窗口售賣。這種模式下經營者沒有競爭壓力，出品質量低下，價格儘管不低，但也沒有進一步上漲的可能性，因為消費者正在逐步流失。

於是很多單位自助餐開發出新的模式，即將傳統的窗口售賣改為顧客自選模式。具體做法是，將菜品按照類別分開幾個區域擺放，每個品種的份量較少，顧客一般需要選購兩三個品種，但由於是採用自選模式，選擇餘地很大，顧客有足夠的耐性去選擇自己相對比較滿意的就餐方案。

但這種自選模式的侷限也很明顯，一方面經營者仍然是獨家壟斷，另一方面幾乎所有品種都是事先製作後現場保溫，距離普通餐廳的現場製作還有很大距離。於是有些單位自助餐又有了新的經營模式，那就是同時引進多個經營者，每家一個獨立攤位，各自經營自己擅長的菜餚品種，在內部形成從品種、質量到價格、口味之間的全方位競爭。

全面引入競爭後的美食街各攤位業主為了能吸引更多消費者，普遍採用了現場烹製的辦法。這樣一來，美食街的整體菜品質量就有了大服務上升，消費者也漸漸地喜歡上了這種新穎的美食街風格。

第二節 核心競爭力：餐飲企業持續競爭優勢的源泉

鐵打的營盤流水的兵，很多餐飲企業即便是能堅持很多年牌號不倒，但裡面的主要經營骨幹卻不知更換過多少茬了。對於這些始終處於動盪起伏中的飯店來說，無論是技術上的優勢、客源上的優勢還是品牌上的優勢都跟他們不停更換的經營體系一樣始終是不穩固的。正因為如此，「核心競爭力」這個概念一經推出，便吸引了很多業內人士的眼球，因為這裡隱含著他們所嚮往的某種經營境界。遺憾的是，人們對這個概念的理解大多數還只是停留在很粗淺的「望文生義」階段。

一、核心競爭力——全新的經營哲學

激烈的市場競爭中，步步領先、從不犯錯的企業是不存在的，但卻有一批餐飲企業始終能憑藉著強大的競爭優勢占據行業領先地位。它們的成功，顯然不能以「利潤至上、現金流第一」這樣的傳統經營哲學來闡釋。

麥當勞在確立了進軍餐飲市場的基本戰略後，並沒有急急忙忙地展開業務，而是提前三年派出了一批農業專家，在各地方反覆尋找合適的馬鈴薯種植場地。他們提取和化驗了很多地區的土壤樣本，最後找到了理想的種植環境，又經歷了較長時間的種植實驗後，確認生產的馬鈴薯已經完全達到了麥當勞的產品原材料要求後，才正式啟動了市場的運作。

在麥當勞，類似「馬鈴薯實驗」之類的舉動還有很多，這些點點滴滴匯聚起來就構成了麥當勞獨特的核心競爭力。儘管不斷有後來者憑藉著資本、硬體或客戶網絡等資源優勢向其發起挑戰，但笑

到最後的始終都是擁有強大核心競爭力的麥當勞。

　　核心競爭力之所以能成為決定企業勝負的關鍵，與其特徵有很大關係。核心競爭力是企業內部在經營戰略、組織結構、人力資源素質、文化和作業流程等要素上所達成的高度一致性，能幫助企業在創造價值和降低成本方面做得比對手更出色。「馬鈴薯實驗」之類的重大決策之所以能在麥當勞順利成為現實，與其總體戰略、企業文化的影響力密不可分，而不是個別決策者的「逞能造勢」所為。另外，核心競爭力是經過長期積累形成的，所以無法被競爭對手仿製或購買，傳統的「挖牆腳」、「偷師學藝」都無法獲取企業成功的真諦。長沙華天大酒店的陳紀明總經理對員工流動持開明態度，「別人能挖走華天的員工，學會華天的一些技術，但無法複製華天的精神、文化和管理意識」。

　　餐飲企業之間的競爭既不是資金規模的比拚，也不是單純價格、關係網絡等市場指標的爭奪，歸根究柢還是核心競爭力的較量，只有能真正為顧客創造更大價值的餐飲企業才能立於不敗之地。據報載，有一家五星級酒店就曾經透過媒體向社會公開徵集顧客對該酒店服務質量的批評，讓公眾來評說本不該外揚的「家醜」。許多業內人士曾擔心此舉會危及其在公眾腦海中的良好形象，但事實證明這完全是多慮了。公眾在誠懇地為酒店提出各種建議的同時，也為酒店的誠意所感動，進而成為酒店的忠實顧客。香港啟東酒店也曾經在火災高發季節組織所有中高層管理人員脫產到當地消防局學習防火知識，此舉既體現了酒店「防患於未然」的社會責任感，也博得了公眾的信賴。

　　核心競爭力是建立企業特有的產品技術和管理技術優勢基礎上的，離開了自身的能力優勢去拓展新的經營範圍往往會招致失敗。香港半島飯店集團曾經一度步其他飯店後塵，走上了多元化道路，除了其一貫擅長的豪華飯店經營外，也開始涉足服務型公寓、渡假

村和經濟型旅館業，並因興建 Repulsebay建築群而在香港房地產市場上大獲成功。但半島很快便重新調整了自己的發展戰略，毅然將位於紐約薩頓（Sutton）的服務型公寓、曼谷黃金地段的一幢辦公大樓以及泰國普吉的渡假村基地等非核心資產賣掉，回過頭來繼續經營自身最核心的業務，即「半島」品牌的高星級飯店。這種「有所為，有所不為」的戰略確保了半島在豪華飯店群體中的佼佼者地位。

餐飲企業的核心技術水平和科學研究開發能力是建立強大核心競爭力的基礎。由於技術研發能力的缺乏，惡性價格競爭和簡單模仿創新正成為近年來飯店競爭的通病，擺脫這種尷尬局面，就必須重新構建飯店業的技術體系，加大服務和產品創新投入，樹立「技術制勝」的競爭新理念。

過於頻繁的員工流動不利於核心競爭力的培育和保持，尤其是管理核心幹部、技術核心幹部和服務核心幹部團隊的相對穩定程度更是構築強大核心競爭力的關鍵。在香港半島飯店裡，員工上下班打卡制度很早以前就被取消了，因為無論是管理人員，還是普通員工，互相之間已經相當熟悉，總經理幾乎認識並瞭解每一個員工。在店慶六十週年時統計，連續在飯店工作10年以上的員工占總數的30%，店齡30年以上的竟有26人，有的員工曾三代同事，有各種血親、姻親關係的員工相當多，整個飯店真正「親如一家」。

二、什麼是核心競爭力

所謂核心競爭力，其概念最早由美國經濟學家普拉哈拉德和哈默於1990年在《哈佛商業評論》上提出的，他們認為，「就短期而言，公司產品的質量和性能決定了公司的競爭力，但長期而言，起決定作用的是造就和增強公司的核心競爭力」。

何謂核心競爭力？簡單地說，就是企業在經營過程中形成的不易被競爭對手效仿的能帶來超額利潤的獨特的能力。它是企業在生產經營、新產品研發、售後服務等一系列營銷過程和各種決策中形成的，具有自己獨特優勢的技術、文化或機制所決定的巨大的資本能量和經營實力。核心競爭力主要包括核心技術能力、組織協調能力、對外影響能力和應變能力，其本質內涵是讓消費者得到真正好於、高於競爭對手的不可替代的價值、產品、服務和文化。

　　例如，精確的數據儲存和分析能力是飛利浦公司在光學器材方面的核心競爭力；結構緊湊和方便操作則是索尼公司在微型發動機業務上的核心競爭力；本田公司之所以能成為具有世界領先地位的汽車生產廠家與其透過摩托車生產所積累的工程方面的能力是不可分的。相反，韓國大宇集團由於大搞「章魚」戰略，盲目進行多元化擴張，最終儘管形成了龐大的資本規模，卻由於核心競爭力的迷失而迅速走向破產。

　　核心競爭力之所以能成為決定企業勝負的關鍵，與其特徵有很大關係。

　　首先，核心競爭力應當是有價值的。核心競爭力能夠從根本上提高企業的效率，可以幫助企業在創造價值和降低成本方面比競爭對手做得更出色。其次，核心競爭力是透過內部積累形成的，無法被完全仿製或購買，核心競爭力由眾多具有方法性特徵的知識綜合而成，體現出鮮明的知識特徵，是實現企業戰略核心的高度專用性資產。同時，核心競爭力很難被替代，它透過企業自身不斷的學習累積形成，是企業特殊歷史進程的產物。當企業的核心競爭力達到一定的水平之後，將會對企業的未來行為和戰略空間產生深刻的影響，只有當企業置身於這些核心競爭力能夠發揮價值的狀態中，才具有獨特的競爭優勢。

　　就餐飲業現狀而言，以惡性的價格競爭和簡單的模仿創新為基

本特徵的低水平競爭模式正愈演愈烈，產業內部的競爭過多地關注於顧客份額的搶奪、非技術壁壘的構建和資源規模的比拚，價格戰、折扣戰、回扣戰、關係戰和硬體戰等多種形式的爭奪從根本上損害了企業的長遠利益。更令人擔憂的是，這種低水平競爭模式既不能為顧客創造更大價值，也無法防止競爭對手的仿效，而只會導致餐飲企業的核心競爭力進一步缺失和弱化。

年輕的餐飲業要想獲得在市場中的持續競爭優勢，就必須高度重視對自身核心競爭力的建設，把培育和增強自身核心競爭力作為比單純的資源管理和市場開拓更為重要的目標和任務。

三、餐飲企業的核心競爭力建設

企業核心競爭力理論一經提出，就得到了學術界和企業界的廣泛認可，並引起了企業家們的高度重視。越來越多的企業經營者在核心競爭力理論的指引下，開始轉向從企業內部尋求競爭優勢，充分意識到只有核心競爭力、知識資本等戰略性資產才是企業可持續發展的堅實基礎。

對於餐飲業來說，由於長期以來對於經營規模和發展速度的過度追求，一直廣泛採用粗放式的發展模式，而把核心競爭力的培育被放在了次要的地位。面臨加入世貿組織後境外資本大規模進入的新格局和高新技術迅猛發展的新環境，我們必須迅速轉變經營觀念，更新發展模式，切實培育和增強企業的核心競爭力，將競爭焦點由過去的價格戰轉為更高水平的價值戰。

具體說來，企業核心競爭力理論對於餐飲業的發展有以下啟示：

（一）餐飲企業之間的競爭歸根究柢還是核心競爭力之間的競爭，餐飲業的競爭模式應由傳統的資源戰轉為更高水平的價值戰

在傳統的餐飲經營模式中，決策者們衡量經營績效的主要依據是企業的市場表現和成本水平。為了獲取理想的市場份額，餐飲企業往往透過規模擴張來擴大自己的影響，並反覆採用低價位策略來衝擊對手的客戶資源基礎，競爭模式表現為典型的粗放式特徵的資源戰。

在市場環境越來越寬鬆的今天，任何憑藉非技術和非能力因素構築起來的競爭優勢都無法保持長久，以資源為基礎的傳統競爭模式顯然已難以適應新的競爭形勢。餐飲企業只有具備了在經營過程中逐步積累形成的不易被競爭對手效仿的能帶來超額利潤的核心競爭力，才能在複雜的競爭環境中立於不敗之地。核心競爭力是一種綜合性的技術、組織和協調能力，其內涵是讓消費者得到真正高於競爭對手的不可替代的價值，以核心競爭力為基礎的競爭模式在本質上是價值創新能力的比試。

（二）餐飲企業經營應避免盲目追求數量規模，力爭求精求新，鞏固突出經營優勢部分，將非優勢部分「外包」

近些年來，各地高星級酒店數量猛增，經營規模也不斷擴大，資源投入達到了前所未有的新高度。然而，規模的增長並不等於企業經營能力的增長，相反「大而全」的酒店架構卻為企業增加了經營難度，資源戰的最終結果是企業產品結構高度雷同，組織結構龐大複雜，企業優勢經營能力不突出，成本結構水平持續惡化，管理也日趨官僚化和程式化，創新機制難以真正發揮作用。

就餐飲企業個體來說，決定其市場競爭能力的關鍵因素主要是核心技術能力、組織協調能力、對外影響能力和應變能力，只有在這些能力上占據明顯優勢，企業才能夠為顧客創造更多價值。不同的餐飲企業，其核心競爭力的特徵和表現形式也不盡相同，只有因店制宜、因勢利導，準確辨識並突出自身的優勢經營部分，將自己不擅長的部分適當「外包」，才能切實保證資源投入的效率。

（三）保持餐飲企業核心幹部團隊的相對穩定性，將企業改造成為學習型系統，確保核心競爭力的形成基礎

核心競爭力之所以能成為無法被競爭對手仿效和購買的決勝因素，關鍵在於其獨特的形成原理和基礎。與常規的經營性資源不同的是，企業核心競爭力是透過企業自身長期的自我學習不斷積累而形成的，是企業特殊歷史進程的產物。核心競爭力不同於具體的產品技術或經營技術，它是一種綜合性能力，其核心功能在於有機協調不同的技術過程和技術流派，從整體高度上激發出已有資源的效用。

具體到企業來說，核心競爭力的載體是全體員工所構成的整個組織系統，企業的每一個員工的素質都在某種程度上會影響到核心競爭力的形成過程和作用空間，過分頻繁的員工流動，尤其是管理核心幹部和技術核心幹部人員的流失，會嚴重破壞核心競爭力的形成基礎。而對於員工團隊相對穩定的企業來說，在共同願景的驅使下，員工很容易形成學習機制，整個組織系統也被改造成為學習型系統。

當前餐飲業界的人員流動呈現出規模大、頻率高、涉及面廣等特徵，已經成為嚴重困擾經營者的現實問題。就餐飲業的行業特徵而言，人員流動幅度過大或過小都不利於企業的成長，但以核心競爭力的形成基礎為依據來考察，必須保持管理核心幹部、技術核心幹部和服務核心幹部團隊的相對穩定。目前國內一些長時間居於領先地位的飯店如廣州白天鵝、南京金陵等之所以能保持穩定的經營業績和良好的市場聲譽，與其擁有一支穩定的核心幹部團隊是分不開的。

（四）餐飲企業的核心技術水平和科學研究開發能力是建立強大核心競爭力的基礎，必須加大產品和經營創新力度，以最終用戶為導向，改革產品研發機制

核心競爭力儘管是一種綜合性能力，但其最終還是必須借助企業的技術資源系統發揮作用。隨著大規模客製時代的全面到來，餐飲業競爭的中心已經逐步轉向了企業的技術能力，「技術制勝」成為新時期餐飲業經營的核心理念，餐飲企業的技術研發能力也因此上升成為競爭的核心指標。

　　由於歷史原因，餐飲企業的技術基礎大都比較薄弱，這也制約了其參與技術競爭的積極性和能力。為了在新一輪的競爭中搶占制高點，餐飲業必須腳踏實地，制定科學系統的企業技術戰略，構建完備高效率的技術資源體系。不同的餐飲企業可以依照自身的具體情況，制定不同的技術戰略。

　　大型的餐飲集團可以自行建立技術研發中心，依託規模優勢建立起自己的產品和工藝研發中心、預訂和客戶資料庫處理中心、市場調研中心、服務專項技術研究中心、人力資源培訓體系、發展戰略研究中心等，中小型餐飲企業則或者彼此聯合、結成戰略同盟，集眾家之力來構建高水平的技術體系，或者依託社會科學研究院所，校企、所企聯合，以較低成本實現技術資源共享。

　　從粗放式的資源戰全面轉變為以核心競爭力為基礎的價值戰是餐飲業真正走向強大的必由之路。只有將企業的增長建立在價值創新能力的基礎上，才能真正實現「數量與質量並重」，達成眼前利益和長遠利益的高度協調統一。

延伸閱讀

餐飲集團化與核心競爭力建設

　　餐飲企業集團化的發展進程必須是以企業核心競爭力為依據，只有以核心競爭力為基礎構築企業的連鎖體系，才能真正推動餐飲企業集團化的有序發展。

　　餐飲業屬於典型的零散性產業。如何有效地克服行業固有的零

散特性，是實現資源的相對集中和創造規模經濟性的關鍵步驟，也是吸引大規模資本進入的核心前提，當前正方興未艾的餐飲集團化進程的目的就在於此。

在實踐中，有些餐飲企業在單店或者小範圍連鎖經營時獲得了巨大成功，便急切地開始實施氣勢宏偉的大型連鎖擴張計劃，結果掉進了超常規發展的陷阱。很多經營者對連鎖的基本理解就是對成功的樣板店模式的「克隆」或者「複製」，殊不知單店與連鎖體系成功的基礎是完全不同的。

企業透過連鎖方式擴張的實質是企業核心競爭力的自然延伸，連鎖的成功是企業核心競爭力的溢出效應，其連鎖的跨度和數量規模取決於核心競爭力生產力和彈性的大小。科學的連鎖體系包括合理的資本體系、人力資源體系、生產管理組織體系、核心技術和輔助技術體系、物流配送體系和相對穩定又不斷創新的產品及營銷體系。

以企業核心競爭力為依據推動集團化進程，還能夠引發集團組織原則的科學化。在傳統的餐飲集團模式中，總部和分部之間是控制與被控制、監督與被監督的關係，決定集團擴展規模的決定性因素是總部的資源存量水平，這從根本上制約了企業的發展邊界。

而在新型的餐飲集團模式中，總部不再對分部進行全面控制和監管，其核心職能轉變為技術研發和智力資本的供應，企業發展的邊界不再受已有資源存量限制，成員企業規模而可以達到相當高的數量水平。時下大多數餐飲集團採用的「特許經營制」，從本質上講，就是凝聚了集團總部智力成果的技術性產品。

第三節 知識型餐飲企業的創建

正如彼得·杜拉克（1995）所言，「知識已經成為關鍵的經濟資源，而且是競爭優勢的主導性來源，甚至可能是唯一的來源」。知識管理在企業經營中正扮演著越來越重要的角色，創建知識型企業也已成為越來越多的企業新的追求。

長期以來，餐飲業在很多人心目中一直是個技術含量很低的傳統型行業，似乎與知識管理無關，但這只是人們的一種誤解。在餐飲企業的收入增長中，我們不難發現資本或人脈關係等傳統資源的貢獻越來越小，而產品研發以及管理流程等技術要素的影響比過去任何時候都要顯著。儘管在短時期內，由於職業經理人團隊整體素質還難以達到知識管理的要求，但建設知識型餐飲企業卻已經成為不可逆轉的時代潮流。

一、什麼是知識管理

關於知識管理的研究起源於1930年代，進入80年代後達到高峰，很多新的理論成果如學習型組織、團隊管理等不斷應用於企業實踐，知識管理的研究無論是在深度還是廣度上都達到了相當高水平。

1930年代開始，諾貝爾·赫伯特·西蒙等人已經著手研究知識和學習，其代表作《人造科學》研究內容主要集中在組織學習曲線如何提高等方面，邁克爾·波蘭依則詳細討論了隱性知識和顯性知識的區別。這一時期的研究主要以知識本身為基礎，而較少涉及到企業內部，這也許與當時在企業界大規模生產範式的盛行不無關係。

進入80年代以後，企業所面臨的市場形勢和社會環境發生了根本性的變化，極力倡導「知識創新」的日本企業在汽車、電子等諸多產業裡相繼取得對美國企業的全面領先優勢，知識管理在企業應用中的價值凸顯出來，這一時期也因此成了知識管理理論研究的

「高峰期」。這其中最重要的代表，當屬野中玉次郎、湯姆·斯笛沃特和彼得·聖吉等，他們各自的代表作——《創造知識的公司》、《智力資本》和《第五項修煉》，已經成為影響深遠的知識管理經典文獻。

這一時期的研究內容發生了重大改變，即由單純的對知識特徵的研究轉向以企業為基礎的對知識形成、結構和如何帶來競爭優勢的過程的研究，如野中玉次郎提出了由個性隱性知識最後轉化成組織隱性知識的知識轉化SECI模型，彼得·聖吉則提出了創建知識型企業的系統解決方案——學習型組織。當然，更多的研究目光還是集中在如何透過知識管理來提升企業競爭優勢方面，比如《將知識轉化為產品》（斯丹·戴維斯）、《在知識時代設計企業戰略》（卡爾-埃里克·斯維拜）和《在變化的世界中管理知識工作者》（彼得·杜拉克）等。

總的說來，對於知識的地位、知識型企業的特徵界定以及基於知識的邊際收益遞增規律等問題的研究已經接近成熟，理論界和實踐界也已達成共識。具體到餐飲企業來說，最重要的問題是弄清楚新的組織知識到底如何產生、儲存、傳播和積累，又怎樣轉化為競爭優勢的，這一過程——知識生產的動態過程也就是創建知識型餐飲企業的關鍵。

二、隱性知識和顯性知識的相互轉化

著名管理學家野中玉次郎將企業知識劃分為隱性知識和顯性知識兩類，所謂隱性知識包括信仰、隱喻、直覺、思維模式和所謂的「訣竅」，而顯性知識則可以用規範化和系統化的語言進行傳播，又稱為可文本化的知識。

野中玉次郎在著名的SECI模型中提出，在企業創新活動的過程

中，隱性知識和顯性知識二者之間互相作用、互相轉化，知識轉化的過程實際上就是知識創造的過程。知識轉化有四種基本模式——潛移默化（Socialization）、外部明示（Externalization）、彙總組合（Combination）和內部昇華（Internalization），即著名的SECI模型（見圖7-1）。

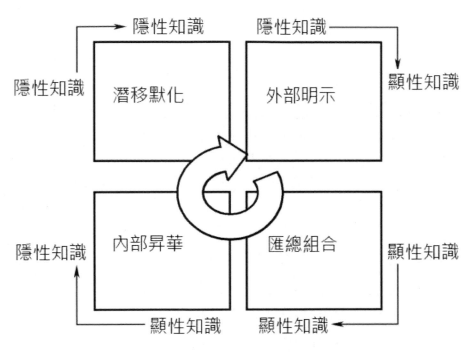

圖7-1 SECI自我超越的過程

第一種模式——「潛移默化」，指的是隱性知識向隱性知識的轉化，它是一個透過共享經歷建立隱性知識的過程，而獲取隱性知識的關鍵是透過觀察、模仿和實踐，而不是語言，在具體的商務環境中進行的所謂「在職培訓」基本上應用的就是這種原理。

第二種模式——「外部明示」，指隱性知識向顯性知識的轉化，它是一個將隱性知識用顯性化的概念和語言清晰表達的過程，其轉化手法有隱喻、類比、概念和模型等，這是知識創造過程中至

關重要的環節。

第三種模式——「彙總組合」，指的是顯性知識和顯性知識的組合，它是一個透過各種媒體產生的語言或數字符號，將各種顯性概念組合化和系統化的過程。

最後一種模式——「內部昇華」，即顯性知識到隱性知識的轉化，它是一個將顯性知識形象化和具體化的過程，透過「彙總組合」產生新的顯性知識被組織內部員工吸收、消化，並昇華成他們自己的隱性知識。

以上四種不同的知識轉化模式是一個有機的整體，它們都是組織知識創造過程中不可或缺的組成部分。總體上說，知識創造的動態過程可以被概括為：高度個人化的隱性知識透過共享化、概念化和系統化，並在整個組織內部進行傳播，才能被組織內部所有員工吸收和昇華。

到目前為止，野中玉次郎的SECI模型堪稱是對企業知識生產過程進行的最深入的探究，其對知識轉化過程的描述也是最詳盡的。SECI知識轉化模型的理論價值主要在於以下幾個方面。

首先，準確地揭示了知識生產的起點與終點，即始自高度個人化的隱性知識，透過共享化、概念化和系統化，最終昇華成為組織所有成員的隱性知識。如很多餐飲企業紛紛開展合理化建議活動，鼓勵一線員工出謀劃策，就是一種主動收購基層員工隱性知識的舉動。有時這種收購可以直接以文本化的形式進行，如員工寫出書面建議或策劃報告，更多時候則是由提出建議的員工親自負責實施，企業則根據他的要求配備相應的人員或物資條件。之所以這麼操作是因為員工的建議很有價值卻無法用言語簡明表達。

其次，清晰地辨識了知識生產模式的常規類別，即「隱性—隱性」、「隱性—顯性」、「顯性—顯性」和「顯性—隱性」，並相

應地描述了每種類別所對應的具體過程和方法。

　　最後，創造了一個全面評估企業知識管理績效的工具，按照野中玉次郎的實證研究結論，只要對任何企業在四種轉化模式上所做的努力進行分析，就可以大致評價這家企業在知識管理上所達到的水準了。

三、餐飲企業完整的知識生產過程

　　為了能更準確地辨識出知識管理對於企業競爭優勢的形成的影響過程，我們以SECI模型為基礎，透過修正和擴展，試圖完整地描述企業知識生產的全過程（見圖7-2）。

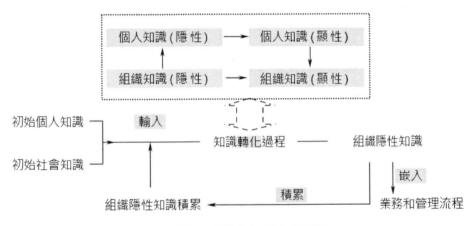

圖7-2 完整的知識生產過程

　　從圖7-2中可以看出，與SECI模型相比，我們增加了社會知識的概念，並將社會知識和個人知識共同作為企業知識創造的源泉。同時在我們的理論構架中，「知識轉化」也只是知識生產全過程的一部分，知識生產全過程還包括知識輸入、知識積累和知識嵌入等環節。更重要的是，我們將知識生產過程作為一個動態的過程放在整個企業系統中來考察，並得出結論：企業的競爭優勢來源於企業

從個人和社會吸收知識、轉化知識、累積知識和將知識嵌入到產品中的能力，企業在知識管理體制上的優劣將直接決定企業知識生產水平的高低，這種企業內部固有效率的差異在很大程度上決定了企業的競爭位勢。

在對SECI模型進行了上述擴展後，完整的企業知識生產過程應該表達為：

就企業（組織）而言，知識輸入端為初始狀態的個人知識和社會知識，這部分知識對於企業的業務流程和技術特性來說是混亂無序、無法直接利用的，企業（組織）必須以自己的方式對其進行辨識和篩選，其中與業務流程無關聯的知識被過濾掉，而與企業業務特徵有著各種關聯的知識則與企業已有的組織知識積累相結合進入知識轉化過程，最終又形成新的組織顯性和隱性知識，不斷生成的組織知識很快又進入到下一個知識生產過程中。

1985年，大阪松下電器公司的研發人員在開發新型的家用麵包機時遇到這樣的技術難題——怎樣讓麵包機像人一樣揉好麵團？在多次嘗試失敗後，負責開發的軟體專家田中郁子最後決定向大阪國際飯店的首席麵包師學習，研究和面技術。在學習時，她發現首席麵包師有一種獨特的拉麵團技術。在專案工程師的密切配合下，經過一年的反覆試驗，田中郁子終於確定了松下需要的設計方案，成功地以機電技術模仿了首席麵包師的拉麵團技術。最終，松下電器公司以田中郁子的研究為基礎生產的麵包機大獲成功。這就是完整的知識產生的過程（見圖7-3）。

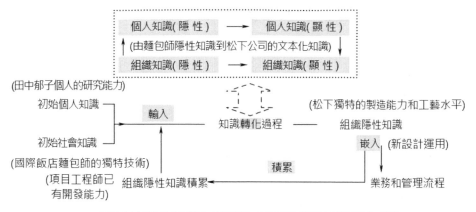

圖7-3 完整的知識生產過程（以松下麵包機研發為例）

在「揉麵式」麵包機的開發過程中，大阪國際飯店的首席麵包師並不是松下員工，其所擁有的知識對於企業而言只能算是外部的社會知識。同時，田中郁子儘管是松下員工，但其獨特的思維和觀察能力也是屬於其自身的個人知識。所以，在這一過程中，知識生產的起點是來自外部的社會知識和來自員工的個人知識。

光有田中郁子個人的努力是不夠的，這時，松下專案工程師團隊的緊密配合發揮了關鍵作用。由於這些工程師們有著長期實踐積累下來的豐富經驗——組織隱性知識積累，他們可以迅速在技術上實現田中郁子的設想和創意。從某種意義上來說，工程師團隊的知識積累才是成功研發的關鍵。

在將首席麵包師的獨特技能和田中郁子的創意轉變為現實可行的技術方案的過程中，我們可以清晰地看到知識轉化的SECI過程的四種模式都在起作用，即由隱性—隱性（田中向麵包師現場學習）、隱性—顯性（田中逐條逐條地描述出麵包師的技術）、顯性—顯性（將零星的技術描述總結為完整的設計方案）和顯性—隱性（將完整的技術方案再度昇華成為松下員工的個人技能）。

最終，這種新穎的技術將化為松下全體生產工人的熟練技能（組織隱性知識），並嵌入到產品——新式麵包機中。

四、餐飲企業知識資本的增長結構模型

　　研究企業知識生產過程的另一個至關重要的問題是，知識作為企業的決定性要素資源，到底以什麼形式、儲存在什麼載體中；企業知識資本的增長是如何實現的。弄清這個問題同樣也是提高知識管理績效的關鍵。

　　作為決定性的要素資源，企業知識資本的總量和結構水平決定了企業的競爭位勢，而結構水平事實上就是企業知識充分交流共享的程度和水平。當知識以企業外部的「私人訊息」形式存在時，企業必須透過市場交易手段獲得，如購買專利、成建制學習等；當知識以企業內部如員工個人的「私人訊息」形式存在時，企業同樣必須透過內部交易獲得，如提高員工待遇、管理者持股等。也就是說，知識的獲取不是自動進行的，而是透過內部或外部交易展開的，交易的前提就是知識必須資本化，而交易價格則相當於「私人訊息」的租金水平（見圖7-4）。

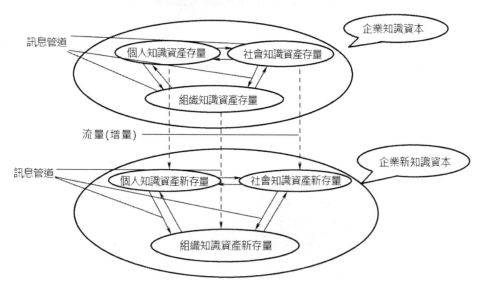

圖7-4 知識資本的存量—增量模型

從圖7-4可以看出，和其他所有生產要素一樣，知識經過資本化和交易以後即與企業中各組成部分結合在一起，並進而形成企業各組成部分所擁有的知識資產存量。與其他大多數生產要素不一樣的是，知識的交易是以共享而非轉移的方式實現的。例如，當管理者（一方）透過經濟性或者行政性手段從員工處（另一方）獲得其知識（私人訊息）後，作為「私人訊息」員工不再獨家擁有，但作為知識，員工則依然擁有，只不過是以公共訊息的形式和管理者共同擁有而已，這就是資本化知識共享。

在靜止狀態下，資本化的知識分別被儲存在個人、組織和社會三個主體中，形成知識資產存量的若干種形式。為了獲取在系統中更有利的位置，各個知識存量主體（個人、組織、社會）都不斷地試圖擴大自己的知識量，同時盡力減少其他主體的「私人訊息」量，使得整個系統的知識存量分佈合理化和充分共享，這樣一來就形成了知識的流量。獲取知識流量的最基本手段就是資本化和交易。對於知識流量的獲取，與投資和交易同樣重要的環節是訊息渠道的通暢和有效。總的說來，資本化知識總量即企業知識資本的微觀結構模型應該由知識資產的存量、知識流量和訊息渠道三部分構成。

比如，很多餐飲企業在招聘員工時，要求應聘者具有「比文憑學歷更重要的行業見聞和直覺」，在這裡，敏銳的直覺已經成為餐飲企業創新的源泉——這恰好說明了大量個人知識資產（尤其是類似直覺的隱性知識）的存在是企業知識資本持續增長的重要基礎。

當越來越多的餐飲企業選擇向社會上的能人巧匠學習時，它們事實上已經將更多的社會專業知識吸納到自己的知識體系中來，它們以低額成本獲取的家常菜知識，無論是從數量還是質量來說都遠遠超出了自身的研發能力極限。

五、創建知識型餐飲企業的基本原則

完全意義上的知識型餐飲企業應該是「那些明確地把知識的運用貫穿其整個企業模式（從基礎架構到流程，到產品，到戰略）的企業，這些組織集聚資源，以他們所掌握的知識為根本創造最大的價值」（魯迪·拉各斯）。

從企業知識生產的動態過程來看，創建知識型餐飲企業應該遵循以下原則。

（一）核心知識資產庫的建設和維護是創建知識型企業的基礎

每一次知識生產的起點是初始狀態的社會知識和個人知識，其終點則往往是組織知識（顯性或隱性），在過去由於缺乏對組織知識的系統存儲和維護管理，導致企業往往不能及時從自己的經驗中學習，造成巨大的浪費。建立了企業核心知識資產庫之後，在實踐過程中新產生的各種門類的知識迅速被概念化、系統化和規範化，從而使組織知識的存儲和檢索都變得簡便有序。

很多餐飲企業都非常注意整理自己的店史，尤其是將曾經獲得過的一些榮譽和重大歷史事件整理並記錄在案。但這種做法意義並不大，因為即便擁有這些榮譽，消費者也未必能意識到這與他們的消費經歷有什麼直接關聯。不過，近年來很多企業開始改變這種傳統的做法，他們將店史整理的重點轉移到一些重要決策的制定及實施過程的記錄，尤其是一些事後被證明行之有效的關鍵決策，從決策背景資料、會議紀要、工作部署及財務報表等全套文獻資料的存檔和事後評點對於提高企業的決策水平都非常有幫助。

（二）創建知識型餐飲企業的最大障礙是員工的戒備性思維模式

員工個人的知識、技能甚至直覺是企業組織知識的重要來源之

一，但事實上在很多企業裡，員工並未表現出管理者所預期的投入程度，其在知識生產過程中的實際貢獻也相當有限。究其原因，並不在於員工的素質問題，而在於企業現行的管理模式或企業文化使員工形成了戒備性思維模式。

比如，廚師們總是下意識地對其自有技術有所保留，因為他擔心自己全部技術展示出來後將使自己喪失在某些方面的領先地位。在創建知識型企業的過程中，員工的戒備性思維模式已經成了最大障礙，改善企業的管理模式，創造鼓勵知識共享的文化氛圍成了當務之急。

（三）善於向客戶學習是知識型企業的重要能力

在企業的知識資本結構中，社會知識資產是相當重要的組成部分，其中來自客戶的知識對於企業來說尤其寶貴，因為顧客在各自的領域中都是專家。顧客可以傳遞最新的產品訊息、競爭對手的情況、對偏好變化的預測以及對服務和產品使用方法的技術反饋等，而這些都是企業急需的社會知識。

對於知識型企業來說，同客戶的交流是永遠的學習過程。一些有遠見的餐飲企業設立了專門的顧客消費趨勢調查小組，他們利用各種機會去接觸終端客戶，深入地瞭解顧客們對當前餐飲市場的看法和期望，搶在競爭對手之前推出符合顧客預期的新菜品。

（四）組織核心知識的隱化機制是創建知識型企業的核心

在餐飲企業的知識資本構成中，組織隱性知識的作用不容忽視，尤其是當組織知識被昇華成為全體員工的隱性知識後，可以直接加入到企業價值創造過程中，其作用往往是至關重要而又難以模仿和購買的。

很多餐飲企業都制定了非常系統的企業內訓計劃，不斷地為員工們創造相互交流和學習探討的機會。其實這些員工對大部分企業

流程和技術細節都已經非常熟悉，培訓的真正意圖就在於將這些組織知識透過員工相互間的交流共享能真正內化為所有人高度認同的隱性知識，只有將這些共同知識真正轉換成為所有人的自然習慣後，企業培訓的目的才算是真正達到了。

延伸閱讀

知識型企業的八大管理要素

1.質量和質量控制

成功的企業可能要花費相當長一段時間去保證質量。跟蹤控制是改進質量的關鍵方法。成功的企業有嚴格的質量控制系統，但也常常會因為如何測試質量而傷腦筋。一些企業諮詢顧問所開出的保證質量的藥方，只能在事情完成之後從結果來測量，但是卻不能回答這樣一些問題：究竟怎樣評價審計的質量？是根據財務的合格情況來確定的嗎？

單獨的財務顧問、審計員沒有資格去控制自己工作的質量。專業組織經常任命一個內部人員進行質量控制，有時是一個高級顧問或者是一位自告奮勇的專業人員。有的企業採用內部討論，在討論中互相找問題，互相批評，定期實行客戶調查也是一個有效的質量評價工具。

2.尊重知識

專業組織對知識有著極端的態度。它將內部人員按專業知識水平來排位，而且由知識決定一個人在組織中做事的權力。

專業組織花費大量時間和努力應用於內部教育，同時也不忽視管理人員的發展。組織中常有正規教育系統，如內部學校或者高等學校。從相應的知識領域可以找到組織內部研究開發資源，並可以讓專業人員帶薪暫時停止工作去著書。

3.將專業和管理知識相結合

　如何將專業和管理這兩種截然不同的知識結合起來，達到把一個知識型企業變成專業組織的目的是非常重要的。具有挑戰性的工作是在這二者之間尋求平衡。在知識型企業中，最常發生的問題是管理水平和專業技術水平不相匹配。根據我們的定義，成功的知識型企業懂得如何將這兩種知識結合起來，掌握了一種被我們稱為是知識管理的新知識。

4.有力和明確的企業文化

　成功的知識型企業的管理人員對自己的文化感到驕傲，他們支持並培養自己企業的文化。要想成為成功的知識型企業，必須由確定企業文化入手。他們應先問自己以下問題：「我們是誰？」「我們想要什麼？」「我們的核心知識是什麼？」「我們獨一無二的特點是什麼？」

　對一個有效的企業文化來說，在一個時期內成功的文化到另一個時期可能就會是災難。企業文化經常是在知識型企業剛剛創立的時期的早期階段建立起來的，以後會在一段較長的時期內保持穩定。作為管理工具的企業文化的巨大優勢是它可以當作一個定勢來利用，一個有效的、良好的企業文化可以讓企業主管在管理方面適當放手。當大家懂得服從基本企業文化準則時，就可以保證他們的行為與企業的要求不會有太多的偏差。

5.專注於關鍵知識

　將多種專業集中於一個企業之中是不太可能的。世界上沒有一家企業管理可以將多種不同的知識領域內的專業集中並保證質量，更不消說還要去改善質量了。1970年代末期，西方大部分國家的企業曾從多樣化投資中撤出，其中的原因之一就是因為多種專業並舉效率太低。

將企業力量集中於有明顯競爭優勢的關鍵知識上，已經成為許多老企業，在過去多年中已經失去活力的聯合企業重新走上成功的一個因素。集中力量必須找出正確的目標，也就是找到企業的關鍵知識在哪裡。具有諷刺意義的是，知識型企業也需要向管理諮詢人員去諮詢。有些專業人員感到很難清楚地表達為什麼他和自己的同事可以比別人做得好。

6.保存知識

積累起來的知識是專業組織中最重要的財產。因為知識都存在於個人的頭腦中，所以這種容易流動的財富如能保證不離開企業，對企業的長期生存來說就是一件非常重要的事情了。成功的知識型企業已經發展出各種保留關鍵人物的方法。其中最重要的方法是給予他們一部分所有權。大部分現代知識型企業都有不同的僱員所有權的形式。但是大部分知識型企業採用利潤分享的方法。這些都是保存企業知識的重要方法。

7.開發員工潛能

由於知識型企業唯一有價值的財富是人，發展知識型企業的唯一方法就是發展人才。也可以說專業組織的管理行為可以濃縮為一點，就是招募和開發人才。

8.穩定的結構

知識型企業只是在表面上看起來缺乏結構和實質內容，實際上與製造業的企業相比，他們儘管缺少物質性財產的有關內容，但是卻擁有豐富的、看不見的腦力勞動的產品。

當然這些腦力勞動產品也需要物化，從而為知識型企業提供一致性和穩定性。專業組織的非正式結構是表面上看不見，但卻發揮著強有力的作用的企業文化，建立這種非正式的結構的方法常常是具有個性化的，每一個企業都不相同。而在知識型企業中有兩種正式的結構：財務會計系統和法律結構。

國家圖書館出版品預行編目(CIP)資料

現代餐旅業創新與發展 / 饒勇　著. -- 第一版.
-- 臺北市 ： 崧燁文化，2019.01

　面 ；　　公分

ISBN 978-957-681-691-8(平裝)

1.餐飲業管理

483.8　　107022185

書　名：現代餐旅業創新與發展

作　者：饒勇 著

發行人：黃振庭

出版者：崧燁文化事業有限公司

發行者：崧燁文化事業有限公司

E-mail：sonbookservice@gmail.com

粉絲頁　　　　　　　　網　址：

地　址：台北市中正區重慶南路一段六十一號八樓 815 室

8F.-815, No.61, Sec. 1, Chongqing S. Rd., Zhongzheng

Dist., Taipei City 100, Taiwan (R.O.C.)

電　話：(02)2370-3310 傳　真：(02) 2370-3210

總經銷：紅螞蟻圖書有限公司

地　址：台北市內湖區舊宗路二段 121 巷 19 號

電　話：02-2795-3656　　傳真：02-2795-4100　網址：

印　刷 ：京峯彩色印刷有限公司（京峰數位）

　　　本書版權為旅遊教育出版社所有授權崧博出版事業股份有限公司獨家發行
電子書繁體字版。若有其他相關權利及授權需求請與本公司聯繫。

定價：700 元

發行日期：2019 年 01 月第一版

◎ 本書以POD印製發行